21世纪高等学校信息安全专业规划教材

防火墙技术及应用教程

吴秀梅　主编

毕烨　王见　傅嘉伟　编著

清华大学出版社

北京

内容简介

本书共11章，第1章主要讲解Internet体系概述、ISO/OSI参考模型与网络互连技术有关的基本概念。第2章主要讲解网络安全的概念。第3章讲解防火墙的基础理论，内容包括防火墙概念、分类、功能及防火墙的相关知识等。第4章讲解防火墙的工作原理、具备的特性及常用的防火墙技术等。第5章是有关软件防火墙的基本概念。第6章讲解计算机操作系统如何配置防火墙。第7章讲解常用著名防火墙设置和管理的基本操作。第8章讲解著名ISA路由级网络防火墙的应用操作。第9章讲解硬件防火墙的概念及硬件防火墙的功能体系及其配置方案。第10章讲解常用防火墙的配置方案。第11章讲解企业如何选择合适的防火墙。附录中给出了防火墙安全评估准则。

本教材适合学生自学参考，可作为本科、高职高专层次的教学用书。也可以给广大的网络安全入门的专业技术人员以及计算机爱好者提供参考。

图书在版编目(CIP)数据

防火墙技术及应用教程/吴秀梅主编；毕烨，王见，傅嘉伟编著．—北京：清华大学出版社，2010.10(2019.1重印)
(21世纪高等学校信息安全专业规划教材)
ISBN 978-7-302-22912-4

Ⅰ.①防… Ⅱ.①吴… ②毕… ③王… ④傅… Ⅲ.①计算机网络－防火墙－高等学校－教材 Ⅳ.①TP393.08

中国版本图书馆CIP数据核字(2010)第100240号

责任编辑：魏江江　李玮琪
责任校对：时翠兰
责任印制：李红英

出版发行：清华大学出版社
网　　址：http://www.tup.com.cn，http://www.wqbook.com
地　　址：北京清华大学学研大厦A座　　邮　　编：100084
社 总 机：010-62770175　　邮　　购：010-62786544
投稿与读者服务：010-62776969，c-service@tup.tsinghua.edu.cn
质量反馈：010-62772015，zhiliang@tup.tsinghua.edu.cn
印 刷 者：北京富博印刷有限公司
装 订 者：北京市密云县京文制本装订厂
经　　销：全国新华书店
开　　本：185mm×260mm　　**印　　张**：14.75　　**字　　数**：332千字
版　　次：2010年10月第1版　　**印　　次**：2019年1月第9次印刷
印　　数：13601～14600
定　　价：26.00元

产品编号：032099-01

出版说明

由于网络应用越来越普及，信息化的社会已经呈现出越来越广阔的前景，可以肯定地说，在未来的社会中电子支付、电子银行、电子政务以及多方面的网络信息服务将深入到人类生活的方方面面。同时，随之面临的信息安全问题也日益突出，非法访问、信息窃取、甚至信息犯罪等恶意行为导致信息的严重不安全。信息安全问题已由原来的军事国防领域扩展到了整个社会，因此社会各界对信息安全人才有强烈的需求。

信息安全本科专业是2000年以来结合我国特色开设的新的本科专业，是计算机、通信、数学等领域的交叉学科，主要研究确保信息安全的科学和技术。自专业创办以来，各个高校在课程设置和教材研究上一直处于探索阶段。但各高校由于本身专业设置上来自于不同的学科，如计算机、通信和数学等，在课程设置上也没有统一的指导规范，在课程内容、深浅程度和课程衔接上，存在模糊不清、内容重叠、知识覆盖不全面等现象。因此，根据信息安全类专业知识体系所覆盖的知识点，系统地研究目前信息安全专业教学所涉及的核心技术的原理、实践及其应用，合理规划信息安全专业的核心课程，在此基础上提出适合我国信息安全专业教学和人才培养的核心课程的内容框架和知识体系，并在此基础上设计新的教学模式和教学方法，对进一步提高国内信息安全专业的教学水平和质量具有重要的意义。

为了进一步提高国内信息安全专业课程的教学水平和质量，培养适应社会经济发展需要的、兼具研究能力和工程能力的高质量专业技术人才。在教育部相关教学指导委员会专家的指导和建议下，清华大学出版社与国内多所重点大学共同对我国信息安全人才培养的课程框架和知识体系，以及实践教学内容进行了深入的研究，并在该基础上形成了“信息安全人才需求与专业知识体系、课程体系的研究”等研究报告。

本系列教材是在课程体系的研究基础上总结、完善而成，力求充分体现科学性、先进性、工程性，突出专业核心课程的教材，兼顾具有专业教学特点的相关基础课程教材，探索具有发展潜力的选修课程教材，满足高校多层次教学的需要。

本系列教材在规划过程中体现了如下一些基本组织原则和特点。

(1) 反映信息安全学科的发展和专业教育的改革，适应社会对信息安全人才的培养需求，教材内容坚持基本理论的扎实和清晰，反映基本理论和原理的综合应用，在其基础上强调工程实践环节，并及时反映教学体系的调整和教学内容的更新。

(2) 反映教学需要，促进教学发展。教材要适应多样化的教学需要，正确把握教学内容和课程体系的改革方向，在选择教材内容和编写体系时注意体现素质教育、创新能力与实践能力的培养，为学生知识、能力、素质协调发展创造条件。

(3) 实施精品战略，突出重点。规划教材建设把重点放在专业核心(基础)课程的教材建设上；特别注意选择并安排一部分原来基础比较好的优秀教材或讲义修订再版，逐步形成精品教材；提倡并鼓励编写体现工程型和应用型的专业教学内容和课程体系改革成果的教材。

(4) 支持一纲多本，合理配套。专业核心课和相关基础课的教材要配套，同一门课程可以有多本具有各自内容特点的教材。处理好教材统一性与多样化，基本教材与辅助教材、教学参考书，文字教材与软件教材的关系，实现教材系列资源的配套。

(5) 依靠专家，择优落实。在制定教材规划时依靠各课程专家在调查研究本课程教材建设现状的基础上提出规划选题。在落实主编人选时，要引入竞争机制，通过申报、评审确定主编。书稿完成后认真实行审稿程序，确保出书质量。

繁荣教材出版事业，提高教材质量的关键是教师。建立一支高水平的、以老带新的教材编写队伍才能保证教材的编写质量，希望有志于教材建设的教师能够加入到我们的编写队伍中来。

21 世纪高等学校信息安全专业规划教材

联系人：魏江江 weijj@tup.tsinghua.edu.cn

前　言

网络安全问题随着 Internet 宽带发展与电子商务的盛行变得日益重要。随着企业或个人越来越频繁地利用互联网进行交易，网络安全性成为了一个重要的议题。一般情况下个人会用信用卡在网络上做交易，公司之间会在网络上做信息交换，因此一些重要资料就会在网络上流动，这时个人或公司传送的资料就有可能被拦截、修改或盗用。有些黑客为了获取他人技术而入侵别人的计算机，更严重的会将企业的网站破坏并毁掉顾客资料，影响到公司的利益或顾客的隐私及权利。防火墙的目的就是保护网络不被未经授权的使用者经由外界网络不法侵入。

防火墙(Firewall)是指设置在不同网络(如可信任的企业内部网和不可信的公共网)或网络安全域之间的一系列部件的组合。它是不同网络或网络安全域之间信息的唯一出入口，能根据企业的安全政策控制(允许、拒绝、监测)出入网络的信息流，且本身具有较强的抗攻击能力。它是提供信息安全服务、实现网络和信息安全的基础设施。

为了实现企业内部所需求的各项任务，防火墙需按照各类部门用户的需求制订安全策略，主要解决对于企业内网分配和管理，便于统一管理各个部门的工作需求，改善以往比较混乱的情况，对所有关于网络的管理进行整合。

防火墙组件包括主机系统、路由器、网络安全策略和用于网络安全控制与管理的软硬件系统等。并且需要满足以下 3 个条件：网络内部和外部之间的所有数据流必须经过防火墙；只有符合安全策略的数据流才能通过防火墙；防火墙自身具有高可靠性，应对渗透免疫。

本书介绍了防火墙的基本概念与实用技术，传统意义上的防火墙技术分为 3 大类：包过滤(Packet Filtering)、应用代理(Application Proxy)和状态监视(Stateful Inspection)。无论一个防火墙的实现过程多么复杂，归根结底都是在这三种技术的基础上进行功能扩展的。

防火墙是提供信息安全服务、实现网络和信息安全的基础设施之一，一般安装在被保护区域的边界处，被保护区域与 Internet 网之间的防火墙可以有效控制区域内部网络与外部网络之间的访问和数据传输，进而达到保护区域内部信息安全的目的，同时，通过防火墙的检查控制可以过滤掉很多非法信息。

建立一个安全防火墙系统的过程如下。

首先,应该确定用户的需求,再根据需求进行实现。

例如:经调研,用户需求如下。

(1) 保障内部网络安全,禁止外部用户连接到内部网络。

(2) 保护作为防火墙的主机安全,禁止外部用户使用防火墙的主机 Telnet、FTP 等项基本服务,同时要保证处于内部网络的管理员可以使用 Telnet 管理防火墙。

(3) 隐蔽内部网络结构,保证内部用户可以通过仅有的一个合法 IP 地址,例如 202.102.184.1 连接 Internet。同时要求许可内部用户使用包括 E-mail、WWW 浏览、News、FTP 等所有 Internet 上的服务。

(4) 要求对可以访问 Internet 的用户进行限制,仅允许特定用户的 IP 地址可以访问外部网络。

(5) 要求具备防止 IP 地址盗用功能,保证特权用户的 IP 不受侵害。

其次,根据用户需求设计解决方案。

最后,给企业制订有效的安全策略规则及应对渗透的免疫防范措施。

本教材编写的原则:针对网络安全专业的教学规划,介绍防火墙的基本概念,防火墙的体系结构,防火墙的技术:包过滤技术、代理服务器、网络地址翻译、主动监测技术。着重讲述防火墙技术原理,常用防火墙技术的基本原理与应用及如何利用防火墙技术对计算机信息系统进行一般的安全管理与维护,为本科及高职高专的安全类专业提供可行实用的教材。

本教材编写的特点:注重理论联系实践,由浅入深介绍防火墙技术知识,结合当前最新防火墙技术的开发与应用理解知识点,使学生较快掌握防火墙技术并能应用到实际需要中解决问题。本教材着力于理论联系实际,给广大的从事网络安全的人员的工作提供一些帮助。

本教材由上海第二工业大学吴秀梅负责编写,毕烨、王见、傅嘉伟参编。通过收集大量资料,经过 4 个学期教学实践反复论证,并以目前前端的防火墙实用技术为主导思想,完成此教材的编写。本教材有配套 PPT 课件。为了适合高职高专层次的学生掌握防火墙应用技术,本书尽量做到通俗易懂,本教材编写了第 7 章常用著名防火墙设置和管理的基本操作以及第 8 章著名 ISA 路由级网络防火墙的技术,便于学生快速提高。由于作者水平有限,书中难免存在错误与欠妥之处,敬请读者予以指正。

编者

2010 年 7 月

目　　录

第1章　Internet概述

Internet是一个全球性、开放型的计算机互联网络，将世界各地已有的各种网络的计算机互联起来，组成一个跨越国界的庞大互联网。Internet是一个集各领域、各学科、各种应用等资源为一体的资源数据网。

1.1　网络互连技术

计算机网络的互连是目前最重要的信息技术之一，它是近30年来各种信息技术发展的融合。计算机网络包括计算机局部网络、计算机城域网络、计算机广域网络以及公用网，如分组交换网、数字数据网，还包括其他各种专用的数字通信和计算机通信网络等。

1. 网络互连系统

计算机网络的互连，既可以通过有线专线，也可以通过无线，还可以通过公用电话交换网和综合业务数字网等公用通信网络来连接。

网络互连的内容主要包括局域网与局域网互连，计算机网络和公用网如分组交换网、数字数据网的互连。

网络互连涉及的概念很多。为了深刻理解网络互连的内涵和外延，下面对网络连接(Internetworking)、网络互连(Interconnection)、网络互通(Interworking)三个概念进行讨论。

网络连接是指一对同构或异构的端系统，通过由多个网络(或中间系统)所提供的接续通路连接起来，完成信息互传。连接的目的是实现系统之间的端-端(End-End)通信。所以网间连接是对附接于不同网络的各种系统之间的互连，它要求一条在协议能力上连续的接续能力，以完成端系统之间的数据传递。

网络互连是指不同子网之间的互相连接，目的是解决子网之间的数据流通，但这种流通尚未扩展到系统与系统之间。这里把一个子网看作一条“链路”，把子网之间的连接(中间系统)看作交换节点，从而形成一个“超级网络”。

网络互通是一种既独立又连接的能力。它不仅仅是指两端系统之间的纯粹的数据移动，还表现出一种“合作”关系。网络互连标准OSI/RM对互通作了这样一种描述：OSI

不只涉及系统间信息的传递，还涉及为完成它们的共同任务的互通能力。也就是说，OSI与系统之间的合作有关，是系统互连所隐含表现的内容。

系统之间的直接连接或通过网络的中继连接，都是为了完成它们之间的数据传输，即解决系统之间的数据的业务的投递(即传输问题)。它把对业务的理解、处理与应用，留给了系统间的互通环境。因此，连接(互连)只解决数据的搬移，互通是各系统在连通条件下由自身创建的支持应用之间互作用的"协议匹配"环境。

2. 网络互连标准

1978年ISO首次公布了现在已经成为网络互连及网络体系结构的框架标准OSI/RM。国际标准化组织的网络通信协议将网络的接口分为7层，即著名的七层协议，也称为开放系统互连的标准和模型。根据这一标准，将网络的通信接口分为物理层、数据链路层、网络层、运输层、会话层、表示层和应用层。

例如，对于物理层的协议，局域网接口的有：ISO 802.3(CSMA/CD载波监听多路访问/冲突检测)适用于总线型局域网；ISO 802.4适用于令牌型总线网；ISO 802.5适用于令牌型环型网。属于城域网型公用数据网的有ISO 802.6和X.21(X.21bis)，属于综合业务数字网的有I.403。

物理层之上，数据链路层协议，分别有：ISO 802.2(适用于局域网)、X.212(适用于城域网和公用数据网)、I.440(适用于综合业务数字网)。

网络层协议，分别有ISO 8473(适用于局域网)、X.25(适用于局域网和公用数据网)、I.462(适用于综合业务数字网)。

传输层、会话层和表示层的协议比较单一，对于局域网来说，分别是ISO 8072/3、ISO 8327/7、ISO 8822/3/4/5；对于城域网和公用数据网来说，是X.214/224、X.215/225、X.408/409；对于综合业务数字网来说，尚未制定。

比较复杂的是应用层，这是由于应用层处于网络接口的最上层，直接和用户的应用进程相接，而用户的应用情况是非常复杂的，各种不同的通信网络和通信方式在数据传输方式和通信方法上都不相同，因此为了适应用户的不同要求，分别制定了相应的协议，比较重要的有报文处理系统MHS(X400)、可视图文(T100/1)等。

根据网络互连设备工作的层次及其所支持的协议，一般将它们分别称为中继器、网桥、路由器、网关。

1) 中继器

工作在OSI/RM第一层即物理层的称为中继器。物理层互连标准由EIA、CCITT(现称为ITUT)及IEEE制定。

2) 网桥

工作在OSI/RM第二层即数据链路层的称为网桥。网络的连接其实是MAC子层的互连。

MAC桥的标准由IEEE 802工程的各个子委员会开发。IEEE 802委员会已开发出两种MAC桥规范。第一种为IEEE 802 PARTD，它定义了一种能连接任何802局域网段的网桥。第二种是802.5,它定义了专门连接令牌环网的网桥。制定MAC桥的IEEE 802委员会指出：将来任何基于MAC的网桥必须与第一类网桥兼容。

3）路由器

网络层互连的产品称为路由器或中间系统(OSI术语)。它完成子网间的路由功能。路由器及路由协议由ANSI任务组X3S3.3和ISO/IEC工作组TC1/SC6/WG2制定。ISO路由器标准的制定工作是以其通用网络体系结构及路由体系结构为基础的。该通用网络体系结构在ISO 8648中描述,称作网络层内部组织(IONL),路由体系结构由ISO 9575技术报告“OSI路由框架”描述。IONL建立了端系统(主机)、中间系统(路由器)及子网的概念。子网是一个非常重要的概念,它使ISO Internetwork Protocol(ISO 8473)标准化成为可能。IP协议对子网服务不作更多要求。

OSI路由框架定义了一个三层路由结构。

最低层(子网内部)称作“端系统到中间系统路由信息交换”协议,由ISO 9542描述。

中间层(域内)称作“中间系统到中间系统路由信息交换”协议。在最高层(域间),不同路由域的路由器通过更复杂的交互来发现对方,这种交互应携带大量管理、控制消息来表明域间信赖关系。

下面简单描述一下路由信息的交互过程。

当一个路由器加入到网络中时,它由其所连接LAN和WAN链路周期性地广播ISH(中间系统问候),同时每一个端系统周期性地广播ESH(端系统问候),从而使本地路由器能增添其网络MAC地址表。向LAN发送的ISH负责通知主机：路由器已存在于它们的网路中。而向WAN发送的ISH则通知所有其他的路由器：有一新路由器已加入到网络中。其他的路由器则提供它们所支持的子网的信息作为回应。新的路由器现拥有一个本地网络地址到MAC地址的影射表和路由器标识符与子网地址影射表,路由算法重新估算最佳路径。路径信息向全网广播,以保证每一个路由器有一个一致的全优路径拓扑。端系统或者向明确标识的MAC地址或者向任一路由标识符发送信息。如果目的地址不可知或没有路由器,则信息向所有端系统广播。如果路由器收到需转发的分组,但它知道一个更合适的路由器来服务该请求(即更优的路径)。它就向源端系统发送一个重定向信息。这样该系统上的网络MAC地址表会重新配置和映射。

4）网关

网关是典型的通信服务器,其作用是使两个或多个不同的网络之间相互通信,“不同”意味着传输协议和物理网络都不一样,最常见的网关是那些连接局域网与专用主机结构(如SNA与DECnet)的连接器。其他常见的网间连接器将局域网与各种类型广域网协议连接起来。因网关多涉及专有系统,所以关于网关的标准化工作还没有做。

3. 网络互连原理

1）网络互连对网间连接设施的要求

虽然网络互连方法各异,但是对于网间连接设施,有一些共同的要求。

(1) 提供网络间物理的和链路的连接控制。

(2) 提供不同网络间数据的路由和转发。

(3) 互连设备必须容纳网络的差别。包括以下几个方面。

① 不同的寻址模式。

② 互连的网络可能使用不同的命令、地址及目录维护机制。有可能需要提供全程寻址和目录服务。

③ 不同的最大包大小。

④ 不同的网络存取机制。

⑤ 不同的时限。典型地,一个面向连接的传输服务将等待一个确认,直到时限超时,这时它重传数据块。一般跨越多个网络需要较长时间。互连网络定时过程必须允许成功的传输而避免不必要的重传。

⑥ 差错恢复。网络互连服务不应依赖于单个子网的差错恢复能力,也不应受其干扰。

⑦ 状态报告。不同的网络有不同的状态报告,互联网络还应提供网络互连的状态报告信息。

⑧ 路由技术。子网内路由依赖于特定网的差错检测及拥挤控制技术,互连设备应能协调这些来自不同网络上的站点的数据来适应路由。

⑨ 用户接入限制。每个网络有其自己的用户接入控制技术。必要时,互连设备应能唤醒该功能。而且可能用到单独的互连网络接入控制技术。

⑩ 连接还是无连接。子网可能提供面向连接的服务(如虚电路)或无连接服务(如数据报)。互连服务不应依赖于子网的连接服务性质。

2) 网络互通的功能描述

描述网络互通的功能时涉及两个方面操作模式(连接模式或无连接模式)和协议体系结构。

操作模式决定了协议体系。ISO 已标准化了两个互连方法。

(1) 连接模式操作。在连接模式下,子网被认为能提供面向连接的服务。即在连在同子网上的两个端系统之间建立逻辑网络连接(如虚电路),中间系统用来连接两个或更多子网,单个子网的逻辑连接由 ISO 链在一起,这样跨越多个子网的端系统即可交换数据。

(2) 无连接模式操作。连接模式对应于分组网的虚电路机制,无连接模式对应于分组网的数据报方式。每个网络协议单元被单独处理,并通过一系列的路由器和网络从源端系统被送到目的端系统。因此从源端系统到目的端系统过程中不同的数据单元可能经历不同的路径。

端系统与中间系统实现相同的网络层协议,称作网际协议(Internet Protocol)。ISO 8473 提供了相似的功能。实际上,在 Internet Protocol 下,需要一个接入特定子网的协议。因此每个端系统和中间系统工作在网络层的协议包括:上一层提供互连功能,下一层提供子网接入功能。

第三种方法是网桥的使用。网桥，也叫 MAC 层中继，也利用了无连接模式操作，但是它实现在比网络层低一层的数据链路层上。

4. 网络互连方式

1）网络互连与网络分层

网络在建设时，为了便于实现节点之间的通信即数据的交换，对通信数据的交换采用了不同的层次来完成不同的任务的方法。因此，网络中节点的工作是分成若干个层次来进行的，也就是通常所说的网络是分层的。所谓分层，就是说将网络节点所要完成的数据的发送或转发、打包或拆包、控制信息的加载或拆除等工作，分别由不同的硬件和软件模块去完成。

由于网络所连接的计算机设备是由不同的厂家生产的，这些计算机设备硬件和软件的结构并不相同，接口也不一样。把结构不同的计算机设备互相连接起来，并且正常地工作，完成数据的传送和转发任务不是一件简单的事，而是一件相当复杂的工作。解决这一难题的最好方法就是把网络节点的全部任务加以分解，按照其性质和内容归并成若干部分，由不同的模块去完成。这样就可以将网络通信和网络互连这一复杂的问题变得较为简单。

网络分层的最大好处是可以将复杂的技术问题化简为一些比较简单的问题去处理，从而使得网络的结构具有较大的灵活性，通信容易实现，可以降低网络互连的设备技术成本，更重要的是能够实现和促进标准化工作。

网络分层还使得网络互连变得规范和容易。因为网络的互连在多数的情况下是异种网络的互连，也就是不同的网络，如不同局域网互连、局域网与广域网互连，而这些不同网络执行的是不同的协议，其操作系统和接口也不同，其间的连网极其复杂。但如果将网络的接口分层，并严格规定各层之间的作用和界限、联系，将相同的功能安排在相同的层次，这样网络的通信就比较容易实现了。

2）网络互连方式

网络互连可以有多种方法，从距离上区分，有本地局域网互连和远程局域网互连方式，即 LAN-LAN 和 LAN-WAN-LAN 的方式。

从互连所采用的介质看，又有同轴细缆或粗缆、分类的非屏蔽双绞线 UTP 和屏蔽双绞线 STP、单模或多模光纤等连接方式。

最重要的互连概念应以 ISO/OSI 开放系统互连参考模型的分层观点考察网络的互连。由此出发可将互连划分为 4 个层次，即物理层、数据链路层、网络层和高层。与之对应的分别是中继器 Repeater、网桥 Bridge、路由器 Router 和网关 Gateway。

层次一：使用中继器在不同电缆段之间复制位信号；

层次二：使用网桥在局域网之间存储、转发帧；

层次三：使用路由器在不同网络间存储、转发分组；

层次四：使用协议转换器提供高层接口。

事实上主要的互连方式为一、二、三层方式。其区别和适用范围的准确判定的知识对用户是至关重要的。

5. 网络互连技术趋势

在实际中往往是不同方式、不同通信介质、近程和远程等的综合性局域网互连。目前的网络互连领域还包括许多技术和产品，如综合网桥和路由器功能、可以单独定义网络的桥连接路由器、塌陷式的主干(Collapsed backbone)、容错和先进网络管理，另外如快速以太网、千兆以太网、ATM(异步传输模式)和高速无线局域网等技术不断为网络互连引入了新的功能。

分布式处理及多种数据形式的集成导致了对高带宽的需求。网络也正向宽带传输迈进。保护用户投资，增加带宽也是网络互连产品的追求。

基于路由器的网络的焦点在于路由处理活动。现在，对互连网络性能至关重要的交换功能日益受到重视，在互连网络中散布交换功能包括以下几个方面。

(1) 高速接口级交换；

(2) 网络可伸缩性得到扩张；

(3) 更好的故障检测和隔离；

(4) 简单的成本/伸缩性/性能曲线，接口级性能要求代替了盒级整体性能需求。

将交换功能从路由处理功能中分离开来允许重新定位功能，不同类型的交换能够无缝连接。交换式网络给予网络管理的强有力功能是虚拟网络技术。虚拟网就是一组在逻辑上相连的网段，但也许它们在物理上并不直接相连。与交换机相连的一个或多个网段可在逻辑上定义为一个单一的虚拟网。

更重要的是，即使多个网段被连到网络中不同的但相互连接的交换机上，它们仍属于单一虚拟网的成员。利用软件管理工具，网络用户就可以方便地增加或配置单一虚拟局域网段。交换式以太网和 ATM 是交换功能分布的例子。以太网交换机适用于微分段局域网，ATM 交换机适用于把分段的工作组连成虚拟 LAN，以及建立高速交换的广域网。

目前，网络用户正逐步向交换式网络转移，最后很可能迁移到异步传输模式(ATM)交换技术。由于 ATM 的光辉前景，路由器、集线器、交换机厂商纷纷开发支持 ATM 技术的互连设备。随着网络技术的快速发展，ATM 将改变采用路由的方式，作为分散主干的 ATM 路由方式可能最终取代路由器目前所处的地位。

1.2 Internet 的基本概念

Internet 实际上是一个“网络的网络”，它由网络路由器以及通信线路，基于一个共同的通信协议(TCP/IP 族)，将位于不同地区、不同环境的网络互连成为一个整体，形成全球化的虚拟网络，是共享资源的集合。

下面介绍 Internet 地址和域名系统。

如果一个通信系统允许任何主机与任何其他主机通信，就说这个通信系统提供了通用服务。为了识别这样一种通信系统上的计算机，需要建立一种普遍接受的标识方法。这就如同通过邮局寄信，信封上必须有收件人的地址，包括国家、城市、街道、门牌号，有时可能还包括邮政编码。Internet 网际网就是能够提供通用通信服务的系统，它定义了两种方法来标识网上的计算机，分别是 Internet 的地址和域名系统。

在任何一个物理网络中，每台联网的主机都有一个机器可识别的地址，该地址称为物理地址。物理地址有两个特点：首先，物理地址的长度、格式由物理网络技术决定。物理网络技术不同，物理地址的格式也不同。其次，假如地址分配不采取统一管理模式，则同一类型、不同网络上的机器有可能拥有相同的物理地址。如果在 Internet 中采用物理地址，这必将给互联后的 Internet 的跨网通信造成障碍。在 Internet 网络中，包括了各种低层网络技术，如 CSMA/CD 网、令牌环网、FDDI 网、X. 25 网、IP 网、分组无线网，而上网操作系统又有 Windows NT、Windows 95、UNIX、OS/2、NetWare、Linux 等。而网卡、路由器、传输介质等更是种类繁多。如果为全网的每一个网络和每一台主机都分配一个 IP 地址，并且这个地址在 Internet 中是唯一确定的，就可屏蔽物理网络地址的差异。

IP 地址是 Internet 中通用的地址格式，包括网络标识和主机标识两部分或者网络标识、子网标识和主机标识 3 部分。

IP 地址长 4 个字节，共 32 位，其网络标识长度决定 Internet 中能容纳多少个网络，主机标识长度则决定每个网络能容纳多少台主机。在 Internet 中，网络数、主机数是难以确定的，但每个网络的预期规模却是比较容易确定的。由于不同种类的网络规模相差很大，必须区别对待，因此 Internet 按网络规模，将 IP 地址主要分为 A 类、B 类、C 类、D 类和 E 类地址。

A 类：网络数量较少，而网络中有众多主机。

B 类：网络和主机分布适中。

C 类：网络数量较多，而网络中主机数量不大。

除了 A、B、C 类三个主类地址外，Internet 还有两类地址——D 类和 E 类。在 32 位长度的 D 类地址中其头部标识为二进制 1110，而 E 类地址的头部标识为二进制 11110。其中 D 类地址即多播地址是比广播地址稍弱的多点传送地址，用于支持多播传输，E 类地址用于将来扩展之用。表 1-1 列出了通常使用的 A、B、C 三类网络的网络数、网络标识的范围及每个网络的主机数。

表 1-1　A、B、C 三类网络的网络数及其每个网络的主机数

网络类型	最大网络数	网络标识范围	每个网络拥有的主机数
A	126	1～126	16 777 214
B	16 384	128.0～191.255	65 534
C	2 097 152	192.0.0～223.255.255	254

三类IP地址的编码情况如图1-1所示。

A类：

0	7	8	31
0	网络标识	主机标识	

B类：

0			15	16	31
1	0	网络标识		主机标识	

C类：

0				23	24	31
1	1	0	网络标识		主机标识	

图1-1　IP地址编码

在协议软件中IP地址是以二进制形式出现的，这种形式最易为软件所接受，但其既不方便阅读，又不方便记忆，容易搞错，于是，IP地址被直观表示为4个以小数点隔开的十进制数，其中每一个整数对应一个字节，这种表示称为IP地址点分十进制表示。

例如：10000000.00001010.00000010.00001110，即可表示为128.10.2.14，这样，相对于二进制形式的一长串，十进制表示直观而简洁，便于阅读记忆和理解。

例如：112.30.2.5一定是一个A类地址，其网络标识为112，其主机标识为30.2.5。168.160.75.8是一个B类地址，其网络标识为168.160，其主机标识为75.88。202.112.14.161的网络标识是202.112.14，主机标识为161。

而十进制表示中，第一个整数介于224和239之间的是D类地址，即多播地址，而介于240和247的地址留待备用的是E类地址。

网络连接包括两层内容：首先，两个网络要通过一台中间计算机实现物理连接（这台机器同属两个网络），要解决网络在低层的、物理上的互连。其次，中间计算机要实现IP数据报在两个网络间的交换，其中涉及寻径和协议转换等问题，要解决网络高层的、逻辑的互联。在Internet中，这个中间计算机叫做Internet网关或Internet路由器，简称IP网关。Internet规定网关所连的每一网络，都给网关分别分配一个IP地址，网关连接多少网络，便拥有多少IP地址。网关拥有多个IP地址，是因为它们拥有多个物理连接，每个IP地址对应于一个物理连接。

根据用途和安全性级别的不同，IP地址还可以大致分为两类：公用地址和专用地址。公用地址在Internet中使用，专用地址通常在内部网络中使用。

IP地址除了一般地标识一台主机外，还有几种具有特殊意义的地址称为保留地址，下面列出一些公用地址中的特殊用途的保留地址。

- 全"0"地址：TCP/IP协议规定，0.0.0.0的IP地址被解释成"本网络中本主机"，该IP地址用于启动程序执行时的机器之间的通信，一旦机器知道它当前分配的IP地址就不再使用。
- "0"地址：TCP/IP协议规定，各位全为"0"的网络标识被解释成"本"网络，若主机试图向本网内通信而又不知道本网网络标识时可使用“0”地址。

- 有限广播地址：在不知道本网网络标识时，TCP/IP规定，255.255.255.255的IP地址用于本网广播，该地址称为有限广播地址。通常主机在启动过程中，往往是不知道本网地址的，这时候，若想向本网广播，只能采用有限广播地址。
- 广播地址：TCP/IP主机标识各位全为“1”的地址用于广播之用，称为广播地址。所谓广播，指同时向本网所有主机发送报文。
- 回送地址：A类网络地址127是一个保留地址，是主机回环自检地址，用于网络软件测试以及本地主机进程间通信，称为回送地址。无论什么程序，一旦使用回送地址发回数据。协议软件立即返回之，不进行任何网络传输。

在IP地址中专门保留了3个区域作为专用地址，其地址范围如下：

10.0.0.0～10.255.255.255

172.16.0.0～172.31.255.255

192.168.0.0～192.168.255.255

另外一个保留区域称自动专用IP地址区域，其地址范围为：

169.254.0.0～169.254.255.255

使用专用地址或自动专用地址的网络只能在网络内部进行通信，而不能与其他网络互连。因为本网络中的专用地址同样也可能被其他网络使用，如果进行网络互连，那么寻找路由时就会因为IP地址相同而出现问题。但是这些使用专用地址的网络可以将本网络内的地址翻译转换成公用地址实现与外部网络的互连。

域名系统的意义就是以一组英文简写来代替难记的IP地址的数字。域名(Domain name)的管理方式也是层次式的分配，只是某一层的域名只需向上一层的域名Server(域名服务器)注册即可，而该层以下的域名则由该层自行管理。

例如：159.226.60.1主机的域名为pine.ioa.ac.cn。其中，cn是中国的缩写；ac代表中国科学院；ioa代表声学所；pine代表SUN服务器的pine Server。

IP协议标准规定：在计算机内部子网掩码采用一个32位二进制的位模式。若位模式中的某一位置为1，则对应IP地址中的某位为网络中的一位；若位模式中的某位置为0，则对应IP地址中的某位为主机标识中的一位，比如位模式1111 1111 1111 1111 1111 1111 0000 0000中，前三个字节全1，代表对应IP地址中的三个字节为网络标识；后一个字节全0，代表对应IP地址中最后一个字节为主机标识，这种位模式叫子网掩码。

子网掩码表示最直接，最原始的方法就是上述的32位的模式，这种方法容易出错，极少为人采用。故常用十进制表示子网掩码，比如上一例即可表示为255.255.255.0。

显然，如果没有采用子网技术，一个A类地址的子网掩码为255.0.0.0，一个B类地址的子网掩码为255.255.0.0，而一个C类地址的子网掩码为255.255.255.0。由此可知，没有采用子网技术时，A类地址的网络标识部分长度是1字节长，B类地址的网络标识部分长度是2字节长，C类地址的网络标识部分长度是3字节长。

子网掩码主要的目的是由IP地址通过计算获得网络地址，也可以说IP地址的二进制形式和子网掩码的二进制形式作AND(与)运算而得到网络地址，如图1-2所示。

	点分十进制表示	二进制表示
IP地址	221.10.10.6	11011101.00001010.00001010.00000110
子网掩码	255.255.255.0	11111111.11111111.11111111.00000000
		AND
网络地址	221.10.10.0	11011101.00001010.00001010.00000000

图 1-2　IP 地址的二进制形式和子网掩码的二进制形式运算(1)

这里把网络地址 11011101.00001010.00001010.00000000 写成点分十进制形式即为：221.10.10.0。

在 B 类网络中可以容纳 65 534 台主机，通常具有数百台主机的物理网已经很大了，更何况上万台，可见在一个 B 类 IP 地址中，其主机标识部分是很浪费的，由于不能对 IP 地址的网络标识部分进行修改。而如果将 IP 地址的原主机标识部分进一步划分为子网标识和主机标识两部分，就可充分利用主机地址标识部分的巨大编址能力。其中子网标识用于标识同一 IP 网络地址下的不同物理子网，在原来的 IP 地址模式中，网络标识部分标识了一个独立的物理网络。

引入子网技术后，原网络标识部分加子网标识才全局唯一地标识了一个物理网络，而主机标识部分位长却缩短了，故表示范围小了。

由于不同场合情况不同，有些场合网络多，但每个网络上的主机少；有些场合网络少，但每个网络上的主机多，针对这种实际情况 IP 协议可以使不同场合采用不同的合理的子网模式。

为了方便理解，不妨先解释广播。一个 IP 数据报发向多台主机，在网络接口层和 IP 层都能产生广播。网络接口层广播是将数据发送到连接在某特定物理网络上的所有主机，IP 层广播是将数据包发送到连接在某特定逻辑网络上的所有主机。TCP/IP 协议支持 3 类广播：全广播、网络广播、子网广播。

如果没有采用子网技术，子网掩码的十进制表示中每一个数只有 255 或 0 两个值，如果采用子网技术，子网掩码中的十进制数便不一定是 255 或者 0 了。

在一个 C 类 IP 地址中，可以有 254 个主机。如 IP 地址范围为 202.167.210.0～202.167.210.255 的 C 类网络，子网掩码为 255.255.255.0，202.167.210.0 称为网络地址，而 202.167.210.255 是广播地址，所以这两者皆不能使用，实际上只能使用 202.167.210.1～202.167.210.254 的 254 个 IP 地址，这是以 255.255.255.0 作子网掩码的结果。

如果采用子网技术，修改子网掩码，就可以将一个 C 类 IP 地址划分为多个子网。若要将 C 类 IP 地址分成 2 个子网，子网掩码设定为 255.255.255.128，若要将 C 类 IP 地址分成 5 个子网，则子网掩码设定为 255.255.255.224。网络地址是由 IP 地址和子网掩码作 AND 运算而来的，而且将子网掩码以二进制表示，经过 AND 运算后，为 1 的保留，而为 0 的则去掉，如图 1-3 和图 1-4 所示。

以上是以 255.255.255.0 为子网掩码的结果，网络地址是 192.210.210.0，若是使用 255.255.255.224 作子网掩码，结果便有所不同。

192.210.210.136	11000000.11010010.11010010.10001000
255.255.255.0	11111111.11111111.11111111.00000000
	AND
192.210.210.0	11000000.11010010.11010010.00000000

图 1-3　IP 地址的二进制形式和子网掩码的二进制形式运算(2)

192.210.210.136	11000000.11010010.11010010.10001000
255.255.255.224	11111111.11111111.11111111.11100000
	AND
192.210.210.128	11000000.11010010.11010010.10000000

图 1-4　IP 地址的二进制形式和子网掩码的二进制形式运算(3)

此时网络地址变成了 192.210.210.128。说明 IP 地址 192.210.210.136 在网络地址为 192.210.210.128 的网络中，子网掩码 255.255.255.224 以二进制表示法为 11111111.11111111.11111111.11100000，与原来的子网掩码相比，变化发生在最后一组，11100000 便是 224，原来对应于主机标识部位的最左 3 位，现在用于表示子网标识，3 位二进制可以有 8 个编码。

1.3　ISO/OSI 参考模型

OSI(Open System Interconnection，开放系统互连)协议栈是由国际标准化组织(ISO)为实现世界范围的计算机系统之间的通信而制定的。绝大多数网络产品中所实现的协议都是以该协议栈为模型而建立的，因此，研究 OSI 协议栈具有相当重要的意义。

OSI 采用了分层的结构化技术。ISO 分委员会的任务是定义一组层次的划分和每层所完成的服务。层次的划分应该从逻辑上将功能分组，层次应该足够多，以使每一层小到易于管理，但是也不能太多，否则汇集各层的处理开销太大。开放系统互连 OSI 参考模型共有 7 层：物理层、数据链路层、网络层、传输层、会话层、表示层、应用层。

下面概要阐述 OSI/RF 每一层的功能。

1. 物理层

提供为建立、维护和拆除物理链路所需要的机械的、电气的、功能的和规程的特性；提供有关在物理链路(传输介质)上传输非结构的位流以及物理链路故障检测指示。

2. 数据链路层

提供数据发送和接收的功能和过程，提供数据流的控制。为网络层实体提供点到点无差错帧传输功能。

3. 网络层

为传输层实体提供端到端的交换网络传送功能；为传输层实体建立、维持和拆除一条或多条通信路径。控制分组传送系统的操作、路由选择、拥挤控制、网络互连等功能，使得传输层摆脱路由选择、交换方式、拥护控制等网络传输细节，其作用是将具体的物理传送对高层透明，根据传输层的要求来选择服务技术，将传输层对网络传输中发生的不可恢复的差错向传输层报告。

4. 传输层

提供建立、维护和拆除传送连接的功能；选择网络层能提供的最适宜的服务；在系统之间提高可靠的、透明的数据传送，提供端到端的错误恢复、流控制和数据完整性。

5. 会话层

为彼此合作的表示层实体提供建立、维护和结束会话连接的功能。提供会话管理服务，如三种数据流方向的控制，即一路交互、两路交替和两路同时会话模式，即单工、半双工和全双工。完成通信进程的逻辑名字与物理名字间的对应。

6. 表示层

代表应用进程协商数据表示，为应用层进程提供能解释所交换的信息的含义的一组服务，如代码转换、虚拟文件、虚拟终端、格式转换、文本压缩、文本加密与解密等。完成数据转换、格式化和文本压缩表示层服务与位置无关，并不知道处理的数据来自远程应用还是来自本地的某个应用，这样就把网络下层细节与应用层分离开了。

7. 应用层

提供OSI用户服务，如分布式事务处理(分布式数据库应用)、文件传送、电子邮件、EDI、网络管理等。

由此可见，OSI参考模型具有下列特征。

(1) 它是异构系统互连的标准分层结构，为不同系统之间交互规定了一种标准的框架。它定义了一种抽象结构，而并非具体实现的描述。模型本身并不是一组有形的、可操作的协议集合，既不包含任何具体的协议定义，也不包含强制的实现一致性。网络体系结构与实现无关。

(2) 每层完成所定义的功能，修改本层功能并不影响其他层。

(3) 不同系统的同层实体间使用该层协议进行通信，只有最底层才发生直接数据传送。

(4) 同一系统内部相邻层实体间的接口定义了服务原语以及上层提供的服务。

(5) 模型本身并不引起网络通信，在执行某个实现某层功能的协议时，才执行有形的网络通信。只有协议才涉及某一层的实现描述。因此，模型的最大作用是提出了功能介分准则，描述了网络通信所需的种种服务，所提供的公共服务是面向连接的或无连接的数据服务。

(6) 两种不同的协议可能隶属（或称对应）模型的同一层功能实现，如 HDLC 和 SDLC 均归属数据链路层，但它们之间并不能协同工作，只有执行相同协议的实体才能彼此通信。

1.4　TCP 和 UDP

1. TCP

TCP 是 Internet 主要的传输层协议。TCP 能在服务质量较差的网络层 IP 协议的基础上工作，能自动纠正诸如丢失、损坏、重复、延迟、乱序等差错。TCP 从上层协议接收任意长度的报文，并对数据结构无任何要求，只是把它们看作连续的数据流。为上层进程提供全双工、面向连接、有序可靠的传输服务。

在连接建立期间，TCP 之间可以协商一些如安全性、优先级等的连接属性。连接建立后，只要连接处于活动状态，TCP 就可进行数据传输。在数据传输阶段，TCP 接收高层来的连续数据流，将数据流划分为报文段，然后再将这些报文段交给 IP（即分段）。TCP 通过在 TCP 报头中的八字节长的序号使 TCP 实现对报文段的顺序控制功能。为了节省时间和提高有效流量传输带宽，TCP 能够把大量并发的上层对话合并到一个报文段后，再交给 IP（即合段）。

TCP 还具有端到端流量控制、差错控制、复用、同步等功能。TCP 对下层协议无特殊要求，可在众多的网络上工作。

TCP 在协议层次结构中位于 IP 层之上，TCP 允许一台计算机上的多个应用程序同时进行通信；也能对接收到的数据进行分解，分别送到多个应用程序。TCP 使用协议端口号来标识一台计算机上的多个目标进程。每个端口赋予一个整数来区别。

TCP 将端点定义为一对整数（host，port），其中 host 是主机的 IP 地址，port 是该主机上的 TCP 的端口号。TCP 的连接用一对端点表示，一台计算机上的某个 TCP 端口号可以被多个连接所共享。例如：端口 80 用于 HTTP，端口 119 用于网络新闻传输协议，端口 69 用于 TFTP，端口 21 用于 FTP，端口 23 用于 Telnet，端口 53 用于 DNS（TCP 和 UDP 的常用端口的完整列表参见 RFC1700）。

套接字是双向的通信端点，应用程序创建和使用套接字进行通信，由不同的程序创建的套接字使用名字来互相引用，而名字必须翻译成地址才能使用。地址空间又称为域。套接字可归纳为两个域：UNIX 域和 Internet 域。

TCP 使用专门的滑动窗口机制来解决传输效率和流量控制问题，TCP 协议允许随时改变窗口大小。在对接受报文的确认中，除了指出已经收到的分组外，还包括了一个窗口通告，用于说明接收方还能接收多少数据。可以将窗口通告值作为当前接收缓冲区的大小。采用滑动窗口机制解决了可靠传输和端到端的流量控制问题，但不能解决整个网络的流量控制问题。

2. UDP

用户数据报协议是 Internet 体系结构中的传输层的另一个协议，与 TCP 协议不同，它是一种无连接的协议。因此，UDP 协议是一种简单的传输层协议。

UDP 使用其下面一层的 IP 协议来传送报文，提供不可靠的无连接数据报传送服务。它不提供报文到达确认、排序以及流量控制等功能，因此报文可能丢失、重复以及乱序等。这些问题靠使用 UDP 的应用程序来解决。

UDP 接收多个应用程序送来的数据报，把它们送给 IP 层去传输，同时它接收 IP 层送来的 UDP 数据报，把它们送给对应的应用程序。为使用 UDP，应用程序在发送数据报之前必须与操作系统协商以获得 IP 地址、协议端口和相应的端口号。

UDP 端口的指定有两种方式：一种是由某些管理机构指定，另一种是由应用程序指定。

UDP 协议适用于其上层应用程序自身提供面向连接功能的应用，适合于路由表数据交换，系统信息、网络监控数据交换等场合。这些类型的交换不需要流控、应答、重排序等 TCP 才能提供的功能。使用 UDP 服务的还有 NetBIOS 命名服务、NetBIOS 数据报服务和 SNMP。

1.5 IPv6

目前普遍采用的 IP 协议又被称为 IPv4，即版本 4。更高版本的 IPv6 已经开始在小范围的网络环境内试用，将在今后的几年内逐步取代 IPv4。

由于主机或局域网源源不断地连接到因特网，用户数量以惊人的速度增长，语音通信、视频通信和实时应用等多媒体业务不断出现，这些都需要 Internet 来承载，所有的这一切都对支撑 Internet 的 TCP/IP 协议提出了更高的要求。IPv6 又称为 IP Next-Generation，即下一代 IP 协议，它是 Internet 协议的最新版本。

IPv6 同目前广泛使用的 IPv4 相比，地址由 32 位扩充到 128 位。现行的 IPv4 改用 IPv6，主要有下面几个原因。

首先是地址危机。当前的 IPv4 版本采用 32 位地址方法，也就是说可用的地址总数有 255×255×255×255 个，实际应用中，还要去除网络地址、广播地址、划分子网的开销、路由器地址、保留地址等，最后有效的地址数目比可用的地址总数还要低。虽然现在 IP 地址还能满足用户的需求，但从 Internet 强劲的发展趋势来看，IP 地址总有一天会匮乏。特别是随着网络智能设备的出现，这种地址增长的需求更加强烈，例如个人数据助理(PDA)、在 IP 上传送语音的移动电话、流行的 Web 接入和家庭网络(Home-Area Network,HAN),所有这些都需要大量的 IP 地址。

其次,随着主机数目的增加,决定数据传输路由的路由表在不断加大。IPv4 由于采用与网络的连接形态(拓扑关系)无关的形式来分配地址,所以随连接的网络数目增加,路由会飞速增加。这样,路由器的负担就成为问题,路由器的处理性能会跟不上这种迅速增长。长此以往,Internet 连接将难以提供稳定的服务。而存放全部路由的路由器改用 IPv6,路由数可以减少一个数量级。

Internet 网络规模扩大还会使网络传输延时和网络管理的负担日益加重。为了降低传输延时和减轻管理负担需要改用 IPv6。尤其是新业务的出现对服务质量(QoS)提出了更高的要求。特别是对于那些关键的商务应用和实时传输的应用,对服务质量更是提出特别的要求,而 IPv4 不能很好地支持 QoS 服务。

IPv6 的最大特点是使地址数量大幅度增加。地址空间由现行 IPv4 的 32 位扩充到 128 位。从理论上说,地址的数量由原先的 4.3×109 个增加到 3.4×1038 个。

IPv6 使用 128 位地址,理论上可以容纳 3.4×1038 台机器,和 IPv4 一样,实际可用的 IPv6 地址数将少于理论值。但是,其仍然至少可以允许地球上每平方米平均有 1000 多个地址。

IPv6 与 IPv4 的报头大不相同,IPv6 使用 40 个字节的定长报头,而 IPv4 的报头则是可变长的。为了将 IPv4 数据报转送到其目的地,路由器必须查看比它实际需要的更多的信息。

利用 IPv6 协议,可用地址达 3.4×1038 个。虽然地址增加到如此之大,而在每次数据交换中用于指明该分组的来源和目的地等的报头实际上却变小了。由于报头更简单了,路由器和计算机处理这些信息变得更加容易。

为使转移更加顺利,在使应用程序在 IPv6 下具有最大的兼容性方面也做了很多工作。例如,像 TCP、UDP、ICMP、OSPF、BGP 甚至 RIP 等协议均已升级到符合 IPv6 要求。但是,因为大多数操作系统要求应用程序能识别 IP 地址,所以企业内的开发人员需要把大多数应用程序升级以支持 IPv6 地址。

在 IPv6 中,每个 IP 地址占 16 个字节,对于如此庞大的地址空间,使用二进制表示是不可取的,IPv4 的点分十进制表示也比较麻烦。IPv6 的设计者建议使用冒号分隔的十六进制表示。它将 128 位的二进制,16 位分成一组,组与组之间用冒号分隔,每一组最长可用 4 位十六进制数表示。

例如,用点分十进制表示的 128 位数为:

130.224.147.23.123.156.233.200.32.145.56.89.245.166.213.216

用冒号分隔的十六进制可表示为:

82E0:9317:7B9C:E9C8:2091:3859:F5A6:D5D8

冒号分隔的十六进制表示与点分十进制相比,使用更少的数字和分隔符,具有明显的优点。

IPv6 有 3 种基本地址类型:单播地址、群集地址和组播地址。单播地址即目的地址指明一台计算机和路由器，数据报选择一条最短的路径到达目的站。群集地址是指目的站共享一个网络地址的计算机集合。组播地址即目的站是一组计算机，它们可位于不同的地方。数据报通过组播和广播，传递到组中的每一台计算机。

为了与IPv4兼容，IPv6规定，对任何地址，如果开始的80位二进制全"0"，接着16位是全"1"或全"0"，则余下的32位就是一个IPv4地址。

本章小结

本章首先简单讲解了网络互连技术要点的概念。对网络互连技术原理和作用进行了简单地介绍并讲述了网络互连技术发展趋势。

其次重点介绍了Internet的基本概念、ISO/OSI参考模型、TCP和UDP的基本概念以及IPv6的概念。

习　题

1. 网络互连技术的发展趋势是什么?
2. 请叙述IP地址与域名的联系与区别。
3. 写出IP地址的类型。
4. 什么是公用地址和专用地址?
5. ISO/OSI参考模型?
6. 什么是TCP和UDP?
7. 什么是IPv6，与IPv4有何不同?

第2章　网络安全概述

随着计算机技术的迅速发展，在计算机上处理的业务也由基于单机的数学运算、文件处理，基于简单连接的内部网络的内部业务处理、办公自动化等发展到基于复杂的内部网(Intranet)、企业外部网(Extranet)、全球互联网(Internet)的企业级计算机处理系统和世界范围内的信息共享和业务处理。在系统处理能力提高的同时，系统的连接能力也在不断地提高。但在获取大量信息、流通能力提高的同时，基于网络连接的安全问题也日益突出，整体的网络安全主要表现在以下几个方面：网络的物理安全、网络拓扑结构安全、网络系统安全、应用系统安全和网络管理的安全等。

当网络成为攻击目标，威胁一旦发生，常常令人措手不及，将会造成极大的损失。因此，计算机安全问题应该像每家每户的防火防盗问题一样，做到防患于未然。

2.1　安全模型

网络安全是指网络系统的硬件、软件及其系统中的数据受到保护，不因偶然的或者恶意的原因而遭到破坏、更改、泄露，系统连续并可靠正常地运行，网络服务不中断。网络安全从本质上来讲就是网络上的信息安全。从广义来说，凡是涉及网络上信息的保密性、完整性、可用性、真实性和可控性的相关技术和理论都是网络安全的研究领域。网络安全是一门涉及计算机科学、网络技术、通信技术、密码技术、信息安全技术、应用数学、数论、信息论等多种学科的综合性学科。

网络安全的具体含义会随着"角度"的变化而变化。比如：从用户(个人、企业等)的角度来说，他们希望涉及个人隐私或商业利益的信息在网络上传输时受到机密性、完整性和真实性的保护，避免其他人或对手利用窃听、冒充、篡改、抵赖等手段侵犯用户的利益和隐私。

网络安全应具有以下5个方面的特征。

(1) 保密性：信息不泄露给非授权用户、实体或过程，或供其利用的特性。

(2) 完整性：数据未经授权不能进行改变的特性。即信息在存储或传输过程中保持不被修改、不被破坏和不丢失的特性。

(3) 可用性：可被授权实体访问并按需求使用的特性。即当需要时能否存取所需的信息。如网络环境下拒绝服务、破坏网络和有关系统的正常运行等都属于对可用性的攻击。

(4) 可控性：对信息的传播及内容具有控制能力。

(5) 可审查性：出现安全问题时提供依据与手段。

下面介绍一般安全模型。

一般安全模型是基于安全策略建立起来的，它的基本结构如图 2-1 所示。所谓安全策略是指为达到预期安全目标而制订的一套安全服务准则。目前，多数网络安全策略都是建立在认证、授权、数据加密和访问控制等概念之上的，互联网络上常见的有直接风险控制策略、自适应网络安全策略和智能网络系统安全策略。

在图 2-1 中，主机安全的内容主要包括认证用户身份、有效控制对系统资源的访问、安全存储、处理系统中的数据、审计跟踪、系统漏洞检测、信息恢复等。

组织管理的主要内容包括建立健全的安全管理规范，因为最安全的环节是人为实现的，最薄弱的环节也是人为造成的，如何加强对人的管理是网络安全中的大问题。

法律保障的主要内容包括隐私权、知识产权、数据签名、不可抵赖性服务。

为了提高整个网络的安全性能，1997 年美国国际互联网安全系统(ISS)公司推出了基于 PPDR(即策略(Policy)、保护(Protect)、检测(Detect)、响应(React))的网络安全解决方案。该方案包括 Internet 扫描组件、系统扫描组件、数据库扫描组件、实时监控组件和套件决策软件等内容，可用于网络安全的策略、保护、检测、响应等各个环节。图 2-2 所示为 P2DR 安全模型。

图 2-1 安全模型基本结构

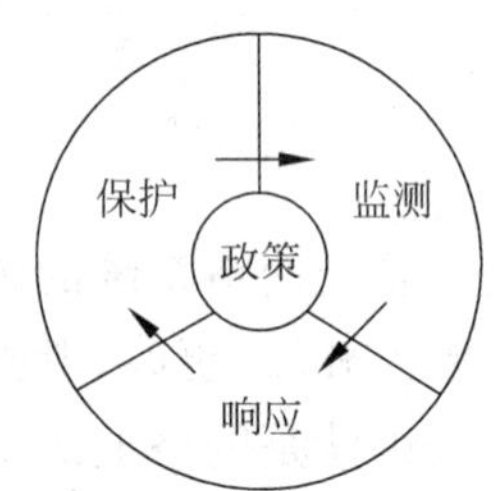

图 2-2 P2DR 安全模型

该模型是在整体的安全策略的控制和指导下在综合运用防护工具的同时，利用检测工具了解和评估系统的安全状态，通过适当的反应将系统调整到相对最安全和风险最低的状态。P2DR 强调在监控、检测、响应、防护等环节的循环过程，通过这种循环达到保持安全水平的目的。P2DR 安全模型是整体的动态的安全模型，所以称为可适应安全模型。

模型的基本描述为

安全＝风险分析＋执行策略＋系统实施＋漏洞监测＋实时响应

1. 策略

安全策略是 P2DR 安全模型的核心，所有的防护、检测、响应都是依据安全策略实施的,安全策略为安全管理提供管理方向和支持手段。策略体系的建立包括安全策略的制订、评估、执行等。制订可行的安全策略取决于对网络信息系统的了解程度。

2. 保护

保护就是采用一切手段保护信息系统的保密性、完整性、可用性、可控性和不可否认性。应该依据不同等级的系统安全要求来完善系统的安全功能、安全机制。通常采用传统的静态安全技术及方法来实现,主要有防火墙、加密、认证等方法。

保护主要在边界提高抵御能力。界定网络信息系统的边界通常是困难的。一方面,系统是随着业务的发展不断扩张或变化;另一方面,要保护无处不在的网络基础设施成本是很高的。边界防卫通常将安全边界设在需要保护的信息周边,例如存储和处理信息的计算机系统的外围,重点阻止诸如冒名顶替、线路窃听等试图"越界"的行为,相关的技术包括数据加密、数据完整性、数字签名、主体认证、访问控制和公证仲裁等。这些技术都与密码技术密切相关。

边界保护技术可分为物理实体的保护技术和信息保护(防泄露、防破坏)技术。

(1) 物理实体的保护技术:主要是对有形的信息载体实施保护,使之不被窃取、复制或丢失。例如磁盘信息消除技术,室内防盗报警技术,密码锁、指纹锁、眼底锁等。信息载体的传输、使用、保管、销毁等各个环节都可应用这类技术。

(2) 信息保护技术:主要是对信息的处理过程和传输过程实施保护,使之不被非法入侵、外传、窃听、干扰、破坏、复制。

对信息处理的保护主要有两种技术:一种是计算机软、硬件的加密和保护技术,如计算机口令字验证、数据库存取控制技术、审计跟踪技术、密码技术、防病毒技术等;另一种是计算机网络保密技术,主要指用于防止内部网秘密信息非法外传的保密网关、安全路由器、防火墙等。

对信息传输的保护也有两种技术:一种是对信息传输信道采取措施,如专网通信技术、跳频通信技术(扩展频谱通信技术)、光纤通信技术、辐射屏蔽和干扰技术等,以增加窃听的难度;另一种是对传递的信息使用密码技术进行加密,使窃听者即使截获信息也无法知悉其真实内容。常用的加密设备有电话保密机、传真保密机、IP 密码机、线路密码机、电子邮件密码系统等。

3. 检测

检测是动态响应和加强防护的依据,是强制落实安全策略的工具,通过不断地检测和监控网络和系统,来发现新的威胁和弱点,通过循环反馈来及时作出有效的响应。网络的安全风险是实时存在的,检测的对象主要针对系统自身的脆弱性及外部威胁。利用检测工具了解和评估系统的安全状态。

检测包括以下几个方面:检查系统存在的脆弱性;在计算机系统运行过程中,检查、测试信息是否发生泄漏、系统是否遭到入侵,并找出泄漏的原因和攻击的来源。如计算机网络入侵检测、信息传输检查、电子邮件监视、电磁泄漏辐射检测、屏蔽效果测试、磁介质消磁效果验证等。

入侵检测是发现渗透企图和入侵行为。在近年发生的网络攻击事件中，突破边界防卫系统的案例并不多见，攻击者的攻击行动主要是利用各种漏洞。人们可以通过入侵检测尽早发现入侵行为，并予以防范。入侵检测基于入侵者的攻击行为与合法用户的正常行为有着明显的不同，实现对入侵行为的检测和告警，以及对入侵者的跟踪定位和行为取证。

4. 响应

在检测到安全漏洞之后必须及时作出正确的响应，从而把系统调整到安全状态；对于危及安全的事件、行为、过程，及时作出处理，杜绝危害进一步扩大，使系统力求提供正常的服务，如关闭受到攻击的服务器。

安全问题就是要解决紧急响应和异常处理问题。通过建立反应机制，提高实时性，形成快速响应的能力。需要制订紧急响应的方案，做好紧急响应方案中的一切准备工作。

2.2 基本安全概念

安全具有整体性。安全包括物理层、网络层、系统层、应用层以及管理层5个方面。从技术上来说，系统的安全是由安全的软件系统、防火墙、网络监控、信息审计、通信加密、灾难恢复、安全扫描等多个安全组件来保证的。单独的安全组件只能提供部分安全功能，无论缺少哪一个安全组件都不能构成完整的安全系统。当用各种技术手段加固一个网络防护系统时，必须要考虑到相应的安全策略以及如何适应快速的响应机制和恢复措施。安全是一个系统工程，是一个整体的概念，必须保证网络设备和各个组件的整体安全性。传统的信息安全技术仅仅强调系统自身的加固和防护，忽视了安全的整体性。

2.2.1 密码术

加密是指将明文转变成密文的过程，其逆过程就是解密，有些加密过程是不可逆的，称为单向加密。有时为了安全需要，对重要信息进行多次加密和交叉加密（运用多种加密方法实施加密的过程）。

在密码函数中，将称为密钥（Key）的密码变量作用于字段、数据单元或数据单元流上即可实现加密或解密操作。密钥是一种用于控制加密与解密操作的序列符号，它是成对使用的。用于进行加密的密钥被称为加密密钥，用于进行解密的密钥被称为解密密钥。

如果加密和解密所使用的密钥是相同的（或可相互推导），则称这个加密为对称加密，否则称为非对称加密。在数学上，用于非对称加密算法的两个密钥是相互独立的，所以不可能或很难从一个密钥计算出另一个密钥，这种算法也称为公开密钥算法，因为可以让一个密钥公之于众（称为公钥）而另一个处于秘密状态（称为私钥）。

如果密文被中继，那么在中继站和网关上地址必须是明文。如果数据只在每个链路上是加密的，而在中继内或网关内被解密，这种体系被称为“链路加密”体系。如果只有地址及类似的控制数据在中继或网关内是明文，这种体系被称为“端到端加密”——数据在源端系统内进行加密，而相应的解密仅仅发生在目的端系统之内。

密钥管理（Key Management）包括密钥的产生、存储、分配、删除、归档及其应用等，管理方法是根据参与者使用该方法的环境因素确定的。一般需要考虑的要点问题如下。

（1）对于每一个明显或隐含指定的密钥，使用基于时间的“存活期”，或使用别的准则。

（2）按密钥的功能恰当地区分密钥以便可以按功能使用密钥，例如，打算用来作机密性服务的密钥就不应该用于完整性服务，反之亦然。

（3）非 OSI 的考虑，例如密钥的物理分配和密钥存档。

对称密钥算法，密钥管理要考虑的要点如下。

（1）使用密钥管理协议中的机密性服务以运送密钥。

（2）使用密钥体系，应该允许有各种不同情况。

（3）将责任作分解，使得没有一个人具有重要密钥的完全备份。

对于非对称密钥算法，有关密钥管理要考虑的要点如下。

（1）使用密钥管理协议中的机密性服务以运送秘密密钥。

（2）使用密钥管理协议中的完整性服务，或数据原发证明的抗抵赖服务以运送公钥。

下面介绍数据流加密。

1. 链路加密

链路加密是最常用的加密机制之一，它用于保护两个交换节点间的数据流安全，其加解密过程如图 2-3 所示。链路加密是使用硬件在物理层上对数据流进行加密实现的，这种加密的数据流每当遇到交换节点都要进行解密和加密操作。

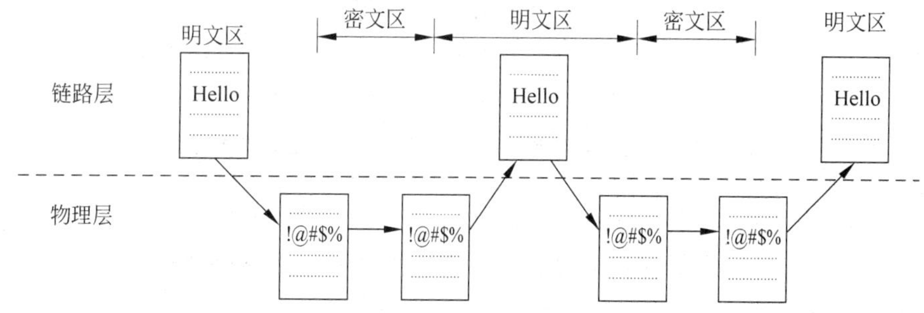

图 2-3　链路在交换节点加密

链路加密在交换节点处是不安全的，其改进方法之一是直接在交换节点处增加加密解密功能模块，缩小明文区范围(局限在交换节点内的隐蔽区域)，如图 2-3 所示。这种改进的方法称为节点加密。

2. 端端加密图

通常将传输层及以上各层的加密称为端端加密。端端加密可以对高层的整个协议数据单元 PDU 进行加密，也可以只加密其中的数据或部分数据，加密过程一般是由软件实现的。例如，当对应用层数据进行加密时，可将应用层中的数据和相关头部信息 H7 一起进行加密，把加密的结果作为表示层中的数据，如图 2-4 所示。

应用层PDU					H7	数据
表示层PDU				H6	加密	
会话层PDU			H5	加密		
传输层PDU		H4	加密			
网络层PDU	H3	加密				

图 2-4　端端加密后的协议数据单元

对于机密信息，一般先采用隔离方式，将机密信息进行加密处理后，再转入网络作为应用层的数据进行传输，当对方接收到这个加密数据时，先将其与网络隔离，然后进行相应解密处理。端端加密的最大特点是不需要在网络传输过程进行加密和解密，加密和解密过程只在源端和目的端两处进行，如图 2-5 所示。

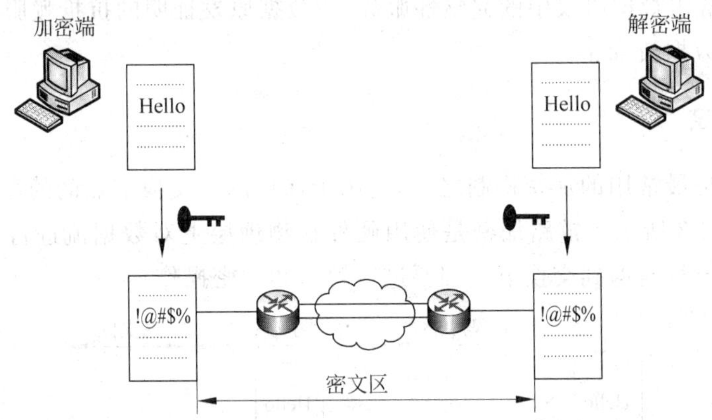

图 2-5　端端加密示例，只有报文是密文，报文头仍是明文

与链路加密相比，端端加密有以下优点。

(1) 安全性能高。数据在传输过程中不需要频繁的加密/解密操作。

(2) 安全成本低，不需要投入大量设备。

(3) 加密策略灵活多样，可由用户直接提供和选择。

2.2.2　身份认证

1. 认证过程

身份认证机制一般包括 3 项内容：认证、授权和审计。认证也称鉴别和确认，主要用在执行有关操作之前对操作者的身份进行证明。身份认证主要通过标识和鉴别用户身，以防止冒充合法用户进行资源访问。典型的认证过程如图 2-6 所示。

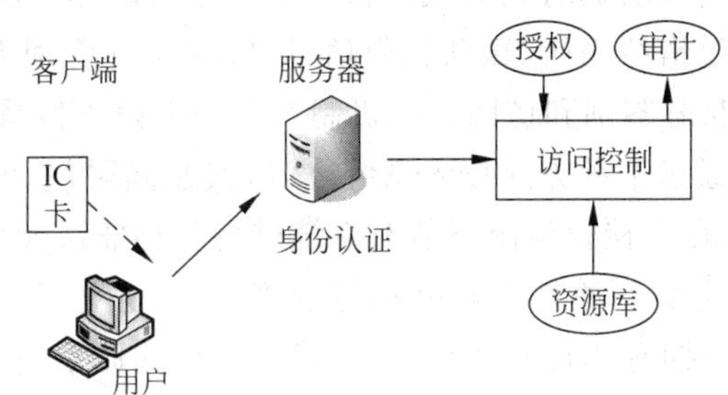

图 2-6　用户访问资源的控制过程

如果通信的双方只需要一方鉴别另一方的身份，则称为单向认证。如果双方均须证实身份，称为双向认证。

在网络系统中，用于认证用户身份的方法主要有 3 类。一是用户的密码，如口令、密钥等；二是用户的证件，如身份证、IC 卡等；三是用户的属性特征，如指纹、DNA、笔迹等。其中，第一类和第二类是目前较常用的，而应用最广的是第一类。

在第一类方法中，其身份认证的条件是

用户身份＝用户账号＋密码

在通信网络中，存在两种认证类别，一种是对等实体认证，另一种是数据原发认证。

2. 对等实体认证

当这种认证服务由(N)层提供时，将使($N+1$)层实体确信与之打交道的对等实体正是它所需要的($N+1$)层实体。换言之，在提供对等实体认证服务期间，通信的一方可以证实另一方的身份并确立信任关系。

3. 数据原发认证

当这种认证服务由(N)层提供时，将使($N+1$)层实体确信数据来源正是所要求的对等($N+1$)层实体。与对等实体认证不同，数据原发认证只对数据单元的来源提供确认，不考虑数据单元的重复或被篡改等问题。

2.2.3　入侵与入侵检测技术

“入侵”是一个广义上的概念，所谓入侵是指任何威胁和破坏系统资源的行为。

实施入侵行为的“人”称为入侵者。

入侵者所采用的攻击手段主要有以下 8 种特定类型。

(1) 冒充：将自己伪装成具有较高权限的用户，并以他的名义攻击系统。

(2) 重演：利用复制合法用户所发出的数据(或部分数据)并重发，以欺骗接收者。

(3) 篡改：秘密篡改合法用户所传送数据的内容。

(4) 服务拒绝：中止或干扰服务器为合法用户提供服务或抑制所有流向某一特定目标的数据。

(5) 内部攻击：利用其所拥有权力或越权对系统进行破坏活动。

(6) 外部攻击：通过搭线窃听、截获辐射信号、冒充系统管理人员或授权用户或系统的组成部分、设置旁路躲避鉴别和访问控制机制等各种手段入侵系统。

(7) 陷阱门：首先通过某种方式侵入系统，然后安装陷阱门，并通过更改系统功能属性和相关参数使入侵者在非授权情况下能对系统进行各种非法操作。

(8) 特洛伊木马：这是一种具有双重功能的客户/服务体系结构。特洛伊木马系统不但拥有授权功能，而且拥有非授权功能，一旦建立这样的体系，整个系统便被占领。

导致入侵和攻击的原因十分复杂，其可能的原因归纳如下。

(1) 窃取情报、获取文件和传输的数据信息。

(2) 安装有害程序、病毒或特殊进程等。

(3) 获得更高的系统使用权限。

(4) 搜索系统漏洞、安装后门等。

(5) 非法访问、进行非法操作等。

(6) 干扰网络系统工作、拒绝服务等。

(7) 其他目的，如传播非法信息、篡改数据、欺骗、挑战、政治企图、危害国家经济利益、破坏等。

(8) 电子信息战的需要。

防止入侵和攻击的主要技术措施是访问控制技术，访问控制的主要目的是确保网络资源不被非法访问和非法利用，它所涉及的内容包括网络登录控制、网络使用权限控制、目录级控制以及属性控制等多种手段。

(1) 网络登录控制。通过网络登录控制可以限制用户对网络服务器的访问，或禁止用户登录，或限制用户只能在指定的工作站上进行登录，或限制用户登录到指定的服务器上，或限制用户只能在指定的时间登录网络等。

网络登录控制一般需要经过 3 个环节：一是验证用户身份，识别用户名；二是验证用户口令，确认用户身份；三是核查该用户账号的默认权限。在这 3 个环节中，只要一个环节出现异常，该用户就不能登录网络。

网络登录控制是由网络管理员依据网络安全策略实施的。

(2) 网络使用权限控制。当用户成功登录网络后，就可以使用其所拥有的权限对网络资源进行访问。网络使用权限控制就是针对可能出现的非法操作或误操作提出来的一种安全保护措施。

网络使用权限控制是通过访问控制表来实现的。访问控制表规定了用户可以访问的网络资源以及能够对这些资源进行的操作。根据网络使用权限，可以将网络用户分为系统管理员用户、审计用户和普通用户。

(3) 目录级安全控制。用户获得网络使用权限后，即可对相应的目录、文件或设备进行规定的访问。

一般情况下，对目录和文件的访问权限包括：系统管理员权限、读权限、写权限、创建权限、删除权限、修改权限、文件查找权限和访问控制权限。目录级安全控制可以限制用户对目录和文件的访问权限，进而保护目录和文件的安全，防止权限滥用。

(4) 属性安全控制。属性安全控制是通过给网络资源设置安全属性标记实现的。当系统管理员给文件、目录和网络设备等资源设置访问属性后，用户对这些资源的访问将会受到一定的限制。

(5) 服务器安全控制。网络允许在服务器控制台上执行一系列操作，用户使用控制台可以装载和卸载模块，可以安装和删除软件等操作。

2.3　攻击及其原理

攻击是入侵者为进行入侵所采取的技术手段和方法。

2.3.1　扫描的技术方法

1. 扫描器法原理

该方法是利用 C/S 结构中的请求-应答机制实现的。它通过使用不同的请求信息依次向远程主机或本地主机发送服务请求，然后根据远程主机或本地主机的响应情况来判别它们目前所处的工作状态，最后决定下一步的操作。如果远程主机或本地主机有响应，则表明与服务请求所对应的服务正在进行中，这时，再进一步分析和确定服务软件的版本信息，并试探该版本中的漏洞是否存在，从而实现扫描的目的。

一个完整的扫描器应具备的基本功能包括：①发现目标主机和网络。②发现目标主机后，能够扫描正在运行的各种服务。③能够测试这些服务中是否存在漏洞。

2. 利用网络命令

大多数网络操作系统都会提供一些用于网络管理和维护的网络命令，利用这些网络命令可收集到许多有用的信息。但这些工具也常被入侵者用来扫描网络信息，当它们知道了目标主机上运行的操作系统、服务软件及其版本号后，就可利用已经发现的漏洞来攻击系统。

3. 端口扫描

1）端口扫描的工作原理

通过使用一系列TCP或UDP端口号，不断向目标主机发出连接请求，试图连接到目标主机上，并记录目标主机的应答信息。然后，进一步分析主机的响应信息，从中判断是否可以匿名登录，是否有可写入的FTP目录，是否可以使用telnet登录等。

2）常用的端口扫描技术

向目标主机提出连接请求的方式很多，这些连接请求并不是真的要与目标主机建立连接，只是想获取目标主机的响应信息，以便进一步分析目标主机上可利用的信息资源。

(1) TCP connect请求。使用标准的connect()函数向目标主机提出连接请求，如果目标主机在指定的端口上处于侦听状态并且准备接收连接请求，则connect()将操作成功，此时表明目标主机的端口处于开放状态，如果connect()操作失败，则表明目标主机的端口未开放。

使用这种方法可以检测到目标主机上的各个端口的开放情况。

(2) TCP SYN请求。这种请求是通过TCP三次握手的过程实现的。首先向目标主机发送一个SYN数据包，接着等待目标主机的应答。如果目标主机返回RST，则说明目标主机的端口不可用，中止连接；如果目标主机返回SYN|ACK，则说明目标主机的端口可用，此时，向目标主机发送RST数据包中止连接。

(3) TCP FIN请求。当向目标主机的某个端口发送FIN数据包后，一般会出现两种情况：一是目标主机没有任何回应信息；二是目标主机返回RST。第一种情况说明目标主机的端口可用，第二种情况说明目标主机的端口不可用。

(4) IP分段请求。事先将一个探测用的TCP数据包分成两个较小的IP数据包，然后向目标主机传送。目标主机收到这些IP分段后，会将它们重新组合成原来的TCP数据包。这样不直接发送TCP数据包而选择IP分段发送的目的是使它们能够穿过防火墙和包过滤器而到达目标。

(5) FTP反射请求。在FTP中，当某台主机与目标主机在FTP server-PI上建立一个控制连接后，可以通过对server-PI进行请求来激活一个有效的server-DTP，并使用这个server-DTP向网络上的其他主机发送数据。

利用这种特性，可以借助一个代理FTP服务器来扫描TCP端口。其实现过程是：首先连接到FTP服务器上，然后向FTP服务器写入数据，最后激活数据传输过程由FTP服务器把数据发送到目标主机上的端口。

对于端口扫描，可先利用FTP和PORT命令来设定主机和端口，然后执行其他FTP文件命令，根据命令的响应码可以判断出端口的状态。该方法的优点是能穿过防火墙，不被怀疑；缺点是速度慢，完全依赖于代理FTP服务器。

(6) UDP请求。当向目标主机的某个端口发送UDP数据包时，会产生两种情况：一是无任何信息返回；二是返回一个ICMP_PORT_UNREACH错误。第一种情况说明目标主机的UDP端口已打开或UDP数据包已丢失；第二种情况则说明目标主机的UDP

端口不可用。

在第一种情况下，如果可以确认所发送的 UDP 数据包没有丢失，则可确认目标端口的状态。如果估计所发送的 UDP 数据包已丢失，则需要重新发送数据包，直到探明目标主机端口的状态或终止扫描为止。

4. 漏洞扫描

漏洞扫描是根据已发现的漏洞来判断正在运行的服务中是否还存在着相应的漏洞问题，如果存在，则应立即打上补丁，否则就可能被入侵者利用来攻击系统。

目前存在的扫描器分为基于主机的和基于网络的两种类型。基于主机的扫描器是运行在被检测的主机上的，用于检测所在主机上存在的漏洞信息；而基于网络的扫描器则是用于检测其他主机的，它通过网络来检测其他主机上存在的漏洞现象。

2.3.2 典型攻击方法及其原理

1. 特洛伊木马法

特洛伊木马是一种 C/S 结构的网络应用程序。其中，木马的服务器端程序可以驻留在目标主机上并以后台方式自动运行。攻击者使用木马的客户端程序与驻留在目标主机上的服务器木马程序进行通信，进而获取目标主机上的各种信息。

木马的服务器端程序常以下列 3 种形式存在于目标主机上，极具隐蔽性和危害性。

(1) 将它的程序代码作为单独的程序出现，这个程序可以在设定的时间自动运行。

(2) 将它的程序代码集中隐藏在合法程序中，随合法程序运行而独立工作。

(3) 更改合法程序，将其代码分布到合法程序中，随合法程序运行而独立工作。

安装木马程序的主要目的是用于远程管理和控制主机系统，但也经常被攻击者用作对系统进行攻击。根据木马程序的启动特点，在 Windows 系统中，可以通过检查 Windows 系统启动时自动加载程序的几种方法来检查并清除木马程序。

2. 拒绝服务攻击法

拒绝服务攻击(Deny of Service，DoS)以停止目标主机的网络服务为目的。采用这种攻击方法时，攻击者不需获取目标主机的任何操作权限，就可以对目标主机进行攻击。其攻击原理是：利用各种手段不断向目标主机发送虚假请求或垃圾信息等，使目标主机一直处于忙于应付或等待回应的状态而无法为其他主机提供服务。

1) 广播风暴

当某台主机使用广播地址发送一个 ICMP echo 请求包时，其他一些主机会向该主机回应 ICMP echo 应答包。如果不断地发送这样的数据包，则会有大量的数据包被回应到相应的主机上，导致该主机一直处于接收响应数据包的状态而无法做其他的事。

2) SYN淹没

正常情况下，建立一个TCP连接需要一个三方握手的过程，即需要进行3次包交换。当服务器收到一个由客户发来的SYN包时，必须回应一个SYN/ACK包，然后再等待该客户回应一个ACK包来确认后，才建立连接。但是，如果客户机只发送SYN包，而不向服务器发送确认包，则导致服务器一直处于等待状态直到超时为止。SYN淹没攻击就是利用这样一个原理，定时向服务器发送SYN包而不去回应它，致使服务器无法响应其他客户的请求，服务被中断。

3) IP分段攻击

某些操作系统在处理分段的IP数据包时，存在一个致命的漏洞。当IP包被分段发送时，操作系统需要将分段的IP包组合成一个完整的IP包。在这个组合过程中，需要不断地调整和计算每一个IP分段在IP包中的数据偏移地址和有效长度，直到组合完成。如果计算出某个IP分段的有效长度为负数，那么，将会导致向内核缓冲区复制大量的数据，从而导致死机。

通常，攻击者向目标主机发送两个特殊的IP分段包(正常情况下，不会有这样的分段)，第1个IP分段包的数据偏移地址为0，有效长度为N，分段标志位置1，表示后面还有IP分段包。第2个IP分段包的数据偏移地址为K，并使$K<N$，有效数据长度为S，并使$K+S<N$，分段标志位置0，表示后面没有IP分段包了。

目标主机收到第2个IP分段包后，发现该分段的偏移地址指向了第1个分段中的有效数据部分(如果$K\geqslant N$，则不会出现这个问题)，这时，操作系统需要调整第2个分段的数据偏移地址和有效长度的值。调整后，第2个分段的数据偏移地址为N，有效长度为$((K+S)-N)$，因此得到第2个IP分段的有效长度为负数，导致系统瘫痪。

4) OOB攻击

在某些网络协议中，没有全面考虑如何处理带外数据OOB(Out of Band)的问题，一旦遇到带外数据将会导致异常发生。

5) 分布式攻击

由于攻击者自身的带宽有限，所以很难通过大量的网络传输来威胁目标主机。为了克服自身带宽的限制，出现了分布式拒绝服务攻击(Distributed Deny of Service，DDoS)。攻击者把攻击用的工具软件驻留到多台主机上，利用这些主机的带宽一起向目标主机发送大量的具有欺骗性的请求信息，致使目标主机中断服务。这种攻击方法，即使目标主机没有漏洞，也能对目标主机构成严重威胁，导致目标主机的服务中断。

3. 网络监听法

在网络上，任何一台主机所发送的数据包，都会通过网络线路传输到指定的目标主机上，所有在这个网络线路上的主机都可以侦听到这个传输的数据包。正常情况下，网卡对所经过的数据包只作简单的判断处理，如果数据包中的目标地址与网卡的相同，则接收该数据包，否则不作任何处理。如果将网卡设为杂凑模式，则该网卡就可接收任何流经它的数据包，不论数据包的目标地址是什么。攻击者利用这样一个原理，将网卡设置成杂凑模式，然后截获流经它的各种数据包进行分析，对一些具有敏感性的数据包作进一步的解析，如含有用户名（Username）和密码（Password）字样的数据包。

防止网络被监听的一般方法如下。

(1) 经常检查当前正在运行的程序列表，如发现有不明身份的程序在运行，则应提高警惕；

(2) 检查可疑的日志文件，如果有大小不断增加和时间不断更新的日志文件存在，则应立即检查其内容；

(3) 检测网卡的工作模式，如果处于杂凑模式，则应加强防范，查明原因；

(4) 使用安全通信协议，加强通信数据的保密性；

(5) 使用安全的网络拓扑结构，缩小数据包流经的范围。

4. 电子欺骗法

攻击者为了获取目标主机上的资源，可能会采用电子欺骗的手法来达到目的。电子欺骗法主要是通过伪造数据包，并使用目标主机可信任的 IP 地址作为源地址把伪造好的数据包发送到目标主机上，以此获取目标主机的信任，进而访问目标主机上的资源。

由于 TCP/IP 协议本身存在很多缺陷，因此，不论目标主机上运行的是何种操作系统，电子欺骗都是容易实现的，它也是常被用作获取目标主机信任的一种攻击方式。

5. TCP 序列号欺骗

TCP 序列号欺骗是通过 TCP 的三次握手过程，推测服务器的响应序列号而实现的。这种欺骗即使在没有得到服务器响应的情况下，也可以产生 TCP 数据包与服务器进行通信。

为了确保端到端的可靠传输，TCP 对所发送出的每个数据包都分配序列编号，当对方收到数据包后则向发送方进行确认，接收方利用序列号来确认数据包的先后顺序，并丢弃重复的数据包。TCP 序列号在 TCP 数据包中占 32 位，有发送序列号 SEQS 和确认序列号 SEQA 两种，它们分别对应 SYN 和 ACK 两个标志。当 SYN 置 1 时，表示所发送的数据包的序列号为 SEQS；当 ACK 置 1 时，表示接收方准备接收的数据包的序列号为 SEQA。

在客户机与服务器建立连接的三次握手过程中，序列号的变化如下。

① Client→Server：SYN(SEQS＝ISNC)

② Server→Client：SYN(SEQS＝ISNS)，ACK(SEQA＝ISNC＋1)

③ Server→Client：ACK(SEQA＝ISNS＋1)

其中，客户机首先向服务器发送一个初始序列号 ISNC，并置 SYN 为 1，表示需要与服务器建立连接。服务器确认这个传输后，向客户机返回它本身的序列号 ISNS，并置 ACK 为 1，同时通知客户机下一个期待获得的数据序列号是 ISNC＋1。最后，客户机再次确认，完成三次握手的过程。

在这个三次握手的过程中，如果能够推测出由服务器返回的序列号 ISNS 的值，则可实现序列号欺骗攻击。假设 User 是服务器上的可信任主机，Xser 是冒充 User 的入侵者，那么，如果 Xser 预测出了 ISNS 的值，则 TCP 序列号欺骗攻击的过程如下。

① Xser→Server：SYN(SEQS=ISNC)；使用 User 的 IP 作为源地址

② Server→User：SYN(SEQS=ISNS)，ACK(SEQA=ISNC+1)

③ Xser→Server：ACK(SEQA=ISNS+1)；使用 User 的 IP 作为源地址

在这里，Xser 以 User 的身份向服务器发送初始序列号，并置 SYN 为 1，请求与服务器建立连接。当服务器收到该请求后，向 User 返回应答序列号，如果此时 User 能正常工作，则认为这是一个非法数据包，而终止连接，使攻击者的目的落空，否则，攻击者将继续以 User 的身份向服务器发送已推测出的确认序列号 ISNS+1，并与服务器建立连接，进而可在服务器上行使 User 的权限，执行相应的操作。

使用这种攻击需要具备两个基本条件：一是能推测出序列号 ISNS 的值；二是所冒充的可信任主机不能正常工作。其中，最关键的是要推测出由服务器返回的序列号 ISNS 的值。由服务器返回的这个值可能是个随机数，它通常与被信任主机和服务器间的 RTT 时间有关，必须经过多次采样和统计分析，才可能推测到这个值。

通常，可重复多次与被攻击主机的某个端口(如 SMTP)建立正常连接，然后断开，并记录每次连接所设定的 ISN 值。另外，还需要多次测试可信任主机与服务器间的 RTT 时间，并统计出平均值。根据这个 RTT 时间值，可以通过下式估算出 ISN 的值：

$$\text{ISN}=\begin{cases}64\,000\times \text{RTT} & \\ 64\,000\times(\text{RTT}+1) & \text{当目标主机刚刚建立一个连接时}\end{cases}$$

一旦估计出 ISN 的值，就可进行攻击，这个攻击过程是利用 IP 欺骗法实现的。

6. IP 欺骗

IP 欺骗是利用可信任主机的 IP 地址向服务器发起攻击的。

本章小结

本章主要讲述了网络安全模型及基本的安全概念、密码术、身份认证、入侵与入侵检测技术、攻击及其原理。在系统处理能力提高的同时，系统的连接能力也在不断的提高。但在连接能力信息、流通能力提高的同时，基于网络连接的安全问题也日益突出，整体的网络安全主要表现在以下几个方面：网络的物理安全、网络拓扑结构安全、网络系统安全、应用系统安全和网络管理的安全等。

习　　题

1. 叙述网络一般安全模型。
2. 基本描述 P2DR 安全模型。
3. 什么是链路加密、端到端加密？它们的区别是什么？
4. 什么是入侵？有哪些入侵检测技术？
5. 何谓攻击？有哪些典型的攻击？

第3章　防火墙概述

网络安全问题随着 Internet 带宽与电子商务的事务需求的增长变得日益重要。企业或个人越来越频繁地利用互联网进行交易，网络安全性成为了一个重要的问题。个人会用信用卡在网络上做交易，公司之间会在网络上做信息交换，一些重要资料会在网络上流动，这时个人或公司传送的资料就有可能被拦截、修改或盗用，而有些黑客为了试验自己的技术而入侵别人的计算机，严重的会使公司的网站破坏并毁掉顾客资料，以致影响到公司的利益或顾客的隐私及权利。防火墙的目的就是保护网络不被未经授权的使用者经由外界网络（如 Internet）不法侵入，为维护企业及个人的利益建立一道安全屏障。

3.1　防火墙的定义

防火墙是指隔离在本地网络与外界网络之间的一道防御系统，是这一类防范措施的总称。

防火墙的架构是一套独立的软、硬件配置。基本上是在一台服务器上，包括操作系统（Operation System，OS）及安装网络防火墙应用软件而构成的。它架构于互联网（Internet）与内部网络（Intranet）之间，是被运用于两个网络之间的安全屏障，作为内部与外部沟通的桥梁，也是企业网络对外接触的第一道大门。

在互联网上防火墙是一种非常有效的网络安全系统，通过它可以隔离风险区域（即 Internet 或有一定风险的网络）与安全区域（局域网）的连接，同时不会妨碍人们对风险区域的访问。防火墙可以监控进出网络的通信量，从而完成看似不可能的任务；仅让安全、核准了的信息进入，同时又抵制威胁的数据。随着安全性问题上的失误和缺陷越来越普遍，对网络的入侵不仅来自高超的攻击手段，也有可能来自配置上的低级错误或不合适的口令选择。因此，防火墙的作用是防止不希望的、未授权的通信进出被保护的网络，强化了网络安全政策。

一般的防火墙都可以达到以下目的：一是可以限制他人进入内部网络，过滤掉不安全服务和非法用户；二是防止入侵者接近防御设施；三是限定用户访问特殊站点；四是为监视 Internet 安全提供方便。由于防火墙假设了网络边界和服务，因此更适合于相对独立的网络，如 Intranet 等种类相对集中的网络。防火墙正在成为控制对网络系统访问的非常流行的方法。目前，在 Internet 上的 Web 网站中，超过 1/3 的 Web 网站都是由某种形式的防火墙加以保护的，这是对黑客防范最严，安全性较强的一种方式，任何关键性的服务器，都建议放在防火墙之后。

防火墙指的是一个由软件和硬件设备组合而成、在内部网和外部网之间、专用网与公共网之间的界面上构造的保护屏障，使 Internet 与 Intranet 之间建立起一个安全网关(Security Gateway)，从而保护内部网免受非法用户的侵入，防火墙主要由服务访问规则、验证工具、包过滤和应用网关 4 个部分组成。

在互联网上防火墙是一种非常有效的网络安全模型，通过它可以隔离风险区域(即 Internet 或有一定风险的网络)与安全区域(局域网)的连接。所谓"防火墙"，是指一种将内部网和公众访问网(如 Internet)分开的方法，它实际上是一种隔离技术。防火墙是在两个网络通信时执行的一种访问控制尺度，它能允许"同意"的人和数据进入网络，同时将"不同意"的人和数据拒之门外，最大限度地阻止网络中的黑客来访问网络。换句话说，如果不通过防火墙，公司内部的人就无法访问 Internet，Internet 上的人也无法和公司内部的人进行通信。

防火墙是设置在不同网络(如可信任的企业内部网和不可信的公共网)或网络安全域之间的一系列部件的组合，如图 3-1 所示。它是不同网络或网络安全域之间信息的唯一出入口，能根据企业的安全政策控制(允许、拒绝、监测)出入网络的信息流，且本身具有较强的抗攻击能力。它是提供信息安全服务，实现网络和信息安全的基础设施。

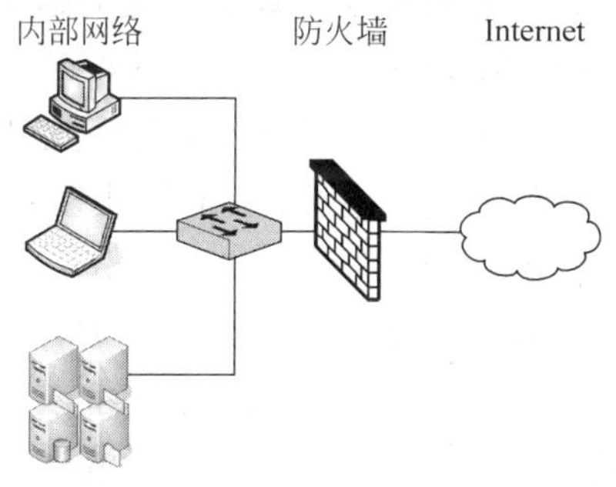

图 3-1　防火墙逻辑位置示意图

在逻辑上，防火墙是一个分离器，一个限制器，也是一个分析器，有效地监控了内部网和 Internet 之间的任何活动，保证了内部网络的安全。防火墙可以是硬件型的，所有数据都首先通过硬件芯片监测；也可以是软件类型的，软件在电脑上运行并监控。其实硬件型也就是芯片里固化了的软件，但是它不占用计算机 CPU 处理时间，功能非常强大，处理速度很快，但对于个人用户来说软件型更加方便实在。

防火墙技术从诞生开始，就在一刻不停地发展着，各种不同结构不同功能的防火墙，构筑成网络上的一道道防御大堤。

3.2 防火墙的分类与技术

3.2.1 防火墙的分类

防火墙分类的方法很多，除了从形式上把它分为软件防火墙和硬件防火墙以外，还可以从技术上将其分为包过滤型、应用代理型和状态监视3类；从结构上又分为单一主机防火墙、路由集成式防火墙和分布式防火墙3种；按工作位置分为边界防火墙、个人防火墙和混合防火墙；按防火墙性能分为百兆级防火墙和千兆级防火墙两类；等等。虽然看似种类繁多，但这只是因为业界分类方法不同罢了，例如一台硬件防火墙就可能由于结构、数据吞吐量和工作位置而规划为"百兆级状态监视型边界防火墙"，因此这里主要介绍的是技术方面的分类，即包过滤型、应用代理型和状态监视型防火墙技术。

为了更有效率地对付网络上的各种不同攻击手段，防火墙也派分出几种防御架构。根据物理特性，防火墙分为两大类，硬件防火墙和软件防火墙。软件防火墙是一种安装在负责内外网络转换的网关服务器上或者独立的个人计算机上的特殊程序，它是以逻辑形式存在的，防火墙程序跟随系统启动，通过运行在Ring0级别的特殊驱动模块把防御机制插入系统关于网络的处理部分和网络接口设备驱动之间，形成一种逻辑上的防御体系。

在没有软件防火墙之前，系统和网络接口设备之间的通道是直接的，网络接口设备通过网络驱动程序接口(Network Driver Interface Specification，NDIS)把网络上传来的各种报文都忠实地交给系统处理，例如一台计算机接收到请求列出机器上所有共享资源的数据报文，NDIS直接把这个报文提交给系统，系统在处理后就会返回相应数据，在某些情况下会造成信息泄漏。而使用软件防火墙后，尽管NDIS接收到的仍然是原封不动的数据报文，但是在提交到系统的通道上多了一层防御机制，所有数据报文都要经过这层机制根据一定的规则判断处理，只有它认为安全的数据才能到达系统，其他数据则被丢弃。因为有规则提到"列出共享资源的行为是危险的"，因此在防火墙的判断下，这个报文会被丢弃，这样一来，系统接收不到报文，则认为什么事情也没发生过，也就不会把信息泄漏出去了。

软件防火墙工作于系统接口与NDIS之间，用于检查过滤由NDIS发送过来的数据，在无须改动硬件的前提下便能实现一定强度的安全保障，但是由于软件防火墙自身属于运行于系统上的程序，不可避免地需要占用一部分CPU资源维持工作，而且由于数据判断处理需要一定的时间，在一些数据流量大的网络里，软件防火墙会使整个系统工作效率和数据吞吐速度下降，甚至有些软件防火墙会存在漏洞，导致有害数据可以绕过它的防御体系，给数据安全带来损失，因此，许多企业并不会考虑用软件防火墙方案作为公司网络的防御措施，而是使用看得见摸得着的硬件防火墙。

硬件防火墙是一种以物理形式存在的专用设备,通常架设于两个网络的驳接处,直接从网络设备上检查过滤有害的数据报文,位于防火墙设备后端的网络或者服务器接收到的是经过防火墙处理的相对安全的数据,不必另外分出 CPU 资源去进行基于软件架构的 NDIS 数据检测,可以极大地提高工作效率。

硬件防火墙一般是通过网线连接于外部网络接口与内部服务器或企业网络之间的设备,这里又另外派分出两种结构,一种是普通硬件级别防火墙,它拥有标准计算机的硬件平台和一些功能经过简化处理的 UNIX 系列操作系统和防火墙软件,这种防火墙措施相当于专门拿出一台计算机安装了软件防火墙,除了不需要处理其他事务以外,它毕竟还是一般的操作系统,因此有可能会存在漏洞和不稳定因素,安全性并不能做到最好;另一种是所谓的芯片级硬件防火墙,它采用专门设计的硬件平台,在上面搭建的软件也是专门开发的,并非流行的操作系统,因而可以达到较好的安全性能保障。

所谓的边界防火墙、单一主机防火墙又是什么概念呢?所谓边界,就是指两个网络之间的接口处,工作于此的防火墙就被称为"边界防火墙";与之相对的有"个人防火墙",它们通常是基于软件的防火墙,只处理一台计算机的数据而不是整个网络的数据,现在一般家庭用户使用的软件防火墙就是这个分类了。而单一主机防火墙,就是最常见的一台台硬件防火墙了;一些厂商为了节约成本,直接把防火墙功能嵌进路由设备里,就形成了路由集成式防火墙。

下面介绍防火墙的基本分类。

1. 包过滤防火墙

第一代防火墙和最基本形式防火墙检查每一个通过的网络包,或者丢弃,或者放行,取决于所建立的一套规则,这称为包过滤防火墙。本质上,包过滤防火墙是多址的,表明它有两个或两个以上网络适配器或接口。例如,作为防火墙的设备可能有两块网卡(NIC),一块连到内部网络,一块连到公共的 Internet。防火墙的任务,就是作为"通信警察",指引包和截住那些有危害的包。

包过滤防火墙检查每一个传入包,查看包中可用的基本信息(源地址和目的地址、端口号、协议等),然后,将这些信息与设立的规则相比较。如果已经设立了阻断 telnet 连接,而包的目的端口是 23 的话,那么该包就会被丢弃;如果允许传入 Web 连接,而目的端口为 80,则包就会被放行。

多个复杂规则的组合也是可行的。如果允许 Web 连接,但只针对特定的服务器,目的端口和目的地址二者必须与规则相匹配,才可以让该包通过。

最后,可以确定当一个包到达时,如果有理由让该包通过,就要建立规则来处理它。

建立一个包过滤防火墙规则的例子如下。

对来自专用网络的包,只允许来自内部地址的包通过,因为其他包包含不正确的包头部信息。这条规则可以防止网络内部的任何人通过欺骗性的源地址发起攻击。而且,如果黑客对专用网络内部的机器具有了不知从何得来的访问权,这种过滤方式可以阻止黑客从网络内部发起攻击。

在公共网络，只允许目的地址为80端口的包通过。这条规则只允许传入的连接为Web连接，也允许与Web连接使用相同端口的连接，所以它并不是十分安全的。

丢弃从公共网络传入的包，而这些包都有网络内的源地址，从而减少IP欺骗性的攻击。

丢弃包含源路由信息的包，以减少源路由攻击。要记住，在源路由攻击中，传入的包包含路由信息，它覆盖了包通过网络应采取的正常路由，可能会绕过已有的安全程序。通过忽略源路由信息，防火墙可以减少这种方式的攻击。

2. 状态/动态检测防火墙

状态/动态检测防火墙，试图跟踪通过防火墙的网络连接和包，这样防火墙就可以使用一组附加的标准，以确定是否允许和拒绝通信。它是在使用了基本包过滤防火墙的通信上应用一些技术来做到这点的。

当包过滤防火墙见到一个网络包，包是孤立存在的。它没有防火墙所关心的历史或未来。允许和拒绝包的决定完全取决于包自身所包含的信息，如源地址、目的地址、端口号等。包中没有包含任何描述它在信息流中的位置的信息，则该包被认为是无状态的，它仅是存在而已。

检查一个有状态的包防火墙跟踪的不仅是包中包含的信息。为了跟踪包的状态，防火墙还记录有用的信息以帮助识别包，例如已有的网络连接、数据的传出请求等。

如果传入的包包含视频数据流，防火墙可能已经记录了有关信息，是关于位于特定IP地址的应用程序最近向发出包的源地址请求视频信号的信息。如果传入的包是要传给发出请求的相同系统，防火墙进行匹配，包就可以被允许通过。

一个状态/动态检测防火墙可截断所有传入的通信，而允许所有传出的通信。因为防火墙跟踪内部出去的请求，所有按要求传入的数据被允许通过，直到连接被关闭为止。只有未被请求的传入通信被截断。

如果在防火墙内运行一台服务器，配置就会变得稍微复杂一些，但状态包检测是有效且能适应的技术。例如，可以将防火墙配置成只允许从特定端口进入的通信，只可传到特定服务器。如果正在运行Web服务器，防火墙只将80端口传入的通信发送到指定的Web服务器。

另外状态/动态检测防火墙可提供的其他一些额外的服务如下。

(1) 将某些类型的连接重定向到审核服务中去。例如，专用Web服务器的连接，在Web服务器连接被允许之前，被发送到SecutID服务器(使用一次性口令)。

(2) 拒绝携带某些数据的网络通信，例如，带有附加可执行程序的传入电子消息，或包含ActiveX程序的Web页面。

跟踪连接状态的方式取决于包通过防火墙的类型。

(1) TCP包。当建立起一个TCP连接时，通过的第一个包被标有包的SYN标志。一般情况下，防火墙会丢弃所有外部的连接企图，除非用已经建立起来的某条特定规则来处理它们。对内部的连接试图连到外部主机，防火墙会注明连接包，允许响应及随后再连接两个系统之间的包,直到连接结束为止。在这种方式下,传入的包只有在它是响应一个已建立的连接时,才会被允许通过。

(2) UDP 包。UDP 包比 TCP 包简单,因为它们不包含任何连接或序列信息,只包含源地址、目的地址、校验和携带的数据。信息的缺乏使得防火墙很难确定包的合法性,因为没有打开的连接可以测试传入的包是否应该被允许通过。可是,防火墙跟踪连接状态的方式可以确定。对传入的包,若它所使用的地址和 UDP 包携带的协议与传出的连接请求匹配,该包就被允许通过。和 TCP 包一样,UDP 包会被允许通过,是响应传出的请求或已经建立了指定的规则来处理它。

对其他种类的包,情况和 UDP 包类似。防火墙仔细地跟踪传出的请求,记录下所使用的地址、协议和包的类型,然后对照保存过的信息核对传入的包,以确保这些包是被请求的。

3. 应用程序代理防火墙

应用程序代理防火墙实际上不允许在它连接的网络之间直接通信。它是接受来自内部网络特定用户应用程序的通信,再建立单独的公共网络服务器连接。网络内部的用户不直接与外部的服务器通信,所以服务器不能直接访问内部网的任何一部分。

另外,如果不为特定的应用程序安装代理程序代码,这种服务是不会被支持的,不能建立任何连接。这种建立方式拒绝任何没有明确配置的连接,从而提供了额外的安全性和控制性。

例如,一个用户的 Web 浏览器可能在 80 端口,但也经常可能是在 1080 端口,连接到了内部网络的 HTTP 代理防火墙。防火墙会接受这个连接请求,并把它转到所请求的 Web 服务器。这种连接和转移对该用户来说是透明的,因为它完全是由代理防火墙自动处理的。代理防火墙通常支持的一些常见的应用程序有 HTTP、HTTPS/SSL、SMTP、POP3、IMAP、NNTP、TELNET、FTP 和 IRC。

应用程序代理防火墙可以配置成允许来自内部网络的任何连接,它也可以配置成要求用户认证后才建立连接。要求认证的方式有只为已知的用户建立连接的限制,为安全性提供了额外的保证。如果网络受到危害,这个特征使得从内部发动攻击的可能性大大减少。

4. NAT

讨论到防火墙的主题,就一定要提到有一种路由器,尽管从技术上讲它根本不是防火墙。网络地址转换(NAT)协议将内部网络的多个 IP 地址转换到一个公共地址发送到 Internet 上。

NAT 经常用于小型办公室、家庭等网络,多个用户分享单一的 IP 地址,并为 Internet 连接提供一些安全机制。

当内部用户与一个公共主机通信时,NAT 追踪是哪一个用户发送的请求,修改传出的包,这样包就像是来自单一的公共 IP 地址,然后再打开连接。一旦建立了连接,在内部计算机和 Web 站点之间来回流动的通信就都是透明的了。

当从公共网络传来一个未经请求的传入连接时，NAT 有一套规则来决定如何处理它。如果没有事先定义好的规则，NAT 只是简单地丢弃所有未经请求的传入连接，就像包过滤防火墙所做的那样。

可是，就像对包过滤防火墙一样，可以将 NAT 配置为接受某些特定端口传来的传入连接，并将它们送到一个特定的主机地址。

3.2.2 防火墙的技术

传统意义上的防火墙技术分为 3 大类：包过滤（Packet Filtering）、应用代理（Application Proxy）和状态监视（Stateful Inspection）。无论一个防火墙的实现过程多么复杂，归根结底都是在这 3 种技术的基础上进行功能扩展的。

1. 包过滤技术

包过滤是最早使用的一种防火墙技术，它的第一代模型是静态包过滤（Static Packet Filtering），使用包过滤技术的防火墙通常工作在 OSI 模型中的网络层（Network Layer）上，后来发展更新的动态包过滤（Dynamic Packet Filtering）增加了传输层（Transport Layer），简而言之，包过滤技术工作的地方就是各种基于 TCP/IP 协议的数据报文进出的通道，它把这两层作为数据监控的对象，对每个数据包的头部、协议、地址、端口、类型等信息进行分析，并与预先设定好的防火墙过滤规则（Filtering Rule）进行核对，一旦发现某个包的某个或多个部分与过滤规则匹配并且条件为“阻止”的时候，这个包就会被丢弃。适当地设置过滤规则可以让防火墙工作得更安全有效，但是这种技术只能根据预设的过滤规则进行判断，一旦出现一个没有在设计人员意料之中的有害数据包请求，整个防火墙就形同虚设了。人们也许会想，自行添加不行吗？但是别忘了，应该为普通计算机用户考虑，并不是所有人都了解网络协议，如果防火墙工具出现了过滤遗漏问题，他们只能等着被入侵了。一些公司采用定期从网络升级过滤规则的方法，这个创意固然可以方便一部分家庭用户，但是对相对比较专业的用户而言，却不见得就是好事，因为他们可能会有根据自己的机器环境设定和改动规则，如果这个规则刚好和升级后的规则发生冲突，用户就该郁闷了，而且如果两条规则冲突了，防火墙会不会当场崩溃？也许就因为考虑到这些因素，至今没见过有多少个产品会提供过滤规则更新功能的，这并不能和杀毒软件的病毒特征库升级原理相提并论。为了解决这种鱼与熊掌的问题，人们对包过滤技术进行了改进，这种改进后的技术称为动态包过滤（市场上存在一种基于状态的包过滤防火墙技术，即 Stateful-based Packet Filtering，它们其实是同一类型），与它的前辈相比，动态包过滤功能在保持着原有静态包过滤技术和过滤规则的基础上，会对已经成功与计算机连接的报文传输进行跟踪，并且判断该连接发送的数据包是否会对系统构成威胁，一旦触发其判断机制，防火墙就会自动产生新的临时过滤规则或者对已经存在的过滤规则进行修改，从而阻止该有害数据的继续传输，但是由于动态包过滤需要消耗额外的资源和时间来提取数据包内容进行判断处理，所以与静态包过滤相比，它会降低运行效率，但是静态包过滤已经几乎退出市场了，能选择的，大部分也只有动态包过滤防火墙了。

2. 应用代理技术

由于包过滤技术无法提供完善的数据保护措施，而且一些特殊的报文攻击仅仅使用过滤的方法并不能消除危害（如 SYN 攻击、ICMP 洪水等），因此人们需要一种更全面的防火墙保护技术，在这样的需求背景下，采用应用代理（Application Proxy）技术的防火墙诞生了。代理服务器作为一个为用户保密或者突破访问限制的数据转发通道，在网络上应用广泛。一个完整的代理设备包含一个服务端和客户端，服务端接收来自用户的请求，调用自身的客户端模拟一个基于用户请求的连接到目标服务器，再把目标服务器返回的数据转发给用户，完成一次代理工作过程。应用代理防火墙，实际上就是一台小型的带有数据检测过滤功能的透明代理服务器（Transparent Proxy），但是它并不是单纯地在一个代理设备中嵌入包过滤技术，而是一种被称为应用协议分析（Application Protocol Analysis）的新技术。

"应用协议分析"技术工作在 OSI 模型的最高层——应用层上，在这一层里能接触到的所有数据都是最终形式，也就是说，防火墙"看到"的数据和用户看到的是一样的，而不是一个个带着地址端口协议等原始内容的数据包，因而它可以实现更高级的数据检测过程。整个代理防火墙把自身映射为一条透明线路，在用户方面和外界线路看来，它们之间的连接并没有任何阻碍，但是这个连接的数据收发实际上是经过了代理防火墙转向的，当外界数据进入代理防火墙的客户端时，"应用协议分析"模块便根据应用层协议处理这个数据，通过预置的处理规则查询这个数据是否会产生危害，由于这一层面对的已经不再是组合有限的报文协议，所以防火墙不仅能根据数据层提供的信息判断数据，更能像管理员分析服务器日志那样"看"内容辨危害。而且由于工作在应用层，防火墙还可以实现双向限制，在过滤外部网络有害数据的同时也监控着内部网络的信息，管理员可以配置防火墙实现一个身份验证和连接时限的功能，进一步防止内部网络信息泄漏的隐患。最后，由于代理防火墙采取是代理机制进行工作，内外部网络之间的通信都需先经过代理服务器审核，通过后再由代理服务器连接，根本没有给分隔在内外部网络两边的计算机直接会话的机会，可以避免入侵者使用"数据驱动"攻击方式（一种能通过包过滤技术防火墙规则的数据报文，但是当它进入计算机处理后，却变成能够修改系统设置和用户数据的恶意代码）渗透内部网络，可以说，应用代理是比包过滤技术更完善的防火墙技术。

但是，似乎任何东西都不可能逃避墨非定律的制约，代理型防火墙的结构特征偏偏正是它最大的缺点，由于它是基于代理技术的，通过防火墙的每个连接都必须建立在为之创建的代理程序进程上，而代理进程自身是要消耗一定时间的，更何况代理进程里还有一套复杂的协议分析机制在同时工作，于是数据在通过代理防火墙时就会不可避免地发生数据迟滞现象，换个形象的说法，每个数据连接在经过代理防火墙时都会先被请进保安室喝杯茶搜搜身再继续赶路，而保安的工作速度并不能很快。代理防火墙是以牺牲速度为代价换取了比包过滤防火墙更高的安全性能的，在网络吞吐量不是很大的情况下，也许用户不会察觉到什么,然而到了数据交换频繁的时刻,代理防火墙就成了整个网络的瓶颈,而且一旦防火墙的硬件配置支撑不住高强度的数据流量而罢工,整个网络可能就会因此瘫痪了。所以,代理防火墙的普及范围还远远不及包过滤型防火墙,所以就目前整个庞大的软件防火墙市场来说,代理防火墙很难有立足之地。

3. 状态监视技术

这是继包过滤技术和应用代理技术后发展的防火墙技术,它是 CheckPoint 技术公司在基于包过滤原理的动态包过滤技术发展而来的,与之类似的有其他厂商联合发展的深度包检测(Deep Packet Inspection)技术。这种防火墙技术通过一种被称为状态监视的模块,在不影响网络安全正常工作的前提下采用抽取相关数据的方法对网络通信的各个层次实行监测,并根据各种过滤规则做出安全决策。

状态监视技术在保留了对每个数据包的头部、协议、地址、端口、类型等信息进行分析的基础上,进一步发展了会话过滤(Session Filtering)功能,在每个连接建立时,防火墙会为这个连接构造一个会话状态,里面包含了这个连接数据包的所有信息,以后这个连接都基于这个状态信息进行,这种检测的高明之处是能对每个数据包的内容进行监视,一旦建立了一个会话状态,则此后的数据传输都要以此会话状态作为依据,例如:一个连接的数据包源端口是 8000,那么在以后的数据传输过程里防火墙都会审核这个包的源端口还是不是 8000,否则这个数据包就被拦截,而且会话状态的保留是有时间限制的,在超时的范围内如果没有再进行数据传输,这个会话状态就会被丢弃。状态监视可以对包内容进行分析,从而摆脱了传统防火墙仅局限于几个包头部信息的检测弱点,而且这种防火墙不必开放过多端口,进一步杜绝了可能因为开放端口过多而带来的安全隐患。

由于状态监视技术相当于结合了包过滤技术和应用代理技术,因此是最先进的,但是由于实现技术复杂,在实际应用中还不能做到真正的完全有效的数据安全检测,而且在一般的计算机硬件系统上很难设计出基于此技术的完善防御措施。

4. 技术展望

防火墙作为维护网络安全的关键设备,在目前采用的网络安全的防范体系中,占据着举足轻重的地位。伴随计算机技术的发展和网络应用的普及,越来越多的企业与个体都遭遇到不同程度的安全难题,因此市场对防火墙的设备需求和技术要求都在不断提升,而且越来越严峻的网络安全问题也要求防火墙技术有更快的提高,否则将会在面对新一轮入侵手法时束手无策。

多功能、高安全性的防火墙可以让用户网络更加无忧,但前提是要确保网络的运行效率,因此在防火墙发展过程中,必须始终将高性能放在主要位置,目前各大厂商正在朝这个方向努力,而且丰富的产品功能也是用户选择防火墙的依据之一,一款完善的防火墙产品,应该包含访问控制、网络地址转换、代理、认证、日志审计等基础功能,并拥有有自己特色的安全相关技术,如规则简化方案等,明天的防火墙技术将会如何发展,请拭目以待。

3.2.3　防火墙的功能

1. 防火墙是网络安全的屏障

一个防火墙(作为阻塞点、控制点)能极大地提高一个内部网络的安全性,并通过过滤不安全的服务而降低风险。由于只有经过精心选择的应用协议才能通过防火墙,所以网络环境变得更安全。例如:防火墙可以禁止诸如众所周知的不安全的 NFS 协议进出受保护网络,这样外部的攻击者就不可能利用这些脆弱的协议来攻击内部网络。防火墙同时可以保护网络免受基于路由的攻击,如 IP 选项中的源路由攻击和 ICMP 重定向中的重定向路径。防火墙应该可以拒绝所有以上类型攻击的报文并通知防火墙管理员。

2. 防火墙可以强化网络安全策略

通过以防火墙为中心的安全方案配置,能将所有安全软件(如口令、加密、身份认证、审计等)配置在防火墙上。与将网络安全问题分散到各个主机上相比,防火墙的集中安全管理更经济。例如:在网络访问时,一次一密口令系统和其他的身份认证系统完全可以不必分散在各个主机上,而是集中在防火墙上。

3. 对网络存取和访问进行监控审计

如果所有的访问都经过防火墙,那么,防火墙就能记录下这些访问并作出日志记录,同时也能提供网络使用情况的统计数据。当发生可疑动作时,防火墙能进行适当的报警,并提供网络是否受到监测和攻击的详细信息。另外,收集一个网络的使用和误用情况也是非常重要的。首先的理由是可以清楚防火墙是否能够抵挡攻击者的探测和攻击,并且清楚防火墙的控制是否充足。而网络使用统计对网络需求分析和威胁分析等而言也是非常重要的。

4. 防止内部信息的外泄

通过利用防火墙对内部网络的划分,可实现内部网重点网段的隔离,从而限制了局部重点或敏感网络安全问题对全局网络造成的影响。再者,隐私是内部网络非常关心的问题,一个内部网络中不引人注意的细节可能包含了有关安全的线索而引起外部攻击者的兴趣,甚至因此而暴露了内部网络的某些安全漏洞。使用防火墙就可以隐蔽那些透漏内部细节的如 Finger、DNS 等服务。Finger 显示了主机上所有用户的注册名、真名,最后登录时间和使用的 shell 类型等。但是 Finger 显示的信息非常容易被攻击者所获悉。攻击者可以知道一个系统使用的频繁程度,这个系统是否有用户正在连线上网,这个系统是否在被攻击时引起注意等。防火墙可以同样阻塞有关内部网络中的 DNS 信息,这样一台主机的域名和 IP 地址就不会被外界所了解。

除了安全作用,防火墙还支持具有 Internet 服务特性的企业内部网络技术体系 VPN。通过 VPN,将企事业单位在地域上分布在全世界各地的 LAN 或专用子网,有机地联成一个整体。不仅省去了专用通信线路，而且为信息共享提供了技术保障。

3.3 防火墙相关知识

下面介绍防火墙的发展历程。

第一代防火墙技术几乎与路由器同时出现，采用了包过滤（Packet Filter）技术。图 3-2 所示为防火墙技术的简单发展历史。

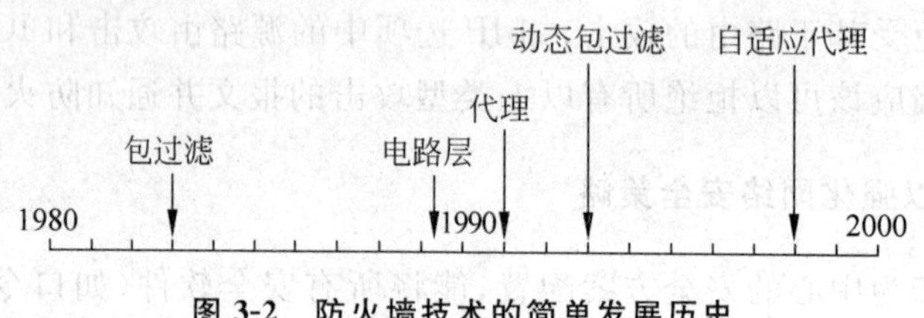

图 3-2 防火墙技术的简单发展历史

1. 第一代：静态包过滤

静态包过滤防火墙根据定义好的过滤规则审查每个数据包，以便确定其是否与某一条包过滤规则匹配。过滤规则基于数据包的报头信息进行制订。报头信息中包括 IP 源地址、IP 目标地址、传输协议（TCP、UDP、ICMP 等）、TCP/UDP 目标端口、ICMP 消息类型等。包过滤类型的防火墙要遵循的一条基本原则是最小特权原则，即明确允许那些管理员希望通过的数据包，禁止其他的数据包。主要针对网络层，如图 3-3 所示。

图 3-3 简单包过滤防火墙

防火墙最基本的功能：根据 IP 地址作转发判断。由于黑客可以采用 IP 地址欺骗技术，伪装成合法地址的计算机就可以穿越信任这个地址的防火墙了。根据地址的转发决策机制还是最基本和必需的，另外要注意的是，不要用 DNS 主机名建立过滤表，对 DNS 的伪造比 IP 地址欺骗要容易得多。

2. 第二代：动态包过滤

动态包过滤防火墙采用动态设置包过滤规则的方法，避免了静态包过滤所具有的问题。这种技术后来发展成为了所谓的状态监测技术。采用这种技术的防火墙对通过其建立的每一个连接都进行跟踪，并且根据需要可动态地在过滤规则中增加，如图 3-4 所示。

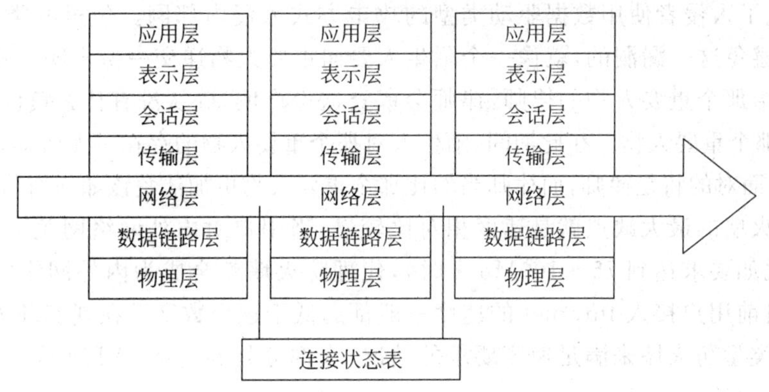

图 3-4　动态包过滤防火墙

1989 年，贝尔实验室的 Dave Presotto 和 Howard Trickey 推出了第二代防火墙，即电路层防火墙，同时提出了第三代防火墙——应用层防火墙（代理防火墙）的初步结构。

3. 第三代：代理防火墙

代理防火墙也叫应用层网关（Application Gateway）防火墙。这种防火墙通过一种代理（Proxy）技术参与到一个 TCP 连接的全过程。从内部发出的数据包经过这样的防火墙处理后，就好像是源于防火墙外部网卡一样，从而可以达到隐藏内部网结构的作用。这种类型的防火墙被网络安全专家和媒体公认为是最安全的防火墙。它的核心技术就是代理服务器技术。

所谓代理服务器，是指代表客户处理在服务器连接请求的程序。当代理服务器得到一个客户的连接意图时，它们将核实客户请求，并经过特定的安全化的 Proxy 应用程序处理连接请求，将处理后的请求传递到真实的服务器上，然后接受服务器应答，并作进一步处理后，将答复交给发出请求的最终客户。代理服务器在外部网络向内部网络申请服务时发挥了中间转接的作用，如图 3-5 所示。

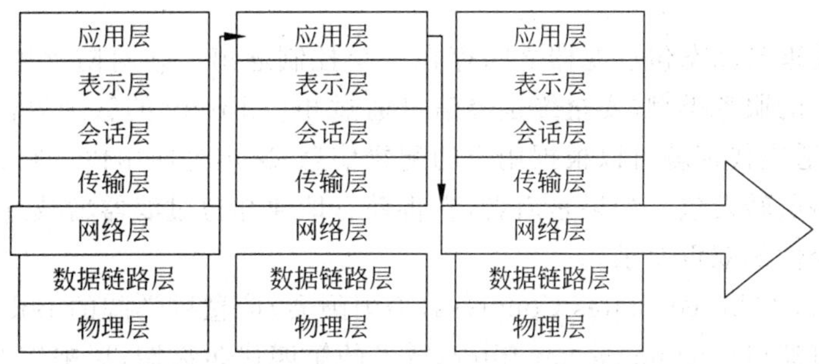

图 3-5　传统代理型防火墙

代理类型防火墙的最突出的优点就是安全。由于每一个内外网络之间的连接都要通过 Proxy 的介入和转换，通过专门为特定的服务如 Http 编写的安全化的应用程序进行处理，然后由防火墙本身提交请求和应答，没有给内外网络的计算机以任何直接会话的机会，从而避免了入侵者使用数据驱动类型的攻击方式入侵内部网。包过滤类型的防火墙是很难彻底避免这一漏洞的，就像一个陌生人要向重要人物递交一份声明一样，如果先将这份声明交给那个重要人物的律师，律师会审查这份声明，确认没有什么负面的影响后才由律师交给那个重要人物。在此期间，陌生人对那个重要人物的存在一无所知，如果要对其进行侵犯，他面对的将是律师，而律师当然比那个重要人物更加清楚该如何对付这种人。

代理防火墙的最大缺点就是速度相对比较慢，当用户对内外网络网关的吞吐量要求比较高时(比如要求达到 75～100Mb/s 时)，代理防火墙就会成为内外网络之间的瓶颈。所幸的是，目前用户接入 Internet 的速度一般都远低于这个数字。在现实环境中，要考虑使用包过滤类型防火墙来满足速度要求的情况，大部分是高速网(ATM 或千兆位以太网等)之间的防火墙。

4. 第四代：自适应代理防火墙

自适应代理技术(Adaptive Proxy)是最近在商业应用防火墙中实现的一种革命性的技术。它可以结合代理类型防火墙的安全性和包过滤防火墙的高速度等优点，在毫不损失安全性的基础之上将代理型防火墙的性能提高 10 倍以上，它可以针对应用层检测，如图 3-6 所示。组成这种类型防火墙的基本要素有两个：自适应代理服务器(Adaptive Proxy Server)与动态包过滤器(Dynamic Packet Filter)。

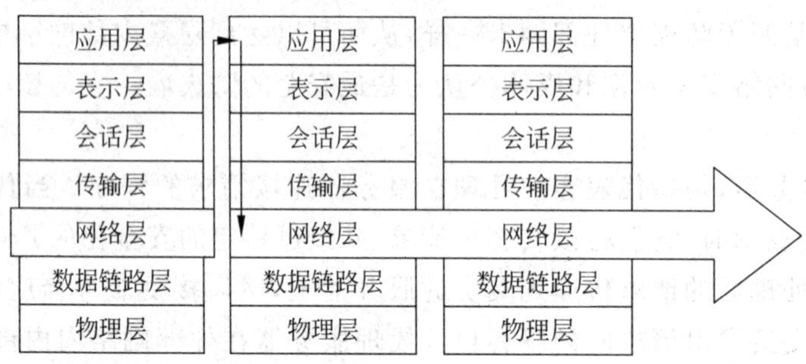

图 3-6　自适应代理防火墙

在自适应代理与动态包过滤器之间存在一个控制通道。在对防火墙进行配置时，用户仅仅将所需要的服务类型、安全级别等信息通过相应 Proxy 的管理界面进行设置就可以了。然后，自适应代理就可以根据用户的配置信息，决定是使用代理服务从应用层代理请求还是从网络层转发包。如果是后者，它将动态地通知包过滤器增减过滤规则，满足用户对速度和安全性的双重要求。

1992 年，USC(United States Congress，美国国会)信息科学院的 Bob Braden 开发出了基于动态包过滤(Dynamic packet filter)技术的第四代防火墙，后来演变为目前所说的状态监视(Stateful inspection)技术。1994 年，以色列的 CheckPoint 公司开发出了第一个采用这种技术的商业化的产品。

1998 年，NAI 公司推出了一种自适应代理(Adaptive proxy)技术，并在其产品 Gauntlet Firewall for NT 中得以实现，给代理类型的防火墙赋予了全新的意义，可以称之为第五代防火墙。

尽管防火墙的发展经过了上述的几代，但是按照防火墙对内外来往数据的处理方法，大致可以将防火墙分为两大体系：包过滤防火墙和代理防火墙(应用层网关防火墙)。前者以以色列的 Checkpoint 防火墙和 Cisco 公司的 PIX 防火墙为代表，后者以美国 NAI 公司的 Gauntlet 防火墙为代表。

3.4 防火墙功能指标详解

1. 产品类型

从防火墙产品和技术发展来看，分为 3 种类型：基于路由器的包过滤防火墙、基于通用操作系统的防火墙、基于专用安全操作系统的防火墙。

1) LAN 接口

列出支持的 LAN 接口类型：防火墙所能保护的网络类型，如以太网、快速以太网、千兆以太网、ATM、令牌环及 FDDI 等。

支持的最大 LAN 接口数：指防火墙所支持的局域网络接口数目，也是其能够保护的不同内网数目。

服务器平台：防火墙所运行的操作系统平台(如 Linux、UNIX、WinNT、专用安全操作系统等)。

2) 协议支持

支持的非 IP 协议：除支持 IP 协议之外，又支持 AppleTalk、DECnet、IPX 及 NETBEUI 等协议。

建立 VPN 通道的协议：构建 VPN 通道所使用的协议，如密钥分配等，主要分为 IPSec、PPTP、专用协议等。

可以在 VPN 中使用的协议：在 VPN 中使用的协议，一般是指 TCP/IP 协议。

3) 加密支持

支持的 VPN 加密标准：VPN 中支持的加密算法，如数据加密标准 DES、3DES、RC4 以及国内专用的加密算法。

除了 VPN 之外，加密的其他用途：加密除用于保护传输数据以外，还应用于其他领域，如身份认证、报文完整性认证，密钥分配等。

提供基于硬件的加密：是否提供硬件加密方法，硬件加密可以提供更快的加密速度和更高的加密强度。

4）认证支持

支持的认证类型：是指防火墙支持的身份认证协议，一般情况下具有一个或多个认证方案，如 RADIUS、Kerberos、TACACS/TACACS＋、口令方式、数字证书等。防火墙能够为本地或远程用户提供经过认证与授权的对网络资源的访问，防火墙管理员必须决定客户以何种方式通过认证。

列出支持的认证标准和 CA 互操作性：厂商可以选择自己的认证方案，但应符合相应的国际标准，该项指所支持的标准认证协议，以及实现的认证协议是否与其他 CA 产品兼容互通。

支持数字证书：是否支持数字证书。

5）访问控制

通过防火墙的包内容设置：包过滤防火墙的过滤规则集由若干条规则组成，它应涵盖对所有出入防火墙的数据包的处理方法，对于没有明确定义的数据包，应该有一个默认处理方法；过滤规则应易于理解，易于编辑修改；同时应具备一致性检测机制，防止冲突。IP 包过滤的依据主要是根据 IP 包头部信息如源地址和目的地址进行过滤，如果 IP 头中的协议字段表明封装协议为 ICMP、TCP 或 UDP，那么再根据 ICMP 头信息（类型和代码值）、TCP 头信息（源端口和目的端口）或 UDP 头信息（源端口和目的端口）执行过滤，其他的还有 MAC 地址过滤。应用层协议过滤要求主要包括 FTP 过滤、基于 RPC 的应用服务过滤、基于 UDP 的应用服务过滤要求以及动态包过滤技术等。

在应用层提供代理支持：指防火墙是否支持应用层代理，如 HTTP、FTP、TELNET、SNMP 等。代理服务在确认客户端连接请求有效后接管连接，代为向服务器发出连接请求，代理服务器应根据服务器的应答，决定如何响应客户端请求，代理服务进程应当连接两个连接（客户端与代理服务进程间的连接、代理服务进程与服务器端的连接）。为确认连接的唯一性与时效性，代理进程应当维护代理连接表或相关数据库（最小字段集合），为提供认证和授权，代理进程应当维护一个扩展字段集合。

在传输层提供代理支持：指防火墙是否支持传输层代理服务。

允许 FTP 命令防止某些类型文件通过防火墙：指是否支持 FTP 文件类型过滤。

用户操作的代理类型：应用层高级代理功能，如 HTTP、POP3。

支持网络地址转换（NAT）：NAT 指将一个 IP 地址域映射到另一个 IP 地址域，从而为终端主机提供透明路由的方法。NAT 常用于私有地址域与公有地址域的转换以解决 IP 地址匮乏问题。在防火墙上实现 NAT 后，可以隐藏受保护网络的内部结构，在一定程度上提高了网络的安全性。

支持硬件口令、智能卡：是否支持硬件口令、智能卡等，这是一种比较安全的身份认证技术。

2. 防御功能

支持病毒扫描：是否支持防病毒功能，如扫描电子邮件附件中的 DOC 和 ZIP 文件，FTP 中的下载或上载文件内容，以发现其中包含的危险信息。

提供内容过滤：是否支持内容过滤，信息内容过滤指防火墙在HTTP、FTP、SMTP等协议层，根据过滤条件，对信息流进行控制，防火墙控制的结果是允许通过、修改后允许通过、禁止通过、记录日志、报警等。过滤内容主要指URL、HTTP携带的信息——Java Applet、JavaScript、ActiveX和电子邮件中的Subject、To、From域等。

能防御的DoS攻击类型：拒绝服务攻击(DoS)就是攻击者过多地占用共享资源，导致服务器超载或系统资源耗尽，而使其他用户无法享有服务或没有资源可用。防火墙通过控制、检测与报警等机制，可在一定程度上防止或减轻DoS黑客攻击。

阻止ActiveX、Java、Cookies、JavaScript侵入：属于HTTP内容过滤，防火墙应该能够从HTTP页面剥离Java Applet、ActiveX等小程序及从Script、PHP和ASP等代码中检测出危险代码或病毒，并向浏览器用户报警。同时，能够过滤用户上载的CGI、ASP等程序，当发现危险代码时，向服务器报警。

支持转发和跟踪ICMP协议(ICMP代理)：是否支持ICMP代理，ICMP为网间控制报文协议。

提供入侵实时警告：提供实时入侵警告功能，当发生危险事件时，是否能够及时报警，报警的方式可能通过邮件、呼机、手机等。

提供实时入侵防范：提供实时入侵响应功能，当发生入侵事件时，防火墙能够动态响应，调整安全策略，阻挡恶意报文。

识别/记录/防止企图进行IP地址欺骗：IP地址欺骗指使用伪装的IP地址作为IP包的源地址对受保护网络进行攻击，防火墙应该能够禁止来自外部网络而源地址是内部IP地址的数据包通过。

3. 管理功能

通过集成策略集中管理多个防火墙：是否支持集中管理，防火墙管理是指对防火墙具有管理权限的管理员行为和防火墙运行状态的管理，管理员的行为主要包括通过防火墙的身份鉴别、编写防火墙的安全规则、配置防火墙的安全参数、查看防火墙的日志等。防火墙的管理一般分为本地管理、远程管理和集中管理等。

提供基于时间的访问控制：是否提供基于时间的访问控制。

支持SNMP监视和配置：SNMP是简单网络管理协议的缩写。

本地管理：是指管理员通过防火墙的Console口或防火墙提供的键盘和显示器对防火墙进行配置管理。

远程管理：是指管理员通过以太网或防火墙提供的广域网接口对防火墙进行管理，管理的通信协议可以基于FTP、TELNET、HTTP等。

支持带宽管理：防火墙能够根据当前的流量动态调整某些客户端占用的带宽。

负载均衡特性：负载均衡可以看成动态的端口映射，它将一个外部地址的某一TCP或UDP端口映射到一组内部地址的某一端口，负载均衡主要用于将某项服务(如HTTP)分摊到一组内部服务器上以平衡负载。

失败恢复特性(Failover)：指支持容错技术，如双机热备份、故障恢复、双电源备份等。

记录和报表功能如下。

防火墙处理完整日志的方法：防火墙规定了对于符合条件的报文作日志记录，应该提供日志信息管理和存储方法。

提供自动日志扫描：指防火墙是否具有日志的自动分析和扫描功能，这可以获得更详细的统计结果，达到事后分析、亡羊补牢的目的。

提供自动报表、日志报告书写器：防火墙实现的一种输出方式，提供自动报表和日志报告功能。

警告通知机制：防火墙应提供警告机制，在检测到入侵网络以及设备运转异常情况时，通过警告来通知管理员采取必要的措施，包括E-mail、呼机、手机等。

提供简要报表(按照用户ID或IP地址)：防火墙实现的一种输出方式，按要求提供报表分类打印。

提供实时统计：防火墙实现的一种输出方式，日志分析后所获得的智能统计结果，一般是图表显示。

列出获得的国内有关部门许可证类别及号码：这是防火墙合格与销售的关键要素之一，其中包括：公安部的销售许可证、国家信息安全测评中心的认证证书、总参的国防通信入网证。

3.5 防火墙技术的主要发展趋势

防火墙可说是信息安全领域最成熟的产品之一，但是成熟并不意味着发展的停滞，恰恰相反，日益提高的安全需求对信息安全产品提出了越来越高的要求，防火墙也不例外，下面就防火墙一些基本层面的问题来谈谈防火墙产品的主要发展趋势。

1. 模式转变

传统的防火墙通常都设置在网络的边界位置，不论是内网与外网的边界，还是内网中的不同子网的边界，以数据流进行分隔，形成安全管理区域。但这种设计的最大问题是，恶意攻击的发起不仅仅来自于外网，内网环境同样存在着很多安全隐患，而对于这种问题，边界式防火墙处理起来是比较困难的，所以现在越来越多的防火墙产品也开始体现出一种分布式结构，以分布式为体系进行设计的防火墙产品以网络节点为保护对象，可以最大限度地覆盖需要保护的对象，极大地提升安全防护强度，这不仅仅是单纯的产品形式的变化，而是象征着防火墙产品防御理念的升华。

防火墙的几种基本类型可以说各有优点，所以很多厂商将这些方式结合起来，以弥补单纯一种方式带来的漏洞和不足，例如比较简单的方式就是既针对传输层面的数据包特性进行过滤，同时也针对应用层的规则进行过滤，这种综合性的过滤设计可以充分挖掘防火墙核心功能的能力，可以说是在自身基础之上进行再发展的最有效途径之一，目前较为先进的一种过滤方式是带有状态检测功能的数据包过滤，其实这已经成为现有防火墙产品的一种主流检测模式了。可以预见，未来的防火墙检测模式将继续整合进更多的范畴，而这些范畴的配合也同时获得大幅的提高。

就目前的状况来看，防火墙的信息记录功能日益完善，通过防火墙的日志系统，可以方便地追踪过去网络中发生的事件，还可以完成与审计系统的联动，具备足够的验证能力，以保证在调查取证过程中采集的证据符合法律要求。相信这一方面的功能在未来会有很大幅度的增强，同时这也是众多安全系统中一个需要共同面对的问题。

2. 功能扩展

现在的防火墙产品已经呈现出一种集成多种功能的设计趋势，包括 VPN、AAA、PKI、IPSec 等附加功能，甚至防病毒、入侵检测这样的主流功能都被集成到防火墙产品中了，很多时候已经无法分辨这样的产品到底是以防火墙为主，还是以某个功能为主了，即其已经逐渐向被大家普遍称为 IPS(入侵防御系统)的产品转化了。有些防火墙集成了防病毒功能，这样的设计会为管理性能带来不少提升，但同时也对防火墙产品的另外两个重要因素产生了影响，即性能和自身的安全问题，所以建议根据具体的应用环境来作综合的权衡，毕竟这个世界暂时还不存在什么完美的解决方案。

防火墙的管理功能一直在迅猛发展，并且不断地提供一些方便好用的功能给管理员，这种趋势仍将继续，更多新颖实效的管理功能会不断地涌现出来，例如短信功能，至少在大型环境里会成为标准配置，当防火墙的规则被变更或类似的被预先定义的管理事件发生之后，报警行为会以多种途径被发送至管理员处，包括即时的短信或移动电话拨叫功能，以确保安全响应行为在第一时间被启动，而且在将来，通过类似手机、PDA 这类移动处理设备也可以方便地对防火墙进行管理，当然，这些管理方式的扩展首先需要面对的问题还是如何保障防火墙系统自身的安全性不被破坏。

3. 性能提高

未来的防火墙产品由于在功能上的扩展，以及应用日益丰富、流量日益复杂所提出的更多性能要求，会呈现出更强的处理性能要求，而寄希望于硬件性能的水涨船高肯定会出现瓶颈，所以诸如并行处理技术等经济实用并且经过足够验证的性能提升手段将越来越多地应用在防火墙产品平台上。相对来说，单纯的流量过滤性能是比较容易处理的问题，而与应用层涉及越密，性能提高所需要面对的情况就会越复杂。在大型应用环境中，防火墙的规则库至少有上万条记录，而随着过滤的应用种类的提高，规则数往往会以趋进几何级数的程度上升，这对防火墙的负荷是很大的考验，使用不同的处理器完成不同的功能可能是解决方法之一，例如利用集成专有算法的协处理器来专门处理规则判断，在防火墙的某方面性能出现较大瓶颈时，可以单纯地升级某个部分的硬件来解决，这种设计有些已经应用到现有的产品中了，也许未来的防火墙产品会呈现出非常复杂的结构，当然，从某种角度来说，这种状况最好还是不要发生。

另外根据经验，除了硬件因素之外，规则处理的方式及算法也会对防火墙性能造成很明显的影响，所以在防火墙的软件部分也应该会融入更多先进的设计技术，并衍生出更多的专用平台技术，以期缓解防火墙的性能要求。

计算机网络已经成为重要的信息交换手段，服务于社会生活的各个领域。因此，认清网络的脆弱性和潜在威胁以及现实客观存在的各种安全问题，采取强有力的安全策略显得十分重要。而 Internet 所具有的开放性、国际性和自由性，以及 TCP/IP 协议在制定时本身所具有的缺陷，使得网络安全问题日益严重。同时网络技术的发展也使得网络病毒、各种各样的入侵行为和黑客行为也变得更加难以防范。防火墙是很早就已经被用来保护网络安全的主要机制。然而，网络的整体安全涉及的层面很广，防火墙所使用的控制技术、自身的安全保护能力、网络结构、安全策略等因素都会影响网络的安全性。所以有必要由浅入深地来掌握防火墙技术，正确使用防火墙的控制技术。

综上所述，不论从功能还是从性能来讲，防火墙产品的演进并不会放慢速度，反而产品的丰富程度和推出速度会不断的加快，这也反映了安全需求不断上升的一种趋势，而相对于产品本身某个方面的演进，更值得关注的还是平台体系结构的发展以及安全产品标准的发布，这些变化不仅关系到某个环境的某个产品的应用情况，更关系到信息安全领域的未来。

本章小结

本章首先简单讲解了防火墙的概况、防火墙的概念、防火墙技术的基本概念，以及防火墙技术的相关概念。对防火墙技术原理和作用进行了简单地介绍，阐述了防火墙中的技术要点的概念。讲述了防火墙的类型及其发展趋势。此外，结合防火墙技术知识讲述了网络安全的相关重要性。

习　题

1. 请叙述防火墙的基本概念。
2. 写出防火墙的基本工作原理。
3. 请简述防火墙的发展过程。
4. 目前的防火墙产品经历了几代发展？

第4章　防火墙的工作原理

防火墙是指设置在不同网络(如可信任的企业内部网和不可信的公共网)或网络安全域之间的一系列部件的组合。它是不同网络或网络安全域之间信息的唯一出入口，能根据企业的安全政策控制(允许、拒绝、监测)出入网络的信息流，且本身具有较强的抗攻击能力。它是提供信息安全服务、实现网络和信息安全的基础设施。

4.1　防火墙应具备的特性

当前的防火墙需要具备如下的技术、功能、特性，才可以成为企业用户欢迎的防火墙产品。

(1) 安全、成熟、国际领先的特性。

(2) 具有专有的硬件平台和操作系统平台。

(3) 采用高性能的全状态检测(Stateful Inspection)技术。

(4) 具有优异的管理功能，提供优异的GUI管理界面。

(5) 支持多种用户认证类型和多种认证机制。

(6) 需要支持用户分组，并支持分组认证和授权。

(7) 支持内容过滤。

(8) 支持动态和静态地址翻译(NAT)。

(9) 支持高可用性，单台防火墙的故障不能影响系统的正常运行。

(10) 支持本地管理和远程管理。

(11) 支持日志管理和对日志的统计分析。

(12) 实时告警功能，在不影响性能的情况下，支持较大数量的连接数。

(13) 在保持足够的性能指标的前提下，能够提供尽量丰富的功能。

(14) 可以划分很多不同安全级别的区域，相同安全级别可控制是否相互通信。

(15) 支持在线升级。

(16) 支持虚拟防火墙及对虚拟防火墙的资源限制等功能。

(17) 防火墙能够与入侵检测联动。

4.2 防火墙的工作原理

在逻辑上,防火墙是一个分离器,一个限制器,也是一个分析器,有效地监控了内部网和 Internet 之间的任何活动,保证了内部网络的安全。防火墙可以是硬件型的,所有数据都首先通过硬件芯片监测;也可以是软件类型的,软件在电脑上运行并监控。其实硬件型也就是芯片里固化了的软件,但是它不占用计算机 CPU 处理时间,功能非常强大,处理速度很快,对于个人用户来说软件型更加方便实在。

一个防火墙(作为阻塞点、控制点)能极大地提高一个内部网络的安全性,并通过过滤不安全的服务而降低风险。由于只有经过精心选择的应用协议才能通过防火墙,所以网络环境变得更安全。如防火墙可以禁止诸如众所周知的不安全的 NFS 协议进出受保护网络,这样外部的攻击者就不可能利用这些脆弱的协议来攻击内部网络。防火墙同时可以保护网络免受基于路由的攻击,如 IP 选项中的源路由攻击和 ICMP 重定向中的重定向路径。防火墙应该可以拒绝所有以上类型攻击的报文并通知防火墙管理员。

通过以防火墙为中心的安全方案配置,能将所有安全软件(如口令、加密、身份认证、审计等)配置在防火墙上。与将网络安全问题分散到各个主机上相比,防火墙的集中安全管理更经济。例如在网络访问时,一次一密口令系统和其他的身份认证系统完全可以不必分散在各个主机上,而是集中在防火墙上。

如果所有的访问都经过防火墙,那么,防火墙就能记录下这些访问并作出日志记录,同时也能提供网络使用情况的统计数据。当发生可疑动作时,防火墙能进行适当的报警,并提供网络是否受到监测和攻击的详细信息。另外,收集一个网络的使用和误用情况也是非常重要的。首先的理由是可以清楚防火墙是否能够抵挡攻击者的探测和攻击,并且清楚防火墙的控制是否充足。而网络使用统计对网络需求分析和威胁分析等而言也是非常重要的。

通过利用防火墙对内部网络的划分,可实现内部网重点网段的隔离,从而限制了局部重点或敏感网络安全问题对全局网络造成的影响。再者,隐私是内部网络非常关心的问题,一个内部网络中不引人注意的细节可能包含了有关安全的线索而引起外部攻击者的兴趣,甚至因此而暴露了内部网络的某些安全漏洞。除了安全作用,防火墙还支持具有 Internet 服务特性的企业内部网络技术体系 VPN。通过 VPN,将企事业单位在地域上分布在全世界各地的 LAN 或专用子网有机地联成一个整体。不仅省去了专用通信线路,而且为信息共享提供了技术保障。

4.2.1 防火墙术语

在继续学习防火墙技术前,需要对一些重要的术语有一些认识。

1. 网关

网关是在两个设备之间提供转发服务的系统。网关的范围可以从互联网应用程序如公共网关接口(CGI)到在两台主机间处理流量的防火墙网关。

2. 电路级网关

电路级网关用于监控受信任的客户或服务器与不受信任的主机间的 TCP 握手信息，这样来决定该会话是否合法，电路级网关是在 OSI 模型中会话层上来过滤数据包的，这样比包过滤防火墙要高两层。另外，电路级网关还提供一个重要的安全功能：网络地址转移(NAT)将所有公司内部的 IP 地址映射到一个“安全”的 IP 地址，这个地址是由防火墙使用的。有两种方法来实现这种类型的网关，一种是由一台主机充当筛选路由器而另一台充当应用级防火墙。另一种是在第一个防火墙主机和第二个之间建立安全的连接，这种结构的好处是当一次攻击发生时能提供容错功能。

3. 应用级网关

应用级网关可以工作在 OSI 七层模型的任意一层上，能够检查进出的数据包，通过网关复制传递数据，防止在受信任服务器和客户机与不受信任的主机间直接建立联系。应用级网关能够理解应用层上的协议，能够作复杂一些的访问控制，并作精细的注册。通常是在特殊的服务器上安装软件来实现的。

4. 包过滤

包过滤是处理网络上基于 packet-by-packet 流量的设备。包过滤设备允许或阻止包，典型的实施方法是通过标准的路由器。包过滤是几种不同防火墙的类型之一，在后面将作详细的讨论。

5. 代理服务器

代理服务器代表内部客户端与外部的服务器通信。代理服务器这个术语通常是指一个应用级的网关，虽然电路级网关也可作为代理服务器的一种。

6. 网络地址转换

网络地址转换(Network Address Translation，NAT)是对 Internet 隐藏内部地址，防止内部地址公开。这一功能可以克服 IP 寻址方式的诸多限制，完善内部寻址模式。把未注册 IP 地址映射成合法地址，就可以对 Internet 进行访问了。NAT 的另一个名字是 IP 地址隐藏。

RFC1918 概述了地址并且 IANA 建议使用内部地址机制，以下地址作为保留地址：

10.0.0.0～255.255.255

172.16.0.0～172.31.255.255

192.168.0.0～192.168.255.255

如果选择上述网络地址，不需要向任何互联网授权机构注册即可使用。使用这些网络地址的一个好处就是在互联网上永远不会被路由。互联网上所有的路由器发现源或目标地址含有这些私有网络ID时都会自动地丢弃。

7. 堡垒主机

堡垒主机是一种被强化的可以防御进攻的计算机，被暴露于因特网之上，作为进入内部网络的一个检查点，以达到把整个网络的安全问题集中在某个主机上解决，从而省时省力，不用考虑其他主机的安全的目的。从堡垒主机的定义可以看到，堡垒主机是网络中最容易受到侵害的主机，所以堡垒主机也必须是自身保护最完善的主机。可以使用单宿主堡垒主机。多数情况下，一个堡垒主机使用两块网卡，每个网卡连接不同的网络。一块网卡连接公司的内部网络用于管理、控制和保护，而另一块连接另一个网络，通常是公网也就是Internet。堡垒主机经常配置网关服务，网关服务是一个进程来提供对从公网到私有网络的特殊协议路由，反之亦然。在一个应用级的网关里，想使用的每一个应用程协议都需要一个进程。因此，想通过一台堡垒主机来路由E-mail、Web和FTP服务时，必须为每一个服务都提供一个守护进程。

8. 强化操作系统

防火墙要求尽可能只配置必需的少量的服务。为了加强操作系统的稳固性，防火墙安装程序要禁止或删除所有不需要的服务。多数的防火墙产品，包括Axent Raptor(www.axent.com)、CheckPoint(www.checkpoint.com)和Network Associates Gauntlet(www.networkassociates.com)都可以在目前较流行的操作系统上运行。如Axent Raptor防火墙就可以安装在Windows NT Server4.0、Solaris及HP-UX操作系统上。理论上来讲，让操作系统只提供最基本的功能，可以使利用系统BUG来攻击的方法非常困难。最后，当加强系统时，还要考虑到除了TCP/IP协议外不要把任何协议绑定到外部网卡上。

9. 非军事化区域

非军事化区域(Demilitarized Zone，DMZ)是一个小型网络，存在于公司的内部网络和外部网络之间。这个网络由筛选路由器建立，有时是一个阻塞路由器。DMZ用来作为一个额外的缓冲区以进一步隔离公网和内部私有网络。DMZ的另一个名字叫做Service Network，因为它非常方便。这种实施的缺点在于存在于DMZ区域的任何服务器都不会得到防火墙的完全保护。

10. 筛选路由器

筛选路由器的另一个术语就是包过滤路由器，并且至少有一个接口是连向公网的，如Internet。它对进出内部网络的所有信息进行分析，并按照一定的安全策略——信息过滤规则对进出内部网络的信息进行限制，允许授权信息通过，拒绝非授权信息通过。信息过滤规则是以其所收到的数据包头信息为基础的。采用这种技术的防火墙的优点在于速度快、实现方便，但安全性能差，且由于不同操作系统环境下 TCP 和 UDP 端口号所代表的应用服务协议类型有所不同，故兼容性差。

11. 阻塞路由器

阻塞路由器(也叫内部路由器)保护内部的网络使之免受 Internet 和周边网的侵犯。内部路由器为用户的防火墙执行大部分的数据包过滤工作。它允许从内部网络到 Internet 的有选择的出站服务。这些服务是用户的站点能使用数据包过滤而不是代理服务安全支持和安全提供的服务。内部路由器所允许的在堡垒主机(在周边网上)和用户的内部网之间的服务可以不同于内部路由器所允许的在 Internet 和用户的内部网之间的服务。限制堡垒主机和内部网之间服务的理由是减少由此而导致的受到来自堡垒主机侵袭的机器的数量。

12. 防火墙默认的配置

默认情况下，防火墙可以配置成以下两种情况。

拒绝所有的流量，这需要在网络中特殊指定能够进入和出去的流量的一些类型。允许所有的流量，这种情况需要特殊指定要拒绝的流量的类型。

大多数防火墙默认都是拒绝所有的流量作为安全选项。一旦安装防火墙后，需要打开一些必要的端口来使防火墙内的用户在通过验证之后可以访问系统。换句话说，如果想让员工们能够发送和接收 E-mail，必须在防火墙上设置相应的规则或开启允许 POP3 和 SMTP 的进程。

13. 防火墙的一些高级特性

多数的防火墙系统组合包过滤，电路级网关和应用级网关的功能。它们检查单独的数据包或整个信息包，然后利用事先订制的规则来强制安全策略，只有那些可接受的数据包才能进出整个网络。当实施一个防火墙策略时，这三种防火墙类型可能都需要。更高级的防火墙提供额外的功能可以增强网络的安全性。尽管不是必需，每个防火墙都应该实施日志记录，哪怕是一些最基本的。

14. 认证

防火墙是一个可以提供认证方法来避开特定的 IP 包。可以要求一个防火墙令牌(Firewall Token)，或反向查询一个 IP 地址。反向查询可以检查用户是否真正地来自它所报告的源位置，这种技术可以有效地反击 IP 欺骗的攻击。防火墙还允许终端用户认证。应用级网关或代理服务器可以工作在 TCP/IP 四层的每一层上。多数的代理服务器提供完整的用户账号数据库，结合使用这些用户账号数据库和代理服务器自定义的选项来进行认证，代理服务器还可以利用这些账号数据库来提供更详细的日志。

15. 日志和警报

包过滤或筛选路由器一般在默认情况下为了不降低性能是不进行日志记录的。永远不要认为防火墙会自动地对所有活动创建日志。筛选路由器只能记录一些最基本的信息，而电路级网关也只能记录相同的信息但除此之外还包括任何NAT解释信息。因为要在防火墙上创建一个阻塞点，潜在的黑客必须要先穿过它。如果放置全面记录日志的设备并在防火墙本身实现这种技术，那么有可能捕获到所有用户的活动包括那些黑客，可以确切地知道黑客在做些什么。一些防火墙允许预先配置对不期望的活动作何响应。防火墙两种最普通的活动是中断TCP/IP连接和自动发出警告。相关的警报机制包括可见的和可听到的警告。

4.2.2 常用防火墙技术

防火墙通常使用的安全控制手段主要有包过滤、状态检测、代理服务。下面介绍这些手段的工作机理及特点。

包过滤技术是一种简单、有效的安全控制技术，它通过在网络间相互连接的设备上加载允许、禁止来自某些特定的源地址、目的地址、TCP端口号等规则，对通过设备的数据包进行检查，限制数据包进出内部网络。包过滤的最大优点是对用户透明，传输性能高。但由于安全控制层次在网络层、传输层，安全控制的力度也只限于源地址、目的地址和端口号，因而只能进行较为初步的安全控制，对于恶意的拥塞攻击、内存覆盖攻击或病毒等高层次的攻击手段，则无能为力。

状态检测是比包过滤更为有效的安全控制方法。对新建的应用连接，状态检测检查预先设置的安全规则，允许符合规则的连接通过，并在内存中记录下该连接的相关信息，生成状态表。对该连接的后续数据包，只要符合状态表，就可以通过。这种方式的好处在于：由于不需要对每个数据包进行规则检查，而是一个连接的后续数据包（通常是大量的数据包）通过散列算法，直接进行状态检查，从而使得性能得到了较大提高；而且，由于状态表是动态的，因而可以有选择地、动态地开通1024号以上的端口，使安全性得到进一步的提高。

1. 包过滤防火墙

包过滤防火墙一般在路由器上实现，用以过滤用户定义的内容，如IP地址。如图4-1所示，包过滤防火墙的工作原理是：系统在网络层检查数据包，与应用层无关。这样系统就具有很好的传输性能，可扩展能力强。但是，包过滤防火墙的安全性有一定的缺陷，因为系统对应用层信息无感知，也就是说，防火墙不理解通信的内容，所以可能被黑客所攻破。

2. 应用网关防火墙

应用网关防火墙检查所有应用层的信息包，并将检查的内容信息放入决策过程，从而

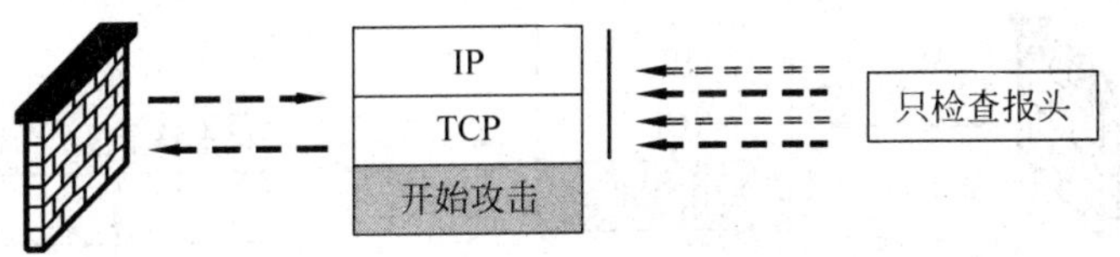

图 4-1　包过滤防火墙工作原理图

提高网络的安全性。然而，应用网关防火墙是通过打破客户机/服务器模式实现的。每个客户机/服务器通信需要两个连接：一个是从客户端到防火墙，另一个是从防火墙到服务器。另外，每个代理需要一个不同的应用进程，或一个后台运行的服务程序，对每个新的应用必须添加针对此应用的服务程序，否则不能使用该服务。所以，应用网关防火墙具有可伸缩性差的缺点。应用网关防火墙的工作原理图如图 4-2 所示。

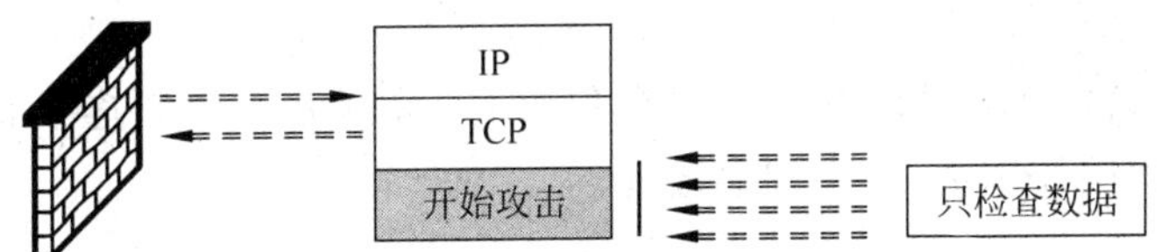

图 4-2　应用网关防火墙工作原理图

3. 状态检测防火墙

状态检测防火墙基本保持了简单包过滤防火墙的优点，性能比较好，同时对应用是透明的，在此基础上，对于安全性有了大幅提升。这种防火墙摒弃了简单包过滤防火墙仅仅考察进出网络的数据包、不关心数据包状态的缺点，在防火墙的核心部分建立状态连接表，维护了连接，将进出网络的数据当成一个个的事件来处理。可以这样说，状态检测包过滤防火墙规范了网络层和传输层行为，而应用代理型防火墙则规范了特定的应用协议上的行为。状态检测防火墙的工作原理图如图 4-3 所示。

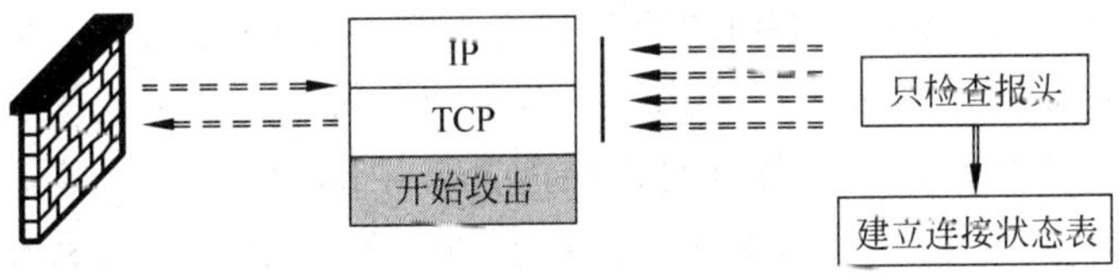

图 4-3　状态检测防火墙工作原理图

4. 复合型防火墙

复合型防火墙是指综合了状态检测与透明代理的新一代的防火墙，进一步基于 ASIC 架构，把防病毒、内容过滤整合到防火墙里，其中还包括 VPN、IDS 功能，多单元融为一体，是一种新突破。常规的防火墙并不能防止隐蔽在网络流量里的攻击，在网络界面对应用层扫描，把防病毒、内容过滤与防火墙结合起来，这体现了网络与信息安全的新思路。它在网络边界实施 OSI 第七层的内容扫描，实现了实时在网络边缘部署病毒防护、内容过滤等应用层服务措施。复合型防火墙的工作原理图如图 4-4 所示。

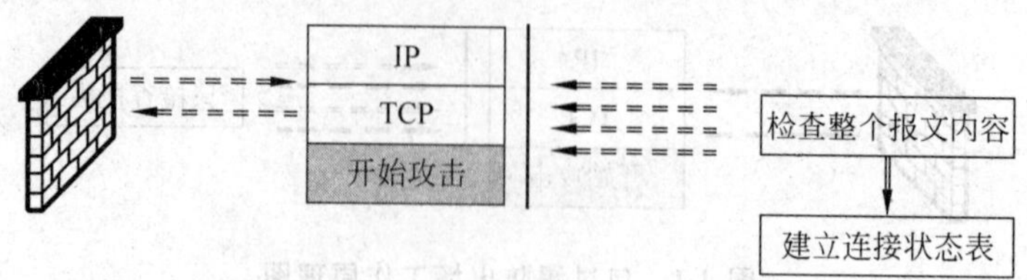

图 4-4 复合型防火墙工作原理图

5. 四类防火墙的对比

- 包过滤防火墙：不检查数据区，不建立连接状态表，前后报文无关，应用层控制很弱。
- 应用网关防火墙：不检查 IP、TCP 报头，不建立连接状态表，网络层保护比较弱。
- 状态检测防火墙：不检查数据区，建立连接状态表，前后报文相关，应用层控制很弱。
- 复合型防火墙：可以检查整个数据包内容，根据需要建立连接状态表，网络层保护强，应用层控制细，会话控制较弱。

4.3 建立防火墙

在准备和建立一个防火墙设备时要高度重视。以前，堡垒主机这个术语是指所有直接连入公网的设备。现在，它经常涉及的是防火墙设备。堡垒主机可以是三种防火墙中的任一种类型：包过滤、电路级网关、应用级网关。

当建设堡垒主机时要特别小心。堡垒主机的定义就是可公共访问的设备。当 Internet 用户企图访问网络上的资源时，首先进入的机器就是堡垒主机。因为堡垒主机是直接连接到 Internet 上的，其上面的所有信息都暴露在公网之上。这种高度地暴露规定了硬件和软件的配置。堡垒主机就像军事基地上的警卫一样。警卫必须检查每个人的身份来确定他们是否可以进入基地及可以访问基地中的什么地方，警卫还要时刻准备好强制阻止进入。同样地，堡垒主机必须检查所有进入的流量并强制执行在安全策略里所指定的规则。它们还必须准备好对付从外部来的攻击和可能来自内部的资源。堡垒主机还有日志记录及警报的特性来阻止攻击。有时检测到一个威胁时也会采取行动。

1. 建立设计规则

当构造防火墙设备时，经常要遵循下面两个主要的概念。

第一，保持设计的简单性。

第二，要计划好一旦防火墙被渗透应该怎么办。

1）保持设计的简单性

一个黑客渗透系统最常见的方法就是利用安装在堡垒主机上不注意的组件。建立堡垒主机时要尽可能使用较小的组件,无论硬件还是软件。堡垒主机的建立只需提供防火墙功能。在防火墙主机上不要安装 Web 服务之类的应用程序服务,要删除堡垒主机上所有不必需的服务或守护进程。在堡垒主机上运行少量的服务给潜在的黑客很少的机会穿过防火墙。

2）安排事故计划

如果已设计好防火墙性能,只有通过防火墙才能允许公共访问网络。当设计防火墙时安全管理员要对防火墙主机崩溃或危及的情况作出计划。如果仅仅是用一个防火墙设备把内部网络和公网隔离开,那么黑客渗透进防火墙后就会对内部的网络有着完全访问的权限。为了防止这种渗透,要设计几种不同级别的防火墙设备。不要依赖一个单独的防火墙来保护独立的网络。如果安全受到损害,那安全策略要确定该做些什么。要采取哪些特殊的步骤,还应包括:

- 创建同样的软件备份。
- 配置同样的系统并存储到安全的地方。
- 确保所有需要安装到防火墙上的软件都容易备份,这包括要有恢复磁盘。

2. 堡垒主机的类型

当创建堡垒主机时,要记住它是在防火墙策略中起作用的。识别堡垒主机的任务可以帮助决定需要什么和如何配置这些设备。下面将讨论 3 种常见的堡垒主机类型。这些类型不是单独存在的,且多数防火墙都属于这 3 类中的一种。

1）单宿主堡垒主机

单宿主堡垒主机是有一块网卡的防火墙设备。单宿主堡垒主机通常适用于应用级网关防火墙。外部路由器配置把所有进来的数据发送到堡垒主机上,并且所有内部客户端配置成所有出去的数据都发送到这台堡垒主机上,然后堡垒主机以安全方针作为依据检验这些数据。这种类型的防火墙主要的缺点就是可以重配置路由器使信息直接进入内部网络,而完全绕过堡垒主机。还有,用户可以重新配置他们的机器绕过堡垒主机把信息直接发送到路由器上。

2）双宿主堡垒主机

双宿主堡垒主机结构是围绕着至少具有两块网卡的双宿主主机而构成的。双宿主主机内外的网络均可与双宿主主机实施通信,但内外网络之间不可直接通信,内外部网络之间的数据流被双宿主主机完全切断。

双宿主主机可以通过代理或让用户直接注册到其上来提供很高程度的网络控制。它采用主机取代路由器执行安全控制功能,故类似于包过滤防火墙。双宿主主机即一台配有多个网络接口的主机,它可以用于在内部网络和外部网络之间进行寻址。当一个黑客想要访问内部设备时,他(她)必须先要攻破双宿主堡垒主机,这有希望让用户有足够的时间阻止这种安全侵入和作出反应。

3）单目的堡垒主机

单目的堡垒主机既可是单堡垒主机也可是多堡垒主机。经常,根据公司的改变,需要新的应用程序和技术。很多时候这些新的技术不能被测试并成为主要的安全突破口。要为这些需要创建特定的堡垒主机,在上面安装未测试过的应用程序和服务不要危及到防火墙设备。使用单目的堡垒主机允许强制执行更严格的安全机制。举个例子,公司可能决定实施一个新类型的流程序,假设公司的安全策略需要所有进出的流量都要通过一个代理服务器送出,要为这个表的流程序单独地创建一个新代理服务器。在这个新的代理服务器上,要实施用户认证和拒绝 IP 地址。使用这个单独的代理服务器,不要危害到当前的安全配置并且可以实施更严格的安全机制如认证。

4) 内部堡垒主机

内部堡垒主机是标准的单堡垒或多堡垒主机,存在于公司的内部网络中。它们一般用作应用级网关,接收所有从外部堡垒主机进来的流量。当外部防火墙设备受到损害时,提供额外的安全级别。所有内部网络设备都要配置成通过内部堡垒主机通信,这样当外部堡垒主机受到损害时不会造成影响。

4 种常见的防火墙设计都提供一个确定的安全级别,一个简单的规则是越敏感的数据就要采取越广泛的防火墙策略,这 4 种防火墙的实施都是建立一个过滤的矩阵和能够执行和保护信息的点。

这 4 种选择是:筛选路由器、单宿主堡垒主机、双宿主堡垒主机、屏蔽子网。

筛选路由器的选择是最简单的,因此也是最常见的,大多数公司至少使用一个筛选路由器作为解决方案,因为所有需要的硬件已经投入使用。用于创建筛选主机防火墙的两个选择是单宿主堡垒主机和双宿主堡垒主机。不管是电路级还是应用级网关的配置都要求所有的流量通过堡垒主机。最后一个常用的方法是筛选子网防火墙,利用额外的包过滤路由器来达到另一个安全的级别。

防火墙就是一种过滤塞,可以让喜欢的东西通过这个塞子,别的东西都统统过滤掉。在网络的世界里,要由防火墙过滤的就是承载通信数据的通信包。

最简单的防火墙是以太网桥,大多数防火墙采用的技术和标准可谓种类繁多。这些防火墙的形式多种多样,有的取代系统上已经装备的 TCP/IP 协议栈,有的在已有的协议栈上建立自己的软件模块,有的干脆就是独立的一套操作系统。还有一些应用型的防火墙只对特定类型的网络连接提供保护(如 SMTP 或者 HTTP 协议等)。还有一些基于硬件的防火墙产品其实应该归入安全路由器一类。以上的产品都可以叫做防火墙,因为它们的工作方式都是一样的:分析出入防火墙的数据包,决定放行还是把它们扔掉。

4.4 高端防火墙未来发展趋势

1. 高性能的防火墙需求

高性能防火墙是未来发展的趋势,突破高性能的极限就是对防火墙硬件结构的调整。

而对于高端防火墙的技术实现，现今主要分为 3 种方式：基于通用处理器的工控机架构、基于 NP 技术、基于 ASIC 芯片技术。工控机架构最大的优点是灵活性，但在大数据流量的网络环境中处理效率会受影响，所以在高性能这一方面，将面临淘汰和走进低端产品市场的趋势。NP 技术是近年来的一个技术突破点，其优势在于网络底层数据的转发和处理，但如果要实现安全策略的控制和审核，特别是对于应用层的深度控制方面还需要大量的研发工作，相对于接口方面的开发难度，已经局限了它更深层次的发展。ASIC 技术虽然开发难度大，但却能够保障系统的效率并很好地集成防火墙的功能，在今后网络安全防护的路途上，防火墙采用 ASIC 芯片技术将要成为主流。

2. 管理接口和 SOC 的整合

如果把信息安全技术看作是一个整体行为，那么面对防火墙未来的发展趋势，管理接口和 SOC 整合也必须考虑在内，毕竟安全是一个整体，而不是靠单一产品所能解决的。随着安全管理和安全运营工作的推行，SOC 作为一种安全管理的解决方案已经得到大力推广。安全管理是为了更有效地把安全风险控制在可控的范围内，从而进行降低和避免信息安全事件的发生。而防火墙作为一种安全访问控制机制产品，要想在安全管理中起到有效的作用，必须考虑与 SOC 的整合问题，这就涉及各个厂家对防火墙技术开发过程中的通用性和合作问题。

3. 抗 DoS 能力

俗话说：道高一尺，魔高一丈。从近年来网络恶性攻击事件情况分析来看，解决 DoS 攻击也是防火墙必须要考虑的问题。作为网络的边界设备，一旦发生争用带宽和大流量攻击事件后，往往最先失去抵抗能力的就是防火墙。而提高防火墙抗击 DoS 能力的技术问题，也在缠绕着广大防火墙厂商。在新型技术不断更新的今天，各个厂家已经把矛头指向了解决 DoS 问题。利用 ASIC 芯片架构的防火墙，可以利用自身处理网络流量速度快的能力，来解决存在于这个问题上的攻击事件。但是，解决这个问题并不是单单靠 ASIC 芯片架构就可以的，更多的还是面向对应用层攻击的问题，有待于新技术的出现。

4. 减慢蠕虫和垃圾邮件的传播速度的功能

网络的快速发展，已经成了病毒滋生的温床，而垃圾邮件的出现，更加扩大了网络安全威胁的风险。根据计算机安全厂商 MessageLabs 公司的报告，已经看到垃圾邮件和病毒制造者联手开发更加智能化的病毒走向趋势，并通过电子邮件进行病毒传播。作为网络边界的安全设备，未来防火墙发展趋势中，减缓和降低蠕虫病毒与垃圾邮件的传播速度，是必不可少的一部分。对于防火墙来说，仅仅靠支持防病毒和防垃圾邮件功能还远远不够，即使能够进行有效的联动功能，那么这种情况下的防火墙产品和现今具备的情况来看，也只有高速处理能力的硬件，才能达到嵌入病毒引擎和处理垃圾邮件引擎，来完成真正意义上的安全防护解决方案。而仅仅靠支持和联动，那么这种情况下，自身不具备而需要第三方产品的话，并不能在真正意义上解决问题。加强防火墙在数据处理中的粒度和力度，已经成为未来防火墙在数据检测高粒度的发展趋势。

5. 对入侵行为的智能切断

安全是一个动态的过程，而对于入侵行为的预见和智能切断，对于边界安全设备防火墙来说，也是未来发展的一大课题。从IPS的角度考虑，未来防火墙必须具备这项功能，因为客户不可能为了仅仅一个边界安全而去花两份钱。那么，具备对入侵行为智能切断的一个整合型、多功能的防火墙，将是市场的需求。

6. 多端口并适合灵活配置

多端口的防火墙能为用户更好地提供安全解决方案，而多端口、灵活配置的防火墙，也是未来防火墙发展的趋势。

随着网络处理器和ASIC芯片技术的不断革新，高性能、多端口、高粒度控制、减缓病毒和垃圾邮件传播速度、对入侵行为智能切断，以及增强抗DoS攻击能力的防火墙，将是未来防火墙发展的趋势。

4.5 防火墙固有的安全与效率的矛盾

防火墙作为一种提供信息安全服务、实现网络和信息安全的基础设施，作为不同网络或网络安全域之间信息的出入口，根据企业的安全策略控制出入网络的信息流。再加上防火墙本身具有较强的抗攻击能力，能有效地监控内部网和Internet之间的任何活动，从而为内部网络的安全提供有力的安全保证。

防火墙在为内部网络带来安全的同时，也产生了一定的反作用——降低网络运行效率。在传统防火墙的设计中，包过滤只是与规则表进行匹配，对符合规则的数据包进行处理，不符合规则的就丢弃。由于是基于规则的检查，同属于同一连接的不同包毫无任何联系，每个包都要依据规则顺序过滤。由于网络安全涉及领域很多，技术复杂，安全规则往往要达到数百甚至上千种。随着安全规则的增加，很多防火墙产品都会出现性能大幅度降低、网络资源衰竭等问题，从而造成网络拥塞。所以，安全与效率的两难选择成为传统防火墙面临的最大问题。此外，在这种设计中，入侵者可能会采用IP Spoofing的方法将自己的非法包伪装成属于某个合法的连接，进而侵入用户的内部网络系统。因此，传统的包过滤技术既缺乏效率又容易产生安全漏洞。

目前，具有自主核心技术的防火墙新品已产生，该产品就利用这一技术，将属于同一连接的所有包作为一个整体的数据流看待，通过规则表与连接状态表的共同配合，极大地提高了系统的传输效率和安全性，从而较好地解决了防火墙固有的安全与效率的矛盾问题。

与传统包过滤的无连接检测技术不同，基于连接状态的包过滤在进行包的检查时，不仅将其看成是独立的单元，同时还要考虑它的历史关联性。例如，在基于 TCP 协议的连接中，每个包在传输时都包括了 IP 源地址、目的地址、协议的源接口和目的接口等信息，还包括了对在允许的时间间隔内是否发生了 TCP 握手消息的监视信息等，这些信息与每个数据包都是有关联的。换句话说，对于属于同一个连接的数据包来说并不是孤立的，它们存在内部的关联信息。无连接的包过滤规则由于忽略了这些内在的关联信息，对每个数据包都进行孤立的规则检测，所以极大地降低了传输效率。

由于采用了基于连接的包过滤处理方法，该防火墙在进行规则检查的同时，可以将包的连接状态记录下来，该连接以后的包则无须再通过规则检查，而只需通过状态表里对该包所属的连接的记录来检查即可。如果有相应的状态标识，则说明该包属于已经建立的合法连接，可以接受。检查通过后该连接状态的记录将被刷新。这样就使具有相同连接状态的包避免了重复检查。同时由于规则表的排序是固定的，只能采用线性的方法进行搜索，而连接状态表内的记录是可以随意排列的，于是可采用诸如二叉树或 Hash 等算法进行快速搜索，这就提高了系统的传输效率。同时，采用实时的连接状态监控技术，可以在状态表中通过诸如 ACK(应答响应)、NO 等连接状态因素加以识别，阻止该包通过，增强了系统的安全性。

另外，对于基于 UDP 协议的应用来说，由于该协议本身对于顺序错误或丢失的包并不作纠缠或重传，所以很难用简单的包过滤技术对其进行处理。防火墙在对基于 UDP 协议的连接处理时，会为 UDP 建立虚拟连接，同样能够对连接过程状态进行监控，通过规则与连接状态的共同配合，达到包过滤的高效与安全。

本章小结

本章主要讲述了防火墙的原理和设置，了解防火墙在拒绝数据包的时候还做了哪些工作。比如，防火墙是否向连接发起系统发回了“主机不可到达”的 ICMP 消息，或者防火墙是否真的没有再做其他事，这些问题都可能存在安全隐患。

高性能防火墙是未来发展的趋势，突破高性能的极限就是对防火墙硬件结构的调整。而对于高端防火墙的技术实现，主要分为 3 种方式：基于通用处理器的工控机架构、基于 NP 技术、基于 ASIC 芯片技术。

防火墙作为一种提供信息安全服务、实现网络和信息安全的基础设施，作为不同网络或网络安全域之间信息的出入口，根据企业的安全策略控制出入网络的信息流。再加上防火墙本身具有较强的抗攻击能力，能有效地监控内部网和 Internet 之间的任何活动，从而为内部网络的安全提供了有力的保证。

习 题

1. 简单叙述防火墙的工作原理。
2. 目前有哪些高端防火墙的技术实现方式?
3. 怎样通过规则与连接状态的共同配合,达到包过滤的高效与安全?

第5章 软件防火墙

5.1 软件防火墙的技术概念

随着网络的高速发展，现在使用防火墙的企业越来越多，产品也越来越多，下面简单地介绍一下软件防火墙。

顾名思义，软件防火墙就是像 Office，是一个安装在 PC 上的软件。软件防火墙能防黑客吗？能，前提是及时升级、定制正确的策略。软件防火墙能防 DoS 攻击吗？能，绝对可以，现在 DoS 攻击已经不再可怕。软件防火墙能防 DDoS 攻击吗？也许可能。看攻击量是否很大，结合带宽。软件防火墙能防反射性 DDoS 攻击吗？不能。所谓的反射性 DDoS 攻击，所攻击的对象不是防火墙，而是带宽，将面临的是几千、几万甚至更多的服务器对一条 10MB、100MB 或者 1000MB 的带宽来进行攻击，在理论上，任何防火墙都无法做到完全防止这种攻击，至于在使用 IPv4 的时候，软件防火墙还做不到。一般而言，防火墙建立起来后常常要制订一些规则、策略。

其实说到底，软件防火墙与硬件防火墙是没有区别的，几乎硬件防火墙有的功能它都有了。不同点在于，软件防火墙是基于操作系统的，如 Windows 2000、Linux、Sun 等。而硬件防火墙是基于硬件的(当然它也带有系统，但并不是像 Windows 2000、Linux、Sun 这类的)。一个简单的例子，相信大家都知道刻录机吧，它就分为内置和外置的。系统配置可以直接影响到刻盘的效果，比如内置刻录机在刻盘的时候，在玩游戏(星际、魔兽等)的时候，可能刻出的光盘会有很多意想不到的问题。而外置的刻录机，一般都是带有缓存的，就是说，可以把它看做是一个独立的系统，它的工作是在操作系统之外的，但是必须有操作系统支配。而软件防火墙也一样，服务器的性能也可以直接影响到它的性能，比如在装有防火墙的机器上上网、玩游戏等都可能给防火墙带来负面的影响。

软件防火墙工作于系统接口与 NDIS(Network Driver Interface Specification，网络驱动程序接口规范)之间，用于检查过滤由 NDIS 发送过来的数据，在无须改动硬件的前提下便能实现一定强度的安全保障，但是由于软件防火墙自身属于运行于系统上的程序，不可避免地需要占用一部分 CPU 资源维持工作，而且由于数据判断处理需要一定的时间，在一些数据流量大的网络里，软件防火墙会使整个系统工作效率和数据吞吐速度下降，甚至有些软件防火墙会存在漏洞，导致有害数据可以绕过它的防御体系，给数据安全带来损失，因此，大企业不会考虑用软件防火墙方案作为公司网络的防御措施，而是使用看得见摸得着的硬件防火墙。

5.2 Web安全技术与防火墙

计算机的Web安全性历来都是人们讨论的主要话题之一，而计算机Web安全主要研究的是计算机病毒的防治和系统的安全。在计算机网络日益扩展和普及的今天，计算机Web安全的要求更高，涉及面更广。不但要求防治病毒，还要提高系统抵抗外来非法黑客入侵的能力，还要提高对远程数据传输的保密性，避免在传输途中遭到非法窃取。

当一个网络接上Internet之后，系统的安全除了考虑计算机病毒、系统的健壮性之外，更主要的是防止非法用户的入侵。而目前防止的措施主要是靠防火墙的技术完成的。防火墙(Firewall)是指一个由软件和硬件设备组合而成，处于企业或网络群体计算机与外界通道(Internet)之间，限制外界用户对内部网络访问及管理内部用户访问外界网络的权限。

现在网络上流传着很多的个人防火墙软件，它是应用程序级的。个人防火墙是一种能够保护个人计算机系统安全的软件，它可以直接在用户的计算机上运行，使用与状态/动态检测防火墙相同的方式，保护一台计算机免受攻击。通常，这些防火墙安装在计算机网络接口的较低级别上，使得它们可以监视传入传出网卡的所有网络通信。一旦安装上个人防火墙，就可以把它设置成“学习模式”，这样对遇到的每一种新的网络通信，个人防火墙都会提示用户一次，询问如何处理那种通信。然后个人防火墙便记住响应方式，并应用于以后遇到的问题。

5.3 网络防火墙和安全

Internet防火墙是这样的系统(或一组系统)，它能增强机构内部网络的安全性。防火墙系统决定了哪些内部服务可以被外界访问，外界的哪些人可以访问内部的那些可以访问的服务，以及哪些外部服务可以被内部人员访问。要使一个防火墙有效，所有来自和去往Internet的信息都必须经过防火墙，接受防火墙的检查。防火墙必须只允许授权的数据通过，并且防火墙本身也必须能够免于渗透。但不幸的是，防火墙系统一旦被攻击者突破或迂回，就不能提供任何的保护了。

应特别注意的是，Internet防火墙不仅仅是路由器、堡垒主机，或任何提供网络安全设备的组合，它是安全策略的一个部分。安全策略建立了全方位的防御体系来保护机构的信息资源，这种安全策略应包括在出版的安全指南中，告诉用户们他们应有的责任，公司规定的网络访问、服务访问、本地和远地的用户认证、拨入和拨出、磁盘和数据加密、病毒防护措施，以及雇员培训等。所有可能受到网络攻击的地方都必须以同样安全级别加以保护。仅仅设立防火墙系统，而没有全面的安全策略，那么防火墙就形同虚设。

Internet 防火墙负责管理 Internet 和机构内部网络之间的访问。在没有防火墙时，内部网络上的每个节点都暴露给 Internet 上的其他主机，极易受到攻击。这就意味着内部网络的安全性要由每一个主机的坚固程度来决定，而且安全性等同于其中最弱的系统。

Internet 防火墙的优点如下。

(1) 集中的网络安全。

(2) 可作为中心“扼制点”。

(3) 产生安全报警。

(4) 监视并记录 Internet 的使用。

(5) NAT 的理想位置。

(6) WWW 和 FTP 服务器的理想位置。

“溢出”一直以来都是很多黑客最常用(或者说是最喜欢用)的手段之一，随着安全意识的逐步普及，大量的公开 shellcode(“溢出”代码)与溢出攻击原理都可以随意在各大网络安全网站中找得到，由此衍生了一系列的安全隐患。黑客使用它们来进行非法的攻击，恶意程序员使用它们来制造蠕虫等。而网络防火墙作为人们最喜欢的网络安全“设施”之一，它又能如何“拦截”这一类型的攻击呢?

目前大多的防火墙系统都是针对包过滤规则进行安全防御的，这类型的防火墙再高也只能工作在传输层，而溢出程序的 shellcode 是放在应用层的，因此对这类攻击就无能为力了。打个比方：若发生 IIS WebDAV(基于 Web 的分布式创作和版本控制)溢出漏洞，若黑客攻击成功能直接得到 ROOTSHELL(命令行管理员控制台)，它是在正常提供 HTTP 服务的情况下产生的溢出漏洞，若在不安装补丁与手工处理的情况下，一台防火墙又能做到什么呢? 除了把访问该服务器 TCP：80 端口(提供正常的 HTTP 服务的情况下)的包过滤掉以外就什么都不会去做了，当然，这样也会使 HTTP 服务无法正常地开放(等于没有提供服务)。下面介绍以漏洞为例的题材的解决方案。

对希望保护的主机实行“单独开放端口”访问控制策略。

所谓“单独开放端口”就是指只开放需要提供的端口，对于不需要提供服务的端口实行过滤策略。打个比方，现在需要保护一台存在 WebDAV 缺陷的 Web 服务器，如何能令它不被骇客入侵呢? 答案是：在这台 Web 服务器的前端防火墙中加入一个“只允许其他机器访问此机的 TCP：80 端口”的包过滤规则。

①使用缺陷扫描器找到存在远程溢出漏洞的主机→②确认其版本号(如果有需要的话)→③使用 exploit(攻击程序)发送 shellcode→④确认远程溢出成功后使用 NC 或 TELNET 等程序连接被溢出主机的端口→⑤得到 SHELL。

使用“单独开放端口”策略的解决方案对整个远程溢出过程所发生的前三步都是无能为力的，但在第④步这个策略能有效地阻止骇客连上有缺陷主机的被溢出端口，从而切断了骇客的恶意攻击手段。

优点：操作简单，一般的网络系统管理员就能完成相关的操作。

缺点：对溢出后使用端口复用进行控制的 EXPLOITS 就无能为力了；对现实中的溢出后得到反向连接控制的 EXPLOITS 也是无能为力；不能阻止 DoS(拒绝服务)方面的溢出攻击。

5.4 使用组策略组建防火墙

1. 预防远程入侵连接

为了有效制止非法攻击者通过网络随意攻击或访问本地工作站系统，第三方专业防火墙工具往往都会为计算机提供关闭远程网络连接的功能，通过该功能可以随时阻止非法攻击者的入侵连接，从而保护系统的安全。但即使没有第三方专业防火墙的安全"护卫"，只要按照如下操作步骤修改系统的组策略，仍然能够让系统享受到这种安全"护卫"待遇。

例如：Windows 2003 系统，在本地工作站系统中选择"开始"→"运行"命令，在弹出的"运行"对话框中输入字符串命令"gpedit. msc"，单击"确定"按钮后，打开本地系统的组策略编辑窗口。

在该编辑窗口的左侧显示区域中，逐一展开"本地计算机策略"→"用户配置"→"管理模板"→"网络"→"网络连接"分支选项，在"网络连接"分支选项所在的右侧显示区域中，找到"删除所有用户远程访问连接"选项，双击该选项，打开图 5-1 所示的组策略属性设置对话框。

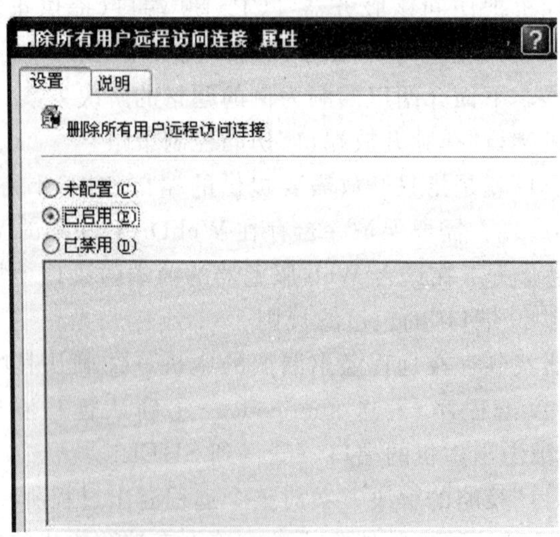

图 5-1 组策略属性设置对话框

检查该对话框中的“已启用”单选按钮是否处于选中状态，如果发现该选项还没有被启用，那么必须将它选中，最后单击“确定”按钮。如此一来，本地工作站系统日后就能享受到防火墙级别的关闭远程连接功能了。以后，非法攻击者企图通过远程连接方式来入侵本地工作站系统时，关闭远程连接功能就会强行断开非法攻击者创建的连接，工作站系统将更为安全。

2. 为资源访问设立关卡

在局域网工作环境中，经常会对共享文件进行访问，为了限制任何用户随意访问共享文件，系统自带的防火墙或第三方专业防火墙都为共享资源的访问设立了关卡，禁止任何来宾用户直接访问共享内容，必须凭访问账号才能进行共享访问。要实现这种防火墙级别的安全“护卫”目的，只要按照如下步骤修改工作站的组策略就可以了。

在本地工作站系统中选择“开始”→“运行”命令，在弹出的“运行”对话框中输入字符串命令“gpedit. msc”，单击“确定”按钮后，打开本地系统的组策略编辑窗口。

将鼠标定位于编辑窗口左侧的“计算机配置”分支上，再依次选中该分支下面的“Windows 设置”→“安全设置”→“本地策略”→“用户权利指派”选项，在对应“用户权利指派”项目的右侧显示区域中，双击“拒绝从网络访问这台计算机”选项，打开图 5-2 所示的组策略属性设置对话框。

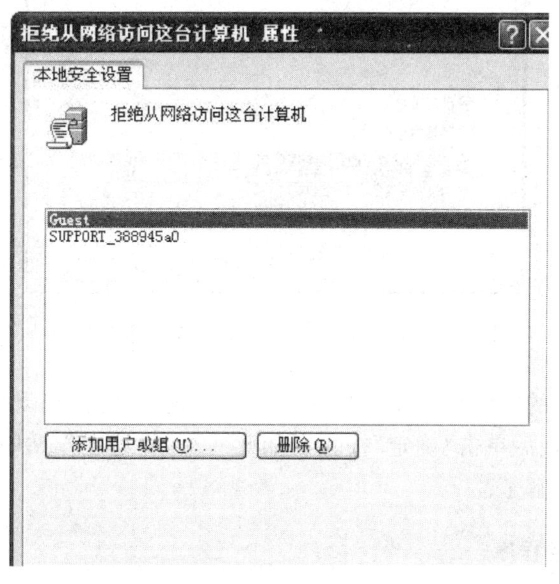

图 5-2　拒绝从网络访问属性对话框

检查来宾用户“Guest”账号是否出现在了该对话框的列表中，倘若没有看到该账号，必须单击“添加用户或组”按钮，将“Guest”账号加入到该对话框中，最后单击“确定”按钮退出设置对话框。这样一来，以后任何一位来宾用户就无法直接访问到本地工作站中的共享资源了，只有拥有访问账号的用户才能看到共享内容。

3. 预防暴力破解密码

安装了 Windows XP 系统的工作站在默认状态下，允许每一位用户通过空用户连接方式来获取本地系统中的各类账号信息和资源列表信息，这个功能本意是使管理员管理系统资源更为方便，而非法攻击者常常通过该功能来破坏系统安全，他们通过一些专业的黑客软件来暴力破解用户的密码信息，从而可能会给本地工作站或整个网络带来非常大的安全隐患。因此，许多专业的防火墙一般都提供了预防暴力破解共享访问密码的功能，事实上简单地对系统组策略进行编辑，也能达到预防暴力破解密码的目的，下面就是修改组策略的具体步骤。

在本地工作站系统中选择“开始”→“运行”命令，在弹出的“运行”对话框中输入字符串命令“gpedit. msc”，单击“确定”按钮后，打开本地系统的组策略编辑窗口。

在该编辑窗口的左侧显示区域，依次选中“本地计算机策略”→“计算机配置”→“Windows 设置”→“安全设置”→“本地策略”→“安全选项”选项，在“安全选项”选项所对应的右侧列表区域中，找到“网络访问：不允许 SAM 账户和共享的匿名枚举”选项，双击该选项，打开图 5-3 所示的组策略属性设置对话框。

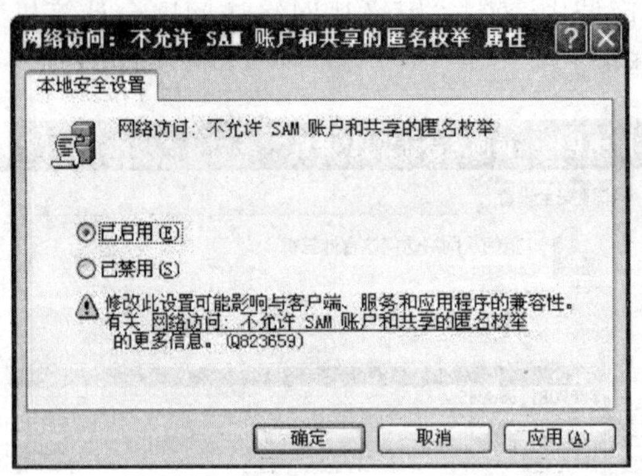

图 5-3 不允许 SAM 账户和共享的匿名枚举

检查该对话框中的“已启用”单选按钮是否处于选中状态，如果该选项还没有被启用，那么必须将它选中，最后单击“确定”按钮。如此一来，本地工作站中的共享资源访问密码就不大容易被暴力破解了。

4. 限制运行特定程序

无论是系统自带的防火墙还是第三方防火墙，都具有限制运行特定应用程序的功能，该功能能够有效地限制他人在自己的工作站中随意运行应用程序。比如，不希望他人在自己的工作站中运行 FlashGet 程序来随意从网上下载内容时，就可以按照下面的操作来实现防火墙所具有的限制运行特定程序的安全“护卫”目的。

在本地工作站系统中选择“开始”→“运行”命令，在弹出的“运行”对话框中输入字符串命令“gpedit. msc”，单击“确定”按钮后，打开本地系统的组策略编辑窗口。

将鼠标定位于编辑窗口左侧的“计算机配置”分支上，再依次选中该分支下面的“Windows 设置”→“安全设置”→“软件限制策略”→“其他规则”选项，在“其他规则”选项所对应的右侧显示区域中，右击空白区域，在弹出的快捷菜单中选择“新路径规则”命令，打开图 5-4 所示的“新路径规则”对话框。

图 5-4　“新路径规则”对话框

在该对话框的“路径”文本框中输入 FlashGet 程序的具体路径，或者直接单击“浏览”按钮，进入到 FlashGet 程序所在的文件夹，从中选择 FlashGet.exe 文件，然后单击“安全级别”下拉列表框右侧的下拉按钮，在弹出的下拉列表中选择“不允许的”选项，最后单击“确定”按钮。这样一来，本地工作站就不允许用户随意使用 FlashGet 程序来下载内容了。

5. 提高内置防火墙安全性能

Windows 系统自带的防火墙在默认状态下与一些专业的第三方防火墙在安全性能方面还是有不小的差距的，不过，只要对系统的组策略进行有针对性的修改，就能有效提高系统内置防火墙的安全性能。

在本地工作站系统中选择“开始”→“运行”命令，在弹出的“运行”对话框中输入字符串命令“gpedit.msc”，单击“确定”按钮后，打开本地系统的组策略编辑窗口。

将鼠标定位于编辑窗口左侧的“计算机配置”分支上，再依次选中该分支下面的“管理模板”→“网络”→“网络连接”→“Windows 防火墙”→“标准配置文件”选项，在对应“标准配置文件”选项的右侧显示区域中双击“Windows 防火墙：保护所有网络连接”选项，打开图 5-5 所示的组策略属性设置对话框。

检查该对话框中的“已启用”单选按钮是否处于选中状态，如果该选项还没有被启用，那么必须将它选中，最后单击“确定”按钮。这样就能防止他人随意关闭本地防火墙，从而给工作站系统带来安全威胁了。

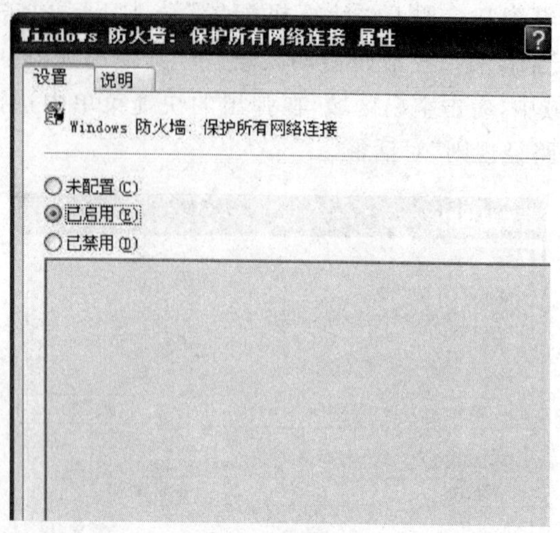

图 5-5　Windows 防火墙保护所有网络连接

此外，还可以将"Windows 防火墙：允许 UPnP 框架例外"功能以及"Windows 防火墙：允许文件和打印机共享例外"功能启用起来，这些功能都能充分发挥防火墙的安全"护卫"作用。

5.5　软件防火墙故障发现与排除

不管拥有哪种类型的防火墙，也不管如何改变客户端的安全设置，都无法避免这个问题的出现——正确设置了防火墙，但是原来运行得好好的应用程序，可能会突然被阻塞掉。这个问题不但在微软的防火墙中存在，在其他诸如 Symantec 公司、Zone Alarm 或者其他公司生产的防火墙中都存在。微软最新的防火墙打算替换掉其原来的 ICF(Internet Connection Firewall)，并且开始考虑将所有 Windows 服务不需要的端口都阻塞掉，除非指定打开这些端口。

当防火墙阻塞掉一个正在使用的端口时，最容易发生两个问题，一个是应用程序不能从该端口获取服务数据，另一个是应用程序不能向自己的客户端程序请求发出响应信息。当 FTP、流媒体以及邮件应用程序等存在客户端问题的时候，首先应该想到可能是发生了这类问题，基于诸如 Web 服务、文件服务这些应用程序的服务器也存在这些问题，或者当试图通过一个终端会话或者远程桌面接入一个系统的时候，这种问题也会发生。请记住问题可能是其他原因造成的，但是对于远程过程调用和 DCOM(分布式对象组件模型)设置这类问题，应该首先查看防火墙的设置。

首次运行一个需要使用某个已被阻塞端口的应用程序时，会出现一个 Windows 防火墙安全警报对话框并询问是否愿意取消该端口的阻塞以允许该应用程序运行。如果回答

“Yes”，该应用程序就能正常工作，回答“No”该应用程序就不能正常工作或者当它试图获取一个它不能得到的服务时会不能运行。某些应用程序需要不止一个端口，所以很可能发生因端口被阻塞导致客户端程序出现问题。另一方面，为了帮助隔离这些问题端口，可以使用 Windows 的 FNH(Firewall Netsh Helper)来记录所有被丢弃的包以发现导致这些问题的端口。

为了识别出这些端口，需要查看 Netstat 记录文件，打开一个命令行窗口，输入“NETSTAT -ano＞NETSTAT . txt”命令，然后按 Enter 键就创建了一个 NETSTAT. TXT 文件，该文件就记录了所有的日记记录。然后在命令提示符后输入“TASKLIST＞TASKLIST. TST”命令，按 Enter 键后再输入“TASKLIST＞TASKLIST. TXT”命令就可以看到每个进程所加载的服务，当打开 TASKLIST. TXT 文件的时候就可以利用显示在列表中的进程 ID 号(Process ID Number)来精确定位应用程序了。

如果要打开另一个端口，以系统管理员的身份登录到系统，并在防火墙管理员程序中设置一个例外以解除该端口的阻塞状态，对于 Windows XP 的防火墙来说，这个工具是 Windows 安全中心的一部分，安全中心可以在“控制面板”文件夹中找到。如果要利用命令行，可以打开“运行”对话框，输入“WSCUI. CPL”命令后单击“确定”按钮。打开“例外”选项卡，然后增加所需要打开的端口，还可能需要通过使用“更改范围”选项来修改开放范围，该范围用于设置哪些系统能够参与到这种类型的网络通信中来。

最后，应该打开“安全日志”页面，这样就能看到正在进入的通信数据的源地址，这些数据都存在“％Windir％\pfirewall. log”文件中，发送的数据不会被记录。

本章小结

本章介绍了什么是软件防火墙。Internet 防火墙是什么样的系统(或一组系统)，它能增强机构内部网络的安全性，以及介绍了常见软件防火墙故障发现与排除。

习　题

1. 什么是软件防火墙?
2. 简述 Internet 防火墙是什么样的系统。
3. 简述使用几个组策略组建的防火墙的具体方法和区别。
4. 简述常见软件防火墙故障的发现与排除。

第6章 计算机操作系统如何配置防火墙

计算机中的防火墙会试图防止计算机病毒蔓延到操作系统中，并能防止未经授权的用户进入操作系统。防火墙存在于计算机和网络之间，它可以判定计算机上哪些服务可以被网络上的远程用户访问。一个正确配置的防火墙能够极大地增强操作系统安全性。

6.1 Windows 如何安装配置防火墙

"冲击波"等蠕虫病毒的特征之一就是利用有漏洞的操作系统进行端口攻击，因此防范这一类病毒的简单方法就是屏蔽不必要的端口，防火墙软件都有此功能，其实对于采用 Windows 2003、Windows XP、Windows 2000 的用户来说，不必安装其他软件，因为可以利用系统自带的"Internet 连接防火墙"来防范黑客的攻击。

6.1.1 Windows 2000 如何安装配置防火墙

1. 基本设置

(1) 右击"网上邻居"图标，在弹出的快捷菜单中选择"属性"命令。

(2) 然后右击"本地连接"图标，在弹出的快捷菜单中选择"属性"命令，弹出图 6-1 所示的对话框。打开"高级"选项卡，选中"Internet 连接防火墙"选项区域中的"通过限制或阻止来自 Internet 的对此计算机的访问来保护我的计算机和网络"复选框，单击"确定"按钮后防火墙即起了作用。

2. 测试基本设置

(1) 在另外一台计算机上 ping 本机，出现 Request timed out 表示 ping 不通本机。

(2) 在另外一台计算机上用漏洞扫描工具扫描本机发现没有打开的端口。

这两种测试通过后，说明防火墙已经起作用了。

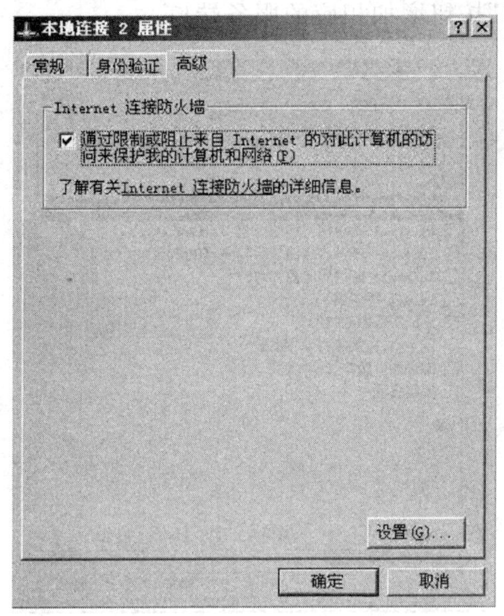

图 6-1　Internet 连接防火墙

3. 高级设置

单击图 6-1 所示对话框中的“设置”按钮，弹出图 6-2 所示的“高级设置”对话框，在此对话框中可进行高级设置。

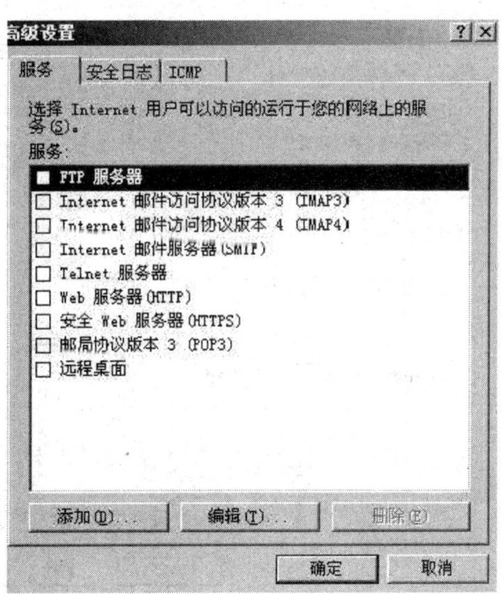

图 6-2　高级设置

1）选择要开通的服务

如图 6-3 所示，如果本机要开通相应的服务则选中该服务前的复选框，本例选中了“FTP 服务器”复选框，这样从其他机器就可 FTP 到本机，扫描本机可以发现 21 端口是开放的。可以单击“添加”按钮增加相应的服务端口。

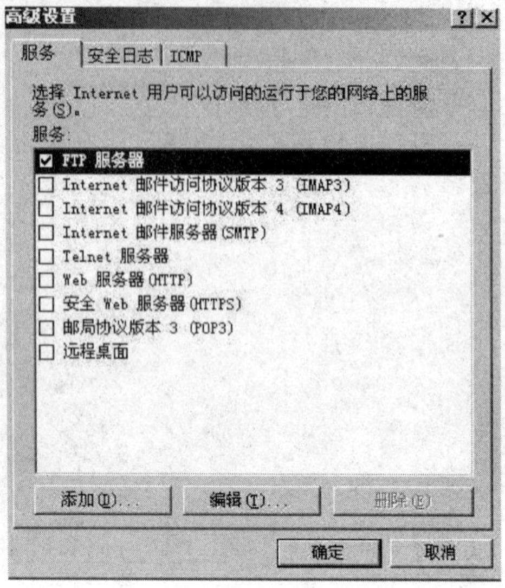

图 6-3 本机要开通相应的服务

2）设置日志

如图 6-4 所示，打开“安全日志”选项卡，在“记录选项”选项区域中选择要记录的项目，选中其前面的复选框，防火墙将记录相应的数据，日志默认存放的路径为 C:\WINDOWS\pfirewall.log，用记事本就可以打开查看。

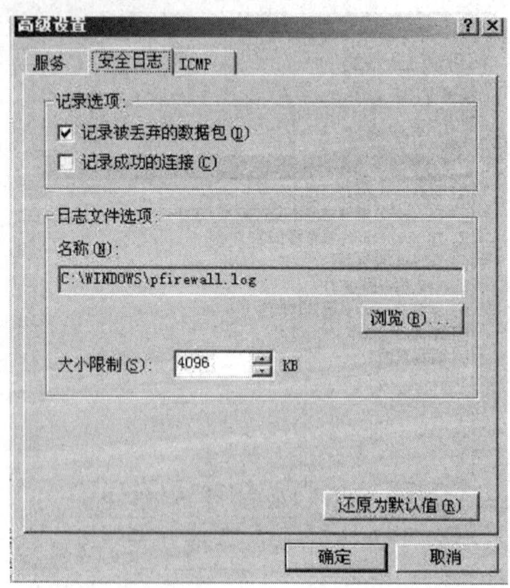

图 6-4 防火墙将记录相应的数据日志

3）设置 ICMP 协议

如图 6-5 所示，最常用的 ping 就是用 ICMP 协议，默认设置完后 ping 不通本机就是因为屏蔽了 ICMP 协议，如果想 ping 通本机只需将“允许传入响应请求”复选框选中即可。

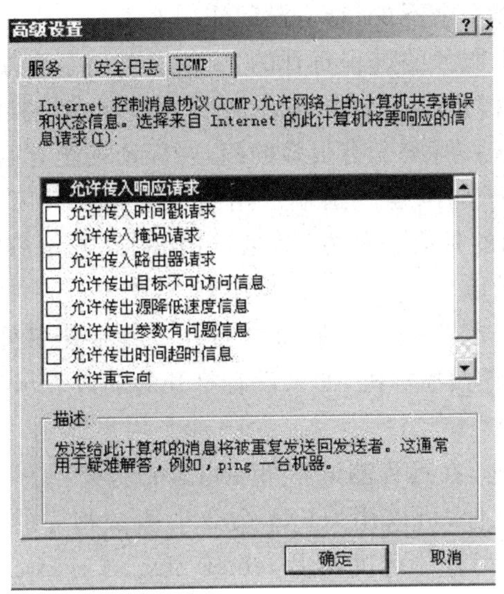

图 6-5 设置 ICMP 协议

4. 几点疑问

设置非常简单,但设置过程中,提出了以下几点疑问。

(1) 端口都封住了怎么与别的计算机通信?

按默认设置完成后,可以看出没有添加一个端口,那端口都封住了怎么与别的计算机通信呢?

在 Internet 上相互通信是靠 TCP/IP 协议完成的,而上网访问网页时,是在本机上随机打开一个大于 1024 的端口去连接服务器的 80 服务端口,用 Telnet 协议登录其他设备也是在本机上随机打开一个大于 1024 的端口去连接服务器的 23 服务端口。"Internet 连接防火墙"封住的是服务端口,例如 HTTP 的 80 端口、FTP 的 21 端口、TELNET 的 23 端口等,只要系统提供了这些服务,一开机这些端口就是开放的,等待别的计算机连接到提供服务的计算机上,可以说这些端口是长期有效的。而随机打开的端口是临时的,比如,访问一个网站,计算机随机开个端口 1026 连接到网站服务器的 80 端口,当访问完毕关闭网页后,本机的 1026 端口随之关闭,而服务器的 80 端口始终是开着的。由上可见,"Internet 连接防火墙"是封住的服务端口,而不是临时打开的端口,所以一个端口不添加也可正常上网。Windows 98 默认不提供任何服务就没有打开的端口,不照样能正常上网吗?

一般上网用户不用提供任何服务,所以没有必要开放任何端口,但是要利用一些网络联络工具,比如要开通 FTP 服务的话,就要把"21"这个端口打开,同理,如果发现某个常用的网络工具不起作用时,请查清它在本机所开的端口,然后在"Internet 连接防火墙"中添加该端口即可。

(2) 设置了"Internet 连接防火墙"后用 netstat-na 命令察看,可是端口还是开的。

有些人以为如上设置后就没有端口开放了,可设置完后用 netstat-na 命令察看开放的端口与没设置之前一样一个不少，难道没起作用?

实际上端口是由某个服务的进程打开的，要彻底关闭某个端口就要结束相应的服务，例如要关闭80端口就要停止WWW服务。而用“Internet连接防火墙”是在外围建一个防火墙，打个简单的比喻，一所房子有很多的门，要保证安全有两个办法，一是把门用砖头堵住；二是留着门，在房子周围建一道墙。用结束进程来关闭端口用的是第一种办法，“Internet连接防火墙”用的是第二种方法，虽然用netstat-na察看端口是开放的，但在外围已建了一堵密不透风的墙。

如何知道防火墙是否起作用了？最简单的方法就是在另外一台计算机上用xscan、superscan之类的扫描工具扫描本机，如果没有打开的端口表示在房子周围建一道墙是没有漏洞的。

(3) 没有扫描软件如何在远程测试本机端口是否打开?

如果手头没有扫描软件，可以用telnet命令来测试相应的端口是否打开，例如测试21端口是否打开，可以在另外一台机器上telnet xxx. xxx. xxx. xxx 21，如果端口打开会出现提示信息，如果没有打开则出现连接失败的提示。

6.1.2 如何配置防火墙访问策略

要配置防火墙保护，请按照下列步骤操作。

(1) 选择“开始”→“所有程序”→Microsoft ISA Server→“ISA管理”命令。

(2) 在控制台树中，单击以展开server name-访问策略(其中server name是服务器的名称)，右击IP数据包筛选器，在弹出的快捷菜单中选择“新建”→“筛选器”命令。

(3) 在“IP数据包筛选器名称”文本框中，输入要筛选的数据包的名称，然后单击“下一步”按钮。

(4) 选中“允许”或“阻止”单选按钮以允许或阻止该数据包，然后单击“下一步”按钮。

(5) 接受预定义选项，然后单击“下一步”按钮。

(6) 单击选项为应用数据包筛选器选择所希望的方式，然后单击“下一步”按钮。

(7) 选择“远程计算机”选项，然后单击“下一步”按钮。

(8) 单击“完成”按钮。

注意：还可以编辑其他服务(如动态主机配置协议(Dynamic Host Configuration Protocol，DHCP)和域名系统(Domain Name System，DNS))的属性，方法是在配置框中双击相应的服务。

6.1.3 Windows XP 操作系统防火墙

防火墙是一套软件或硬件，可协助保护计算机，使其免于受到黑客和许多计算机病毒的攻击。因此，在将计算机连接上网络前，应该先安装防火墙。如果使用的是Windows XP操作系统，就可以使用它内建的网络联机防火墙。

值得注意的是，网络联机防火墙是利用封锁某些类型的潜在有害网络通信的方式运作，所以，它也会封锁一些有用的网络通信工作。例如，通过网络共享档案或打印机，即时通信之类的应用程序传输档案，或作为多人游戏的主机等。但仍然强烈建议使用防火墙，因为它有助于立即保护计算机。

(1) 开启网际网络联机防火墙。选择"开始"→"控制面板"命令，打开"控制面板"窗口。

(2) 双击"网络连接"图标，打开"网络连接"窗口，如图 6-6 所示。

图 6-6　网络连接

(3) 在"LAN 或高速 Internet"区域中，单击选取要协助保护的连接(以"本地连接"为例)。

(4) 在左边的工作窗格中的"网络任务"下，单击"更改此连接的设置"。或者，在"本地连接"图标上右击，在弹出的快捷菜单中选择"属性"命令，如图 6-7 所示。

(5) 在"本地连接属性"对话框中打开"高级"选项卡，在"Internet 连接防火墙"选项区域中选中"通过限制或阻止来自 Internet 的对此计算机的访问来保护我的计算机和网络"对话框，如图 6-8 所示。

选中这个复选框，可保护计算机和网络。

选中该复选框并单击"确定"按钮，窗口关闭后，防火墙即开启。防火墙可能会干扰某些网络作业，如档案和打印共享、网络相关程序或线上游戏等。

对于计算机安全性而言，使用防火墙只是第一道重要的防线，还应使用 Windows Update 和防毒软件来协助保护计算机的安全。

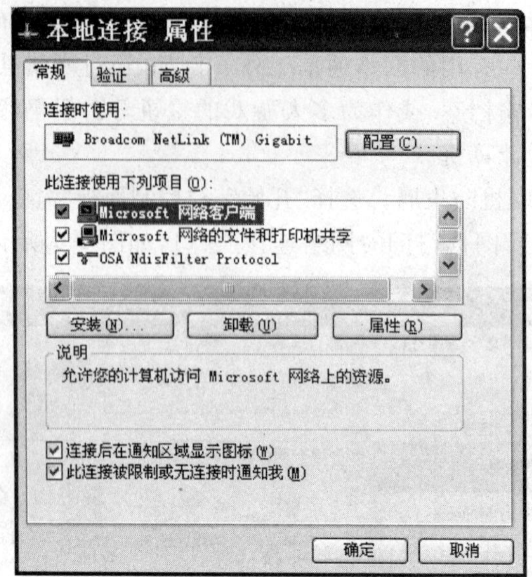

图 6-7 Windows 防火墙

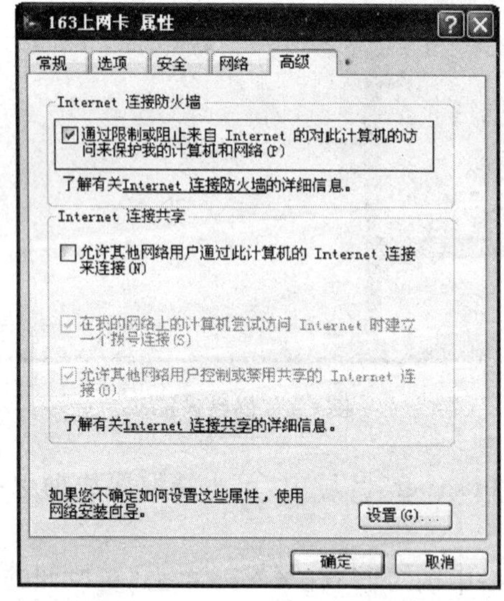

图 6-8 Internet 连接防火墙

6.1.4 Windows Server 2003 自带防火墙设置

Internet 连接防火墙是充当网络与外部世界之间的保卫边界的安全系统。Internet 连接防火墙(Internet Connection Firewall,ICF)是用来限制哪些信息可以从计算机访问 Internet 以及从 Internet 进入计算机的一种软件。

如果计算机使用 Internet 连接共享(Internet Connecting Sharing,ICS)来为多台计

算机提供 Internet 访问能力，最好在共享的 Internet 连接中启用 ICF。当然，ICS 和 ICF 都可以单独启用。如果计算机是直接连接到 Internet 的，也建议在这个 Internet 连接上启用 ICF。要查看是否启用了 ICF 或者是否要启用防火墙，ICF 的设置都是基于端口的，所以效率更高，但是在设置防火墙的时候需要对程序占用的端口有详细的了解，下面会用实际的例子来说明。

ICF 本质上是状态防火墙。状态防火墙可以用来监视所有通信端口，并且检查所处理的每个消息的源和目标地址。

默认的情况下，ICF 不允许所有来自外部网络的未经请求的通信进入本机。所有从 Internet 进入的通信都会接受 ICF 的检查并和自己的设置相比较。只有本机发出的信息的反馈消息才能进入本计算机，源自外部的消息默认情况是不允许进入本机的，这也解释了为什么开启 ICF 后从本机可以 ping 通别人的计算机，但是外部的计算机不能 ping 本机。(除非在“服务”选项卡上建立了允许该通信通过的条目。)

默认情况下，ICF 的处理过程不会反馈给使用者，而是静态地阻止未经请求的通信，防止像端口扫描这样的常见黑客袭击。因为如果反馈这种通知消息，会过于频繁以至于成为一种干扰，就像常见的天网或者 Norton 一样，时不时出来一个消息框告诉检测的进程，这种提示对工作干扰很大。

最后一点，Windows XP 中自带的 ICF 同样可以创建安全日志，通过查看安全日志，清楚看到被防火墙跟踪的各种活动，以及被防火墙拦截的各种信息，同时还可以设置跟踪记录的文件的最大值，以防无限占用硬盘空间接下来用实际的例子来说明 ICF 的配置。

下面是 Windows XP 自带的 ICF 的配置和实例。

在拨号上网的图标上右击，在弹出的快捷菜单中选择“属性”命令，在弹出的对话框中打开“高级”选项卡，选中“通过限制或阻止来有 Internet 的对此计算机的访问来保护我的计算机和网络”复选框以启用 ICF，再单击“设置”按钮，开始设置 ICF，如图 6-9 所示。

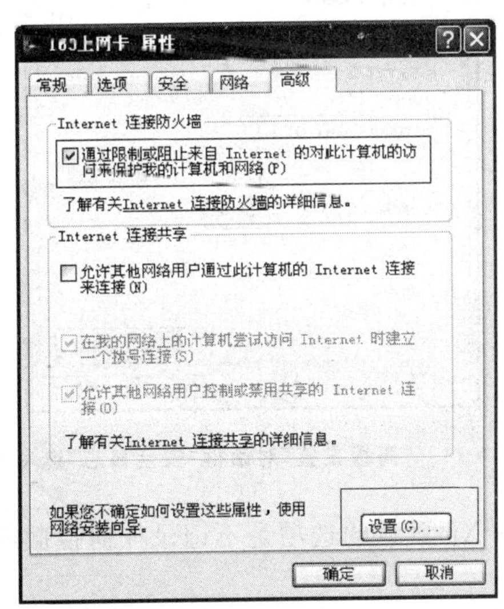

图 6-9　高级选项

如图 6-10 所示，在“服务”列表框中列出了 Windows XP 自带的一些服务，可以选中想要的服务前面的复选框。如果觉得这些自带的服务不够或者不理想，可以单击下面的“添加”按钮，手工添加自定义的服务。

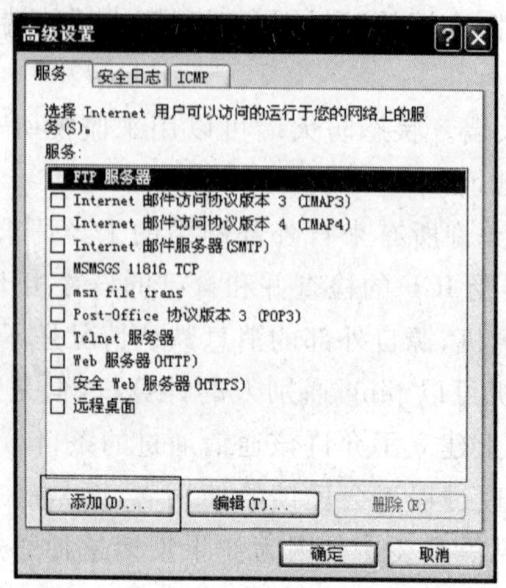

图 6-10　“高级设置”对话框“服务”选项卡

如图 6-11 所示，打开“安全日志”选项卡，在“记录选项”选项区域中可以记录防火墙的跟踪记录，包括丢弃和成功的所有事项，在“日志文件选项”选项区域中的“名称”文本框中可以更改记录文件存放的目录，在“大小限制”微调框中可以修改记录文件的大小，避免过度占用空间。可以依个人的需要设置。

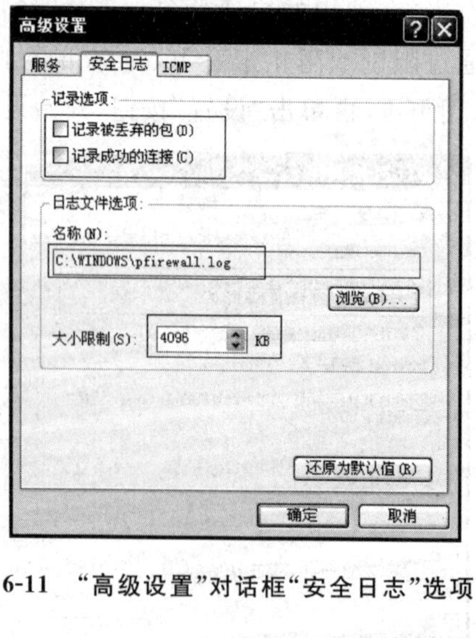

图 6-11　“高级设置”对话框“安全日志”选项卡

要注意的是，Windows XP 默认的选项是不记录任何拦截或成功的事项，同时记录文件的大小默认是 4MB。

再看下一个选项 ICMP，ICMP 的全称是 Internet Control Messages Protocol，Internet 控

制信息协议，所有支持 TCP/IP 的网络都必须支持 ICMP。通过 ICMP 的反馈信息来确定网络的状态，比如网络是否通、是否有拥塞等。实际例子中，比如 Ping 一个 IP 地址，就是 ICMP 把 Ping 的结果返回给 Ping 命令的发送者，从而让发送者知道网络的状态。

ICMP 是一个非常好且有用的协议，但是如果不加以限制的话，会造成很大的不便。例如通过 ADSL 上网，假设带宽是 2MB，如果同时有许多人用小数据包 Ping，因为计算机要给所有 Ping 的人答复，这样就造成了带宽的浪费。如果 Ping 的人数达到一定的数量，则网络带宽完全被用来作答复别人的回应，从而使正常的通信无法进行。

实际上 ICMP 反馈只是让使用者了解网络的状态，并不影响正常的通信，所以可以关闭它。这样，别人不能 Ping 通本台计算机，但是可以进行正常的数据交流。

下面是配置一个实例。

众所周知，在使用 MSN Messenger 的时候，有一项功能是文件传输。但是文件传输经常不能成功，其中的机制就是 MSN 的文件传输采用了特殊的端口，而一般的防火墙是关闭这个端口的，包括 XP 的防火墙也一样。

如果通话双方要进行文件传输，多数人都是直接关闭防火墙，传送完毕以后再打开，相信大多数人都遇到过类似的问题。这是因为一般的防火墙软件比如天网和 Norton 都是基于程序的（当然也能基于端口，但是配置不直观）。XP 自带的防火墙恰恰是基于端口的，因此非常方便。

举个例子，如果想禁止本机的 FTP 服务，用基于程序的防火墙来禁止的话，只要安装的 FTP 程序一连接到互联网，防火墙就跳出来报警，就要配置一次。如果安装了 100 个 FTP 的程序，防火墙就会跳出了 100 次报警，就要配置 100 次。不知道实际工作的时候有多少人会仔细地看报警的内容并仔细配置，反正看到有报警的对话框，就按 Enter 键确认，这样配置等于没有安装防火墙。

如果采用了 XP 的 ICF，它是基于端口的，不管用什么样的程序去做 FTP 服务，必须要采用 21 号端口，只要禁止 21 号端口就行了。而且 XP 自带的 ICF 默认是不显示拦截或通过的信息的，这样工作中就不会受到任何的干扰，但是防火墙却在工作。

通过查找 MSN Messenger 的帮助，发现 MSN 用来传送文件的端口是 6891～6900 一共 10 个端口，也就是允许同时传送最多 10 个文件。XP 自带的 ICF 默认是关闭 6891～6900 这 10 个端口的，为了使 MSN 的文件传输功能正常进行，必须打开它（当然，如果使用 MSN Messenger 同时传送的文件只有一个，那打开一个端口就行了）。

下面是实际的操作过程。

先打开上网连接的属性对话框，打开"高级"选项卡，启用 ICF，并单击"设置"按钮进行设置。在弹出的"高级设置"对话框中的"服务"选项卡中，没有看到关于 MSN Messenger 文件传送的现成的可以使用的服务，所以要手工创建一个，单击下面的"添加"按钮，弹出"服务设置"对话框，如图 6-12 所示，在"服务描述"文本框中输入要创建的规则的名称，在"在您的网络上主持此服务的计算机的名称或 IP 地址"文本框中输入网卡的 IP 地址，在"此服务的外部端口号"文本框和"此服务的内部端口号"文本框中输入想要打开的端口号，MSN Messenger 占用的是 6891～6900，随便输入其中的一个，在右侧的选项组中选中 TCP 单选按钮而不是 UDP 单选按钮，因为 MSN 的文件传输属于可靠的服务(TCP)，UDP 指的是不可靠的服务。

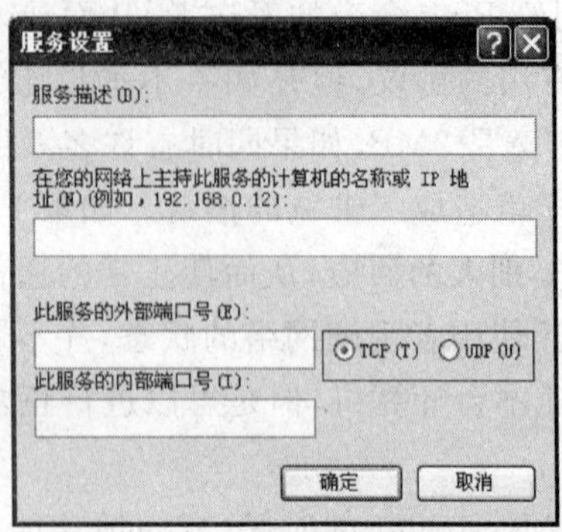

图 6-12 "服务设置"对话框

选择完成以后，单击"确定"按钮，新的规则已经创建，如图 6-13 所示，有必要的话可以单击"编辑"按钮对这条创建好的规则进行修改。当然，这条规则要生效的话，不要忘记选中其前面的复选框，现在再打开 MSN Messenger，试试文件传输是不是已经很好用了。

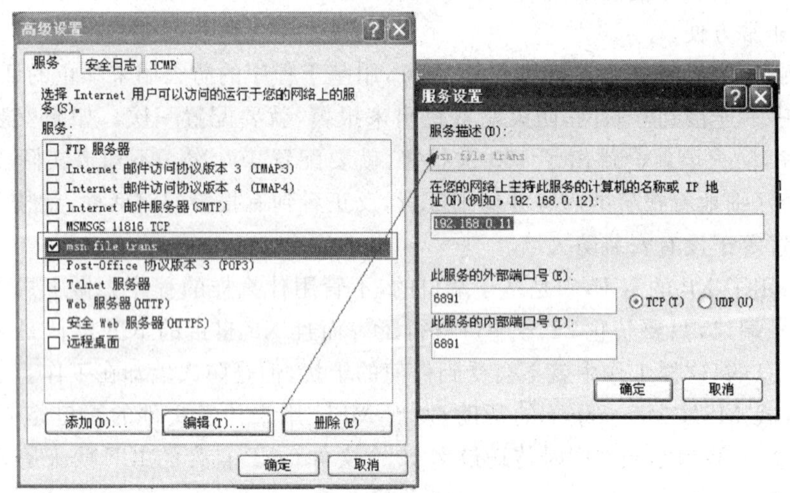

图 6-13 对创建好的规则进行修改

ICF 不但可以用于防止 Internet 的非法入侵，在局域网上同样有效。但是有一点一定要注意：如果机器是代理服务器，局域网的别的机器是通过计算机上网的，那千万不要在局域网上打开 ICF，否则所在的局域网内的其他用户不能通过上网。

6.1.5 巧用 Windows 2003 构筑校园网服务器防火墙

在校园网的日常管理与维护中，网络安全正日益受到人们的关注。校园网服务器是否安全将直接影响学校日常教育教学工作的正常进行。为了提高校园网的安全性,网络管理员首先想到的就是配备硬件防火墙或者购买软件防火墙,但硬件防火墙价格昂贵,软件防火墙也价格不菲,这对教学经费比较紧张的广大中小学来说是一个沉重的负担,可以巧用 Windows 2003 提供的防火墙功能为校园网服务器构筑安全防线。

1. Windows 2003 防火墙功能介绍

Windows 2003 提供的防火墙称为 Internet 连接防火墙,通过允许安全的网络通信通过防火墙进入网络,同时拒绝不安全的通信进入,使网络免受外来威胁。Internet 连接防火墙只包含在 Windows Server 2003 Standard Edition 和 32 位版本的 Windows Server 2003 Enterprise Edition 中。

2. Internet 连接防火墙的设置

在 Windows 2003 服务器上,对直接连接到 Internet 的计算机启用防火墙功能,支持网络适配器、DSL 适配器或者拨号调制解调器连接到 Internet。

1) 启动/停止防火墙

(1) 打开"网络连接"窗口,右击要保护的连接,在弹出的快捷菜单中选择"属性"命令,弹出"本地连接属性"对话框。

(2) 打开"高级"选项卡,如图 6-14 所示。如果要启用 Internet 连接防火墙,请选中"通过限制或阻止来自 Internet 的对此计算机的访问来保护我的计算机和网络"复选框;如果要禁用 Internet 连接防火墙,请取消选中该复选框。

2) 防火墙服务设置

Windows 2003 Internet 连接防火墙能够管理服务端口,例如 HTTP 的 80 端口、FTP 的 21 端口等,只要系统提供了这些服务,Internet 连接防火墙就可以监视并管理这些端口。

(1) 标准服务的设置。以 Windows 2003 服务器提供的标准 Web 服务为例(默认端口 80),操作步骤如下:在图 6-14 所示对话框中单击"设置"按钮,弹出图 6-15 所示的"高级设置"对话框;在"高级设置"对话框中的"服务"列表框,选中"Web 服务器(HTTP)"复选框,单击"确定"按钮。设置好后,网络用户将无法访问除 Web 服务外本服务器所提供的其他网络服务。

注意:可以根据 Windows 2003 服务器所提供的服务进行选择,可以多选。常用标准服务系统已经预置在系统中,只需选中相应选项就可以了。如果服务器还提供非标准服务,那就需要管理员手动添加了。

(2) 非标准服务的设置。以通过 8000 端口开放一非标准的 Web 服务为例。在图 6-15 所示的"高级设置"对话框中,单击"添加"按钮,弹出"服务设置"对话框,在此对话框中,输入服务描述、IP 地址、服务所使用的端口号,并选择所使用的协议(Web 服务使用 TCP 协议,DNS 查询使用 UDP 协议),最后单击"确定"按钮。设置完成后,网络用户可以通过 8000 端口访问相应的服务,而对没有经过授权的 TCP、UDP 端口的访问均被隔离。

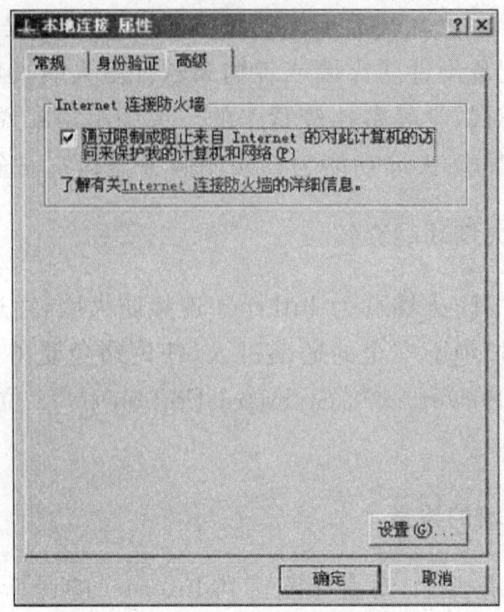

图 6-14 “本地连接 属性”对话框

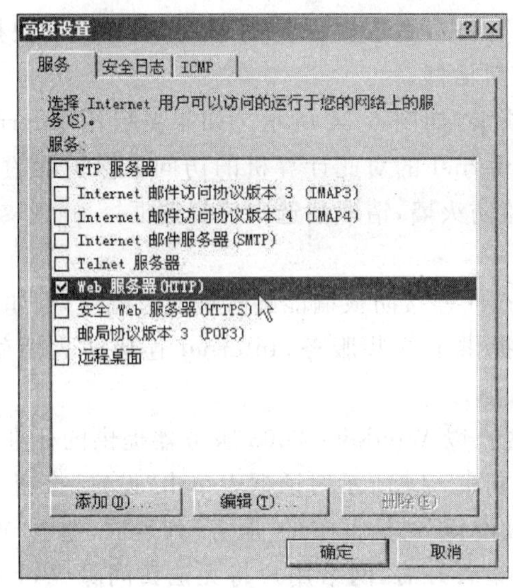

图 6-15 “高级设置”对话框

3) 防火墙安全日志设置

在图 6-15 所示的“高级设置”对话框中，打开“安全日志”选项卡，在“记录选项”选项区域中选择要记录的项目，防火墙将记录相应的数据。日志文件默认路径为 C:\Windows\Pfirewall.log，用记事本可以打开。所生成的安全日志使用的格式为 W3C 扩展日志文件格式，可以用常用的日志分析工具进行查看分析。

注意：建立安全日志是非常必要的，在服务器安全受到威胁时，日志可以提供可靠的证据。

3. Internet 连接防火墙应用思考

Internet 连接防火墙可以有效地拦截对 Windows 2003 服务器的非法入侵，防止非法远程主机对服务器的扫描，提高 Windows 2003 服务器的安全性。同时，也可以有效拦截利用操作系统漏洞进行端口攻击的病毒，如冲击波等蠕虫病毒。如果在用 Windows 2003 构造的虚拟路由器上启用此防火墙功能，能够对整个内部网络起到很好的保护作用。

ICF(Internet Connection Firewall，Internet 连接防火墙)作为 Windows Server 2003 系统自带的防火墙工具，使用户既无须购买价格昂贵的硬件防火墙，也无须配置复杂的专业防火墙软件。这对于网络新手、家庭用户而言无疑是非常合适的。

1) 启用 ICF

默认情况下，ICF 并没有开启，需要手动启用它。例如要启用“本地连接”的 ICF，操作步骤如下。

(1) 右击“网上邻居”图标，在弹出的快捷菜单中选择“属性”命令，在打开的“网络连接”窗口中双击“本地连接”图标，弹出“本地连接状态”对话框，单击“属性”按钮，弹出“本地连接属性”对话框。

(2) 打开“高级”选项卡，选中“通过限制或阻止来自 Internet 的对此计算机的访问来保护我的计算机和网络”复选框，单击“确定”按钮，这样即可开启 ICF。

2) 对 ICF 进行安全设置

启用 ICF 后如果不进行任何设置，那么该服务器的所有端口都将被禁用，相应的服务也将被停止。因此，需要对 ICF 进行必要的设置以符合实际需要。

(1) 设置常规服务。这里所说的常规服务是指常常用到的 WWW、FTP 等服务。ICF 在默认情况下提供了几种常用服务可设置。单击“高级”选项卡中的“设置”按钮，弹出“高级设置”对话框。在“服务”选项卡中，提供了常用“服务”的列表，如果服务器需要提供 FTP 服务，则只须选中“FTP 服务器”选项(图 6-16)，在打开的“服务设置”对话框中保持默认的计算机名即可。

(2) 设置非常规服务。为了防止用户的不良访问，常常需要将一些常规服务的默认端口屏蔽掉，而采用一些非默认端口提供常规服务。例如，可以使用 6000 端口提供 WWW 服务。单击图 6-16 中的“添加”按钮，打开“服务设置”对话框。在该对话框中添加相应信息，注意一定要将外部和内部端口号设置为“6000”(图 6-17)，然后单击“确定”按钮。这时即可在服务列表中看到刚刚添加的服务。

(3) ICMP 设置。ICMP 即 Internet 控制信息协议，最常用的 Ping 命令就是基于 ICMP 的。默认情况下，ICF 禁用了应用该协议的信息请求，例如不允许 Ping 本机。如果由于特殊需要而想 Ping 本机，则需要在图 6-16 所示的对话框中单击“ICMP”标签，在打开的选项卡中选中“允许传入响应请求”复选框。

(4) 设置安全日志。建立安全日志可以使服务器在受到恶意攻击后保留可靠的证据，ICF 就具备这方面的功能。在图 6-16 所示对话框中单击“安全日志”标签，在“安全日志”选项卡中选中“记录被丢弃的数据包”和“记录成功的连接”两个复选框。这样就可以

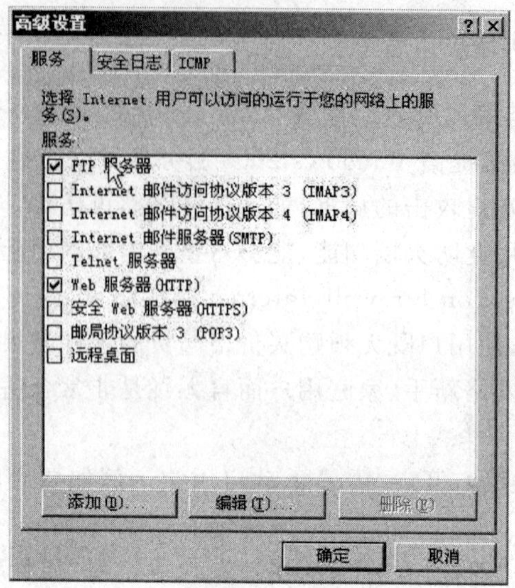

图 6-16 “高级设置”对话框

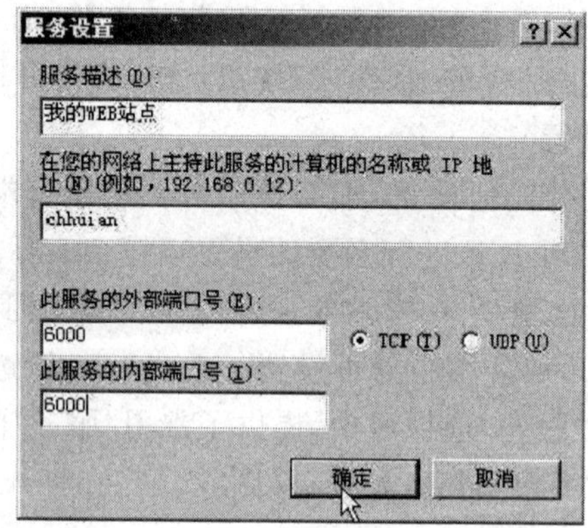

图 6-17 使用 6000 端口提供 WWW 服务

通过查看相应目录中保存的日志文件了解来访者的信息。

ICF 可以有效拦截某些用户对服务器的扫描和攻击,并且可以有效防范利用系统漏洞进行端口攻击的蠕虫病毒(如冲击波等)。无论对于个人计算机还是对于网络服务器,它都可以起到很好的保护作用。

6.2 RedHat Linux 基本防火墙配置

如同建筑物中的防火墙会试图防止火势蔓延,计算机中的防火墙会试图防止计算机病毒蔓延到系统中,它还能防止未经授权的用户进入系统。防火墙存在于计算机和网络之间，它可以判定计算机上哪些服务可以被网络上的远程用户访问。一个正确配置的防火墙能够极大地增强系统安全性。RedHat Linux 为增加系统安全性提供了防火墙保护。本节学习如何为所有连接到互联网上的 Red Hat Linux 系统配置一个防火墙。

6.2.1　安全级别配置工具

Red Hat Linux 安装中的"防火墙配置"窗口中提供了几个可供选择的选项：高级、中级、无防火墙；还可以选择要允许的指定设备、进入服务和端口等。

安装后，可以使用安全级别配置工具来改变系统的安全级别。要启动这个程序，选择面板上的"主菜单"→"系统设置"→"安全级别"命令，或在 shell(如 XTerm 或 GNOME 终端)下输入 redhat-config-securitylevel 命令(图 6-18)。

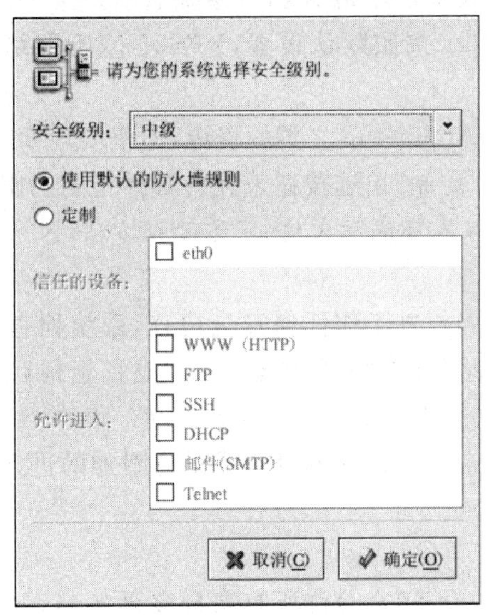

图 6-18　安全级别对话框

1. 安全级别

在"安全级别"下拉列表框中选择想要的安全级别。

1) 高级

如果选择"高级"选项，系统将不会接受没有被刻意定义的连接(默认设置以外的连接)。按照默认设置，只有以下连接会被允许。

(1) DNS 回应。

(2) 任何使用 DHCP 的网络界面都可以被正确地配置。

如果选择"高级"选项，防火墙将不会允许以下连接。

(1) 活跃状态 FTP(在多数客户机中默认使用的被动状态 FTP 应该能够正常运行)。

(2) IRC DCC 文件传输。

(3) RealAudio。

(4) 远程X窗口系统客户机。

如果要把系统连接到互联网上，但是不打算把它当作服务器来运行，这是最安全的选择。如果需要额外的服务，可以选中“定制”单选按钮来允许指定的服务穿过防火墙。

注意：如果选择了中级或高级防火墙，网络验证方法(NIS和LDAP)将无法奏效。

2) 中级

如果选择“中级”选项，防火墙将不会允许远程机器访问系统上的某些资源。按照默认设置，对以下资源的访问是默认不允许的。

(1) 低于1023的端口，这些是标准要保留的端口，主要被一些系统服务所使用，如FTP、SSH、TELNET、HTTP和NIS。

(2) NFS服务器端口(2049)，NFS对远程服务器和本地客户都已禁用。

(3) 为远程X客户机设立的本地X窗口系统显示。

(4) X字体服务器端口(按照默认设置，XFS不监听网络，它在字体服务器中被禁用)。

如果想准许访问RealAudio(tm)之类的资源，但仍要堵塞到普通系统服务的访问，选择“中级”选项。可以选中“定制”单选按钮来允许具体指定的服务穿过防火墙。

注意：如果选择了中级或高级防火墙，网络验证方法(NIS和LDAP)将无法奏效。

3) 无防火墙

无防火墙给予完全访问权并不作任何安全检查，系统检查是对某些服务的禁用。建议只有在一个可信任的网络(非互联网)中运行时，或者想稍后再进行详细的防火墙配置时才选此项。

选中“定制”单选按钮来添加信任的设备或允许附加的进入服务。

2. 信任的设备

选择任何一个“信任的设备”会允许所有来自该设备到系统的连接，它不在防火墙规则的限制之内。譬如，如果在运行一个本地网络，但是通过PPP拨号连接到了互联网上，可以选择“eth0”选项，所有来自本地网络的交通就会被允许。把“eth0”设置为“信任的设备”意味着所有通过以太网的交通都会被允许，但是通过ppp0接口的交通仍受防火墙的限制。如果想限制某个接口上的交通，就不要选择它。

建议不要把连接到公共网络，如互联网上的设备设置为“信任的设备”。

3. 允许进入

启用这些选项将允许具体指定的服务穿过防火墙。注意，在工作站类型安装中，大多数这类服务在系统内不存在。

1) DHCP

如果允许进入的DHCP查询和回应，会允许任何使用DHCP来判定其IP地址的网络接口。DHCP通常是启用的。如果DHCP没有被启用，计算机就不再能够获取IP

地址。

2）SSH

Secure(安全)Shell(SSH)是用来在远程机器上登录及执行命令的协议套件。如果计划使用 SSH 工具通过防火墙来进入机器，启用该选项。必须安装 openssh-server 软件包才能使用 SSH 工具来远程地进入机器。

3）Telnet

Telnet 是一种远程登录机器的协议。Telnet 的通信是不加密的，没有提供任何防止网络刺探之类的安全措施。建议不要允许进入的 Telnet 访问，如果想允许进入的 Telnet 访问，必须安装 telnet-server 软件包。

4）WWW(HTTP)

HTTP 协议被 Apache(以及其他万维网服务器)用来提供网页。如果打算使万维网服务器公开可用，请启用该选项。不必启用该选项来本地查看网页或开发网页，如果想提供网页，必须安装 apache 软件包。

启用 WWW(HTTP)不会为 HTTPS 打开一个端口。要启用 HTTPS，在“其他端口”字段中指定它。

5）邮件(SMTP)

如果想允许进入的邮件穿过防火墙，因此远程主机能够直接连接到机器来发送邮件，则启用该选项。如果只想从使用 POP3 或 IMAP 的 ISP 服务器来收取邮件，或者使用 Fetchmail 之类的工具，则不必启用这个选项。注意，不正确配置的 SMTP 服务器会允许远程机器使用服务器来发送垃圾邮件。

6）FTP

FTP 协议被用来在网络上的机器间传输文件。如果打算使 FTP 服务器公开可用，启用该选项。需要安装 vsftpd 软件包才能是该选项能够发生作用。

单击“确定”按钮来激活防火墙。单击了“确定”按钮后，选定的选项就会被转换成 iptablcs 命令并写入/etc/sysconfig/iptables 文件。iptables 服务也被启动，因此，保存了选定选项后，防火墙就会被立即激活。

警告：如果在/etc/sysconfig/iptables 文件中配置了一个防火墙或防火墙规则，在选择了“无防火墙”选项并单击了“确定”按钮来保存改变之后，这个文件就会被删除。

选定的选项还被写入/etc/sysconfig/redhat-config-securitylevel 文件，因此这些设置在程序下次启动时被恢复。请不要手工编辑该文件。

要激活 iptables 服务，并在引导时自动启动。

6.2.2　GNOME Lokkit

GNOME Lokkit 允许通过建立基本的 ipchains 联网规则来为普通用户配置防火墙设置。不必编写这些规则，该程序会向提出一系列关于如何使用系统的问题，然后把它们写入/etc/sysconfig/ipchains 文件。

不应该使用 GNOME Lokkit 来生成复杂的防火墙规则。该程序的目的是帮助普通用户在使用调制解调器、电缆或 DSL 连接到互联网上时进行自我保护。

要启动图形化的 f GNOME Lokkit，选择“主菜单”→“系统工具”→“更多系统工具”→Lokkit 命令，或在 shell 提示下以根用户身份输入 gnome-lokkit 命令。如果没有安装 X 窗口系统，或者优选基于文本的程序，在 shell 提示下输入 lokkit 命令来启动这个程序的文本模式。

1. 基本配置

在启动程序之后，为系统选择相应的安全级别(图 6-19)。

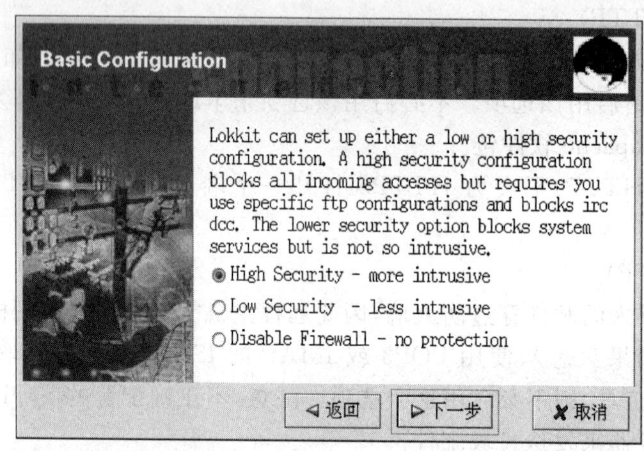

图 6-19 基本步骤“下一步”

High Security：这一选项会禁用几乎所有激活网络所需的 DNS 回应和 DHCP 之外的网络连接。IRC、ICQ、其他即时消息传递服务以及 RealAudio 在没有代理的情况下都无法运行。

Low Security：该选项将不会允许到系统的远程连接，包括 NFS 连接和远程 X 窗口系统会话。在端口 1023 之下运行的服务将不会接受连接，包括 FTP、SSH、Telnet 以及 HTTP。

Disable Firewall：该选项不会创建任何安全规则。建议只有在信任的网络(非互联网)中运行，或在大型防火墙之后运行，或自行编写定制的防火墙规则时才选择该选项。

2. 本地主机

如果系统上有以太网设备，Local Hosts 页会允许配置防火墙规则是否要应用到发送给每个设备的连接请求(图 6-20)。如果该设备把系统连接到防火墙后的局域网，并不直接连接到互联网，选中 Yes 单选按钮。如果该以太网卡把系统连接到电缆或 DSL 调制解调器，提议选中 No 单选按钮。

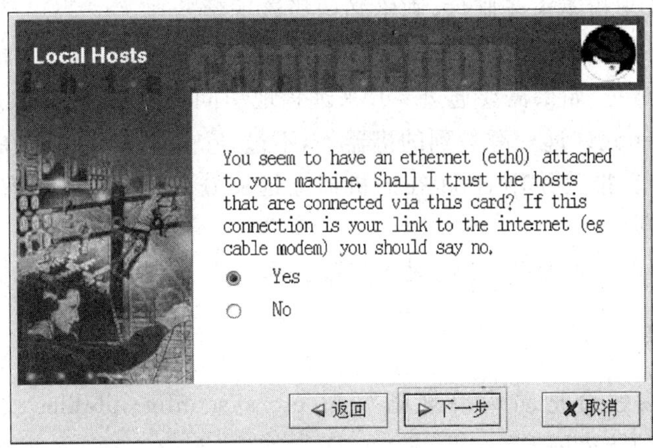

图 6-20　Local Hosts(本地主机)

3. DHCP

如果使用 DHCP 来激活系统上的任何以太网接口,必须对 DHCP 问题回答"Yes"。如果回答了"No",将无法使用以太网接口来建立连接。许多电缆和 DSL 互联网提供者要求使用 DHCP 来建立互联网连接(图 6-21)。

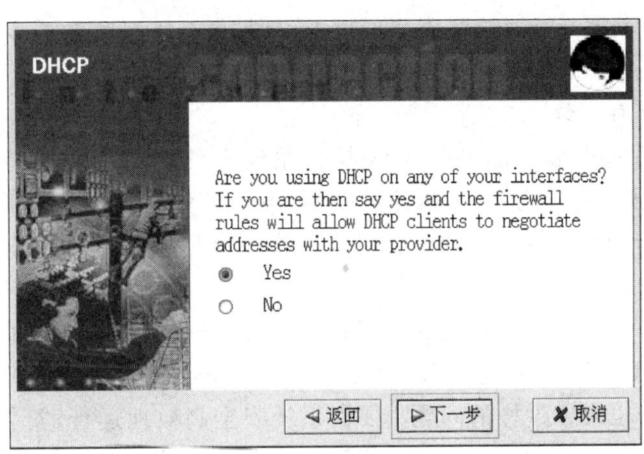

图 6-21　DHCP 设置

4. 配置服务

GNOME Lokkit 还允许启动或停止普通服务。如果在配置服务时回答了"是",就会得到有关下列服务的提示。

Web Server:如果打算让用户连接到在的系统上运行的万维网服务器(如 Apache),请选择该选项;如果只打算查看自己的系统或网络上其他服务器上的网页,则不必选择该选项。

Incoming Mail:如果系统需要接受进入的邮件,选择该选项。如果只打算使用 IMAP、

POP3 或 fetchmail 来检索电子邮件，则不必选择该选项。

Secure Shell：安全 Shell，或 SSH，是一个用来在远程机器上通过加密连接来登录和执行命令的工具套件。如果需要通过 ssh 来远程地访问的机器，选择该选项。

Telnet：Telnet 允许远程登录到的机器上，不过，它并不安全。它在网络中发送的是纯文本(包括口令)。推荐使用 SSH 在的机器上远程登录。如果需要使用 telnet 来访问的系统，选择该选项。

要禁用不需要的其他服务，使用服务配置工具。

5. 激活防火墙

单击“结束”按钮会把防火墙规则写入/etc/sysconfig/iptables 文件，并通过启动 iptables 服务来启动防火墙。

警告：如果配置了防火墙，或在/etc/sysconfig/iptables 文件中配置了防火墙规则，若选择了 Disable Firewall 选项并单击“结束”按钮来保存所作改变，这些防火墙规则就会被删除。

强烈建议从机器而不是远程 X 会话中运行 GNOME Lokkit。如果禁用了到本机的远程访问，将无法再进入系统来禁用防火墙规则。

如果不想写入防火墙规则，单击“取消”按钮。

提示：要在安装完毕后改变安全级别配置，使用安全级别配置工具。在 shell 提示下输入 redhat-config-securitylevel 命令来启动安全级别配置工具。如果不是根用户，它会提示输入根口令后再继续。

在众多的网络防火墙产品中，Linux 操作系统上的防火墙软件特点显著。它们和 Linux 一样，具有强大的功能，大多是开放软件，不仅可免费使用而且源代码公开。这些优势是其他防火墙产品不可比拟的。选用这类软件确实是最低硬件需求的可靠、高效的解决方案。

但用户最关心的还是安全系统的性能，有关部门根据网络安全调查和分析曾得出结论：网络上的安全漏洞和隐患绝大部分是因网络设置不当引起的。使用 Linux 平台上的这些优秀软件同样也存在这样的问题。要使系统安全高效地运行，安装人员和管理人员必须能够理解该软件产品的运行机制并能深入分析所采用的防火墙设置策略会不会被人利用。

本章小结

本章主要介绍了 Windows 2003、Windows XP、Windows 2000 及 RedHat Linux 的防火墙使用方法，为增加系统安全性提供了防火墙保护。防火墙存在于计算机和网络之间，用于判定网络中的远程用户有权访问计算机上的哪些资源。一个正确配置的防火墙可以极大地增加系统安全性，不需要安装任何其他软件，因为可以利用系统自带的“Internet 连接防火墙”来防范黑客的攻击。

习 题

1. 如何设置 Windows 2000 防火墙？
2. 如何设置 Windows XP 防火墙保护计算机？
3. 如何利用 Windows 2003 提供的防火墙功能为校园网服务器构筑安全防线？
4. 如何设置 RedHat Linux 防火墙？

第7章 常用著名防火墙

7.1 瑞星个人防火墙的安装与使用

在瑞星杀毒软件中除了杀毒软件外，还有瑞星个人防火墙软件。瑞星个人防火墙为计算机提供全面的保护，有效地监控任何网络连接。通过过滤不可靠的服务，防火墙可以极大地提高网络安全，同时减小主机被攻击的风险，使系统具有抵抗外来非法入侵的能力，防止计算机和数据遭到破坏。下面就来介绍一下它的安装与使用。

7.1.1 应用环境及语言支持

1. 软件环境

Windows 操作系统：Windows 95/98/Me/NT/2000/XP/2003。

2. 硬件环境

CPU：PⅢ 500 MHz 以上
内存：64MB 以上
显卡：标准 VGA，24 位真彩色
其他：光驱、软驱、鼠标

3. 语言支持

支持简体中文、繁体中文、英语和日语 4 种语言，其中英语可以在所有语言 Windows 平台上工作。瑞星个人防火墙将来还会支持更多的语言。

7.1.2 安装瑞星个人防火墙

(1) 启动计算机并进入中文 Windows(95/98/Me/NT/2000/XP/2003)系统。

(2) 有两种启动安装程序的方式。

① 从光盘安装：将瑞星杀毒软件光盘放入光驱，系统会自动显示安装界面，选择“安

装瑞星个人防火墙”选项。

② 从下载的安装包安装：运行 Rfw.exe，则开始运行瑞星安装程序。

(3) 安装程序弹出语言选择框，选择需要安装的语言版本(如图 7-1 所示)，单击“确定”按钮进入安装程序欢迎界面(如图 7-2 所示)。

图 7-1　语言选择

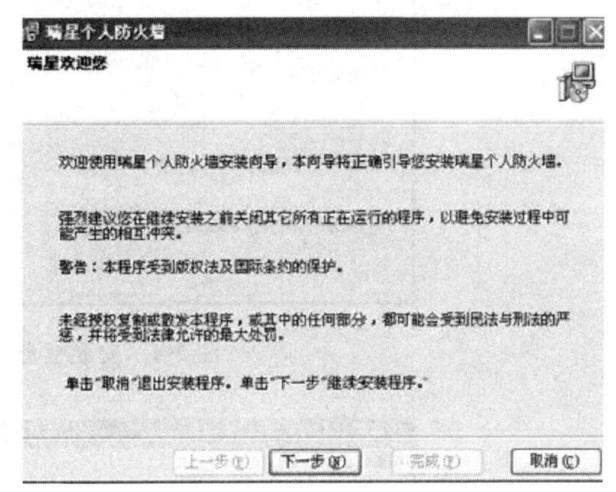

图 7-2　欢迎界面

(4) 阅读“最终用户许可协议”，选中“我接受”单选按钮，单击“下一步”按钮继续安装；如果不接受协议，选中“我不接受”单选按钮退出安装程序(如图 7-3 所示)。

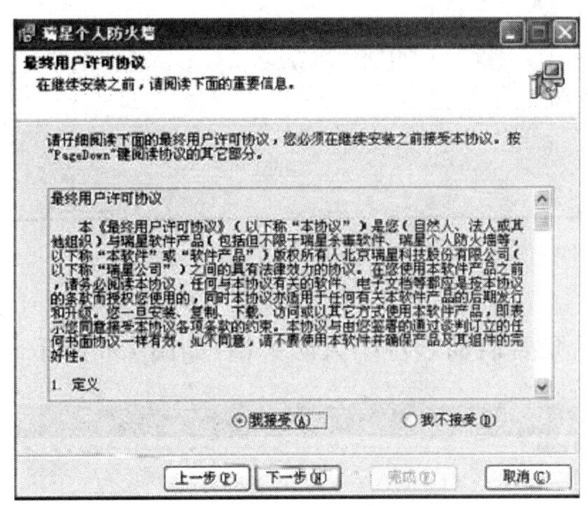

图 7-3　用户许可协议

(5) 选择安装方式，默认安装可以安装默认的目录和组件，定制安装可以选择组件并将其安装在合适的目录下。

(6) 在“安装信息”对话框中(如图 7-4 所示)，显示了安装路径和所选程序组件等信息，确认后单击“下一步”按钮开始复制文件；如果在选中了“安装之前执行内存病毒扫描”复选框，在“瑞星内存病毒扫描”对话框中程序将进行系统内存扫描。根据当前系统内存占用情况，此过程可能要占用 3～5 分钟，请等待；如果需要跳过此功能，请单击“跳过”按钮继续安装(如图 7-5 所示)。

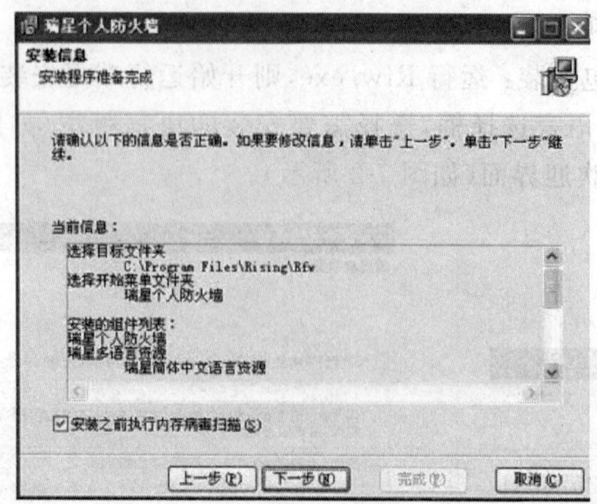

图 7-4 安装信息

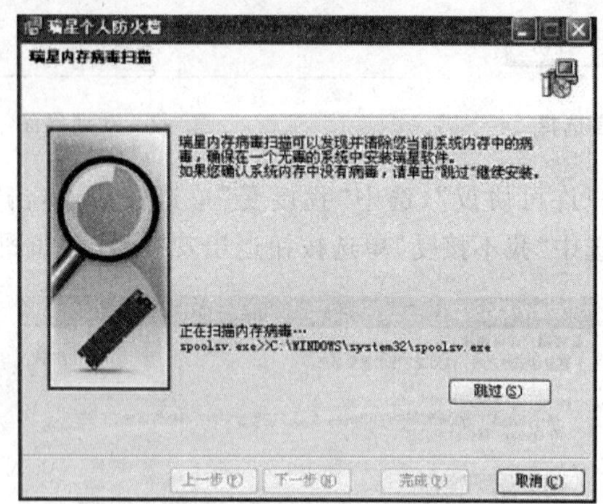

图 7-5 扫描内存

(7) 安装结束，提示是否启动瑞星个人防火墙(如图 7-6 所示)。

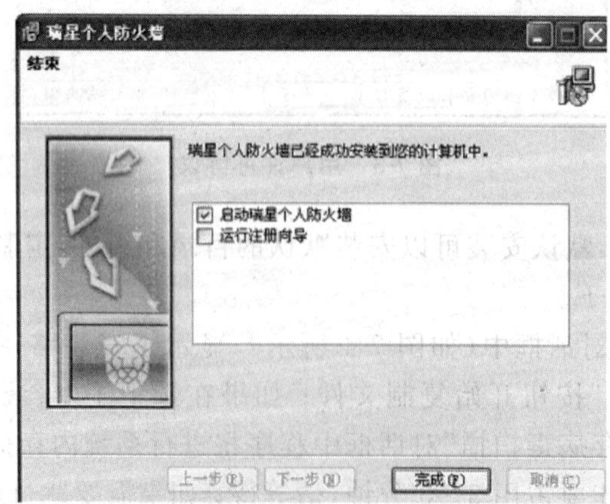

图 7-6 完成安装

7.1.3　启动瑞星个人防火墙

启动瑞星个人防火墙软件主程序有两种方法。

(1) 选择“开始”→“程序”→“瑞星个人防火墙”→“瑞星个人防火墙”命令即可启动(如图 7-7 所示)。

图 7-7　开始菜单启动瑞星个人防火墙

(2) 双击桌面上的“瑞星个人防火墙”快捷图标，即可启动。

7.1.4　界面及菜单说明

瑞星个人防火墙主界面包括“操作”、“设置”和“帮助”等选项，此外，还有方便快捷的操作按钮(如图 7-8 所示)。

图 7-8　瑞星个人防火墙主界面

菜单栏：用于进行菜单操作的窗口，包括“操作”、“设置”和“帮助”3个菜单。

设置标签：“工作状态”、“系统状态”、“启动选项”、“密码保护”、“漏洞扫描”、“安全资讯”，通过选择标签，列表将显示具体的设定记录或程序列表。

操作按钮：“停止保护”/“启动保护”、“断开网络”/“连接网络”、“智能升级”、“查看日志”。

工作状态：在此状态栏中显示了当前防火墙的状态和参数。

网络状态显示：接收、发送数据的具体数值。

1. “操作”菜单（如图7-9所示）

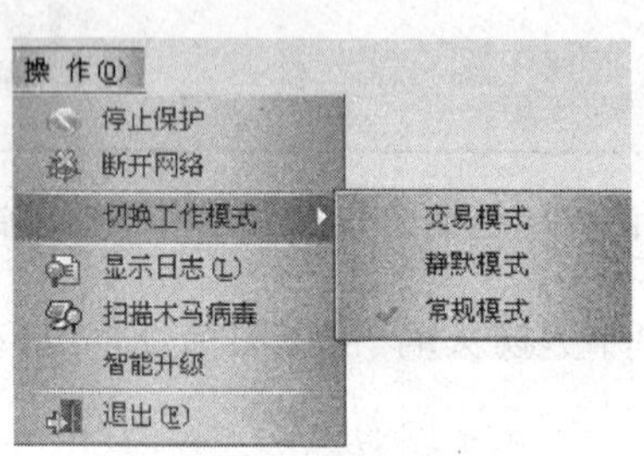

图7-9 操作菜单

(1)“停止保护”：停止防火墙的保护功能，执行此功能后，计算机将不再受瑞星防火墙的保护。功能与主界面中的“停止保护”按钮相同。防火墙已处于停止保护状态时，此项将变为“启用保护”，选择该选项将重新启用防火墙的保护功能。

(2)“断开网络”：将计算机完全与网络断开，就如同拔掉网线或是关掉Modem一样。其他人都不能访问计算机，但是也不能再访问网络。

(3)“切换工作模式”。有3种工作模式：交易模式、静默模式和常规模式，不同的工作模式用于确定访问规则中没有规定动作的程序在访问网络时如何处理，可在设置中详细设定每种模式的规则。

3种模式的默认访问规则如下。

交易模式：访问规则中没有时，默认禁止访问网络。

静默模式：访问规则中没有时，默认禁止访问网络，不作任何提示。

常规模式：访问规则中没有时，默认询问用户。

也可以在防火墙托盘图标的右键菜单中切换工作模式。

(4)“显示日志”：启动日志显示程序，功能与主界面中的“显示日志”按钮相同。

(5)“扫描木马病毒”：启动扫描木马程序。启动后将会出现正在扫描木马病毒的显示窗口，扫描后会出现扫描结果的气泡提示。

(6)“智能升级”：启动智能升级程序对防火墙进行升级更新，功能与主界面中的“智能升级”按钮相同。

(7)“退出”：退出防火墙配置程序。注意此处只是退出配置界面，并不关闭防火墙的保护功能。

2. “设置”菜单（如图 7-10 所示）

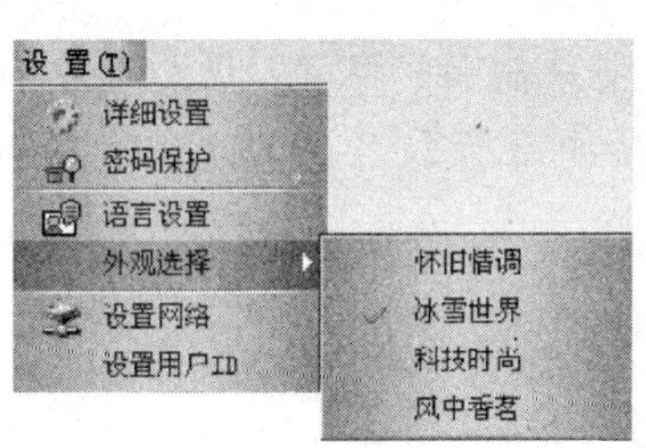

图 7-10　设置菜单

(1)“详细设置”：打开防火墙的详细设置界面，可以根据自身需要对各个项目进行详细设置。

(2)“密码保护”：扫描个人防火墙中可识别的网络游戏，若已安装将自动添加到密码保护规则中。

(3)“语言设置”：可选择中文简体、中文繁体、英文和日文 4 种界面语言，单击“确定”按钮后立即生效。

(4)“外观选择”：可以根据个人喜好，选择不同风格的界面，选定后无须关闭或重启，改动立即生效。

(5)“设置网络”：设置智能升级的网络连接信息。

(6)“设置用户 ID”：设置智能升级的用户 ID 信息。

7.1.5　操作与使用

1. 安全级别设置

打开防火墙主程序，拖动主界面右下角的安全级别滑块到对应位置，如图 7-11 所示。

图 7-11　安全级别

关于安全级别的定义及规则如下。

(1) 普通：系统在信任的网络中，除非规则禁止的，否则全部放过。

(2) 中级：系统在局域网中，默认允许共享，但是禁止一些较危险的端口。

(3) 高级：系统直接连接 Internet，除非规则放行，否则全部拦截。

2. 普通设置

打开防火墙主程序，选择“设置”→“详细设置”命令，打开“详细设置”对话框，如图 7-12 所示。

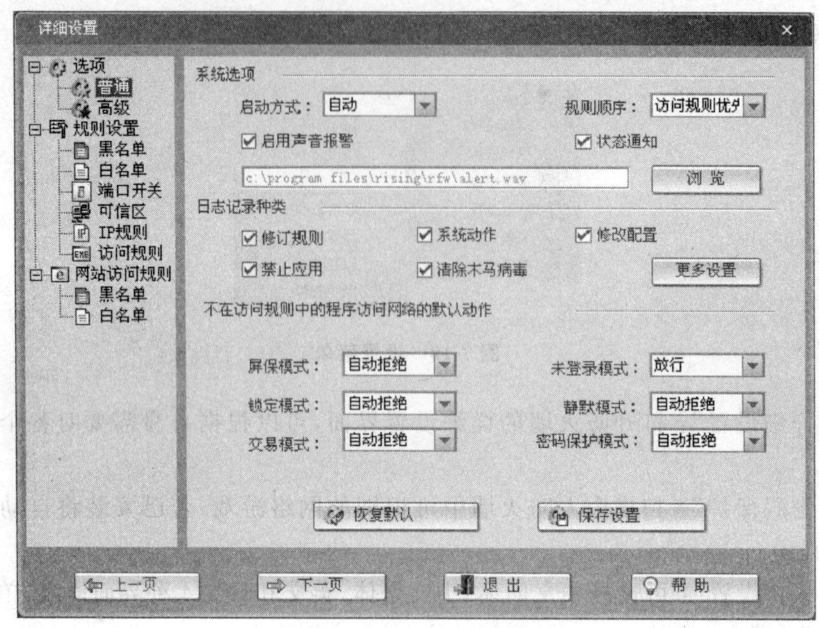

图 7-12 详细设置

1）规则顺序

可选择访问规则优先或 IP 规则优先。当访问规则和 IP 规则有冲突的时候，防火墙将依照此规则顺序执行。例如，应用规则规定 IE 程序可以访问网络，IP 规则规定不允许访问瑞星网站，如果选择应用规则优先，则可以访问瑞星网站；如果选择 IP 规则优先，由于 IP 规则不允许访问瑞星网站，即使应用规则允许 IE 访问网络，也无法访问瑞星网站。

2）日志记录种类

指定哪些类型的事件记录在日志中，分别为“清除木马病毒”、“系统动作”、“修改配置”、“禁止应用”、“修订规则”，复选框中打钩表示选中。单击“更多设置”按钮可进入日志详细选项的设置。

日志文件大小：设定日志文件大小，默认为 5MB。

每页显示记录：设定查看日志时每页显示记录数量，默认为 500。

日志文件满后自动备份：默认选中。

备份文件总大小：设定备份文件的总大小，默认为 100MB。

备份文件路径：备份文件存放的位置，单击“浏览”按钮可进行修改。

3）不在访问规则中的程序访问网络的默认动作

“不在访问规则中的程序访问网络的默认动作”选项区域中有以下 3 种默认动作。

（1）自动拒绝：不提示用户，自动拒绝应用程序对网络的访问请求。

（2）自动放行：不提示用户，自动放行应用程序对网络的访问请求。

（3）询问用户：提示用户，由用户选择是否允许放行。

6 种模式，防火墙根据不同模式、不同计算机状态执行不同规则。

(1) 屏保模式：在屏保模式下对于应用程序网络访问请求的策略，默认是自动拒绝。

(2) 锁定模式：在屏幕锁定状态下对于应用程序网络访问请求的策略，默认是自动拒绝。

(3) 密码保护模式：在进入密码保护指定的程序之后对于应用程序网络访问请求的策略，默认是自动拒绝。

(4) 交易模式：在交易模式下对于应用程序网络访问请求的策略，默认是自动拒绝。

(5) 未登录模式：在未登录模式下对于应用程序网络访问请求的策略，默认是放行。

(6) 静默模式：不与用户交互的模式。在静默模式下对于应用程序网络访问请求的策略，默认是自动拒绝。

6 种模式中屏保模式、未登录模式、锁定模式和游戏模式可根据计算机状态自动切换，其他 3 种模式为手工切换。

3. 规则设置

用于配置防火墙的过滤规则，包括以下几个方面。

黑名单：在黑名单中的计算机禁止与本机通信。

白名单：在白名单中的计算机对本地具有完全的访问权限。

端口开关：允许或禁止端口中的通信，可简单开关本机与远程的端口。

可信区：通过可信区的设置，可以把局域网和互联网区分对待。

IP 规则：在 IP 层过滤的规则。

访问规则：本机中访问网络的程序的过滤规则。

1) 端口开关

可以允许或禁止端口中的通信，可简单开关本机与远程的端口。列表中显示当前端口规则中每一项的端口、动作、协议、计算机。对应的复选框被选中的项表示生效，如图 7-13 所示。

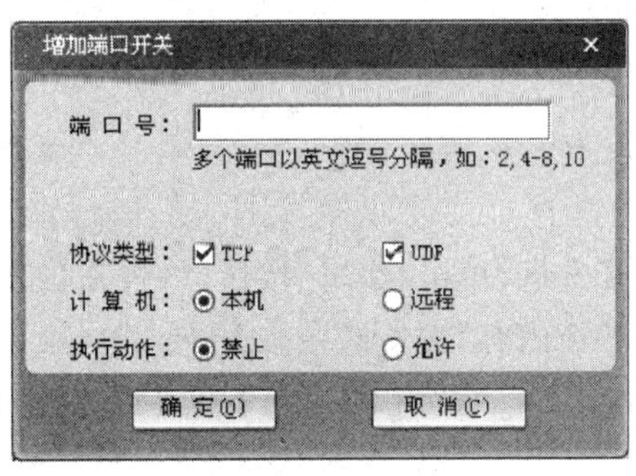

图 7-13　增加规则

(1) 增加规则：单击“增加规则”按钮或在右击弹出的快捷菜单中选择“增加规则”命令，将弹出“增加端口开关”对话框。

(2) 编辑规则：选中待修改的规则，规则加亮显示，在右击弹出的快捷菜单中选择

“编辑规则”命令，打开“编辑端口开关”对话框。修改对应项目，单击“确定”按钮完成修改，或单击“取消”按钮放弃此次修改。

(3) 删除规则：选中待删除的规则，规则加亮显示，单击“删除规则”按钮或在右击弹出的快捷菜单中选择“删除规则”命令。

2) 协议设置

(1) 协议类型：协议分 ALL、TCP、UDP、TCP OR UDP、ICMP、IGMP、ESP、AH、GRE、RDP、SKIP 共 11 种。选择不同的协议类型会影响其他的选项。

(2) 端口：分别设置对方端口与本地端口，可设置“任意端口”、“指定端口”、“端口范围”或“端口列表”。

(3) ICMP 类型：仅当协议类型为“ICMP”时可见。

指定类型：指定一种单一的过滤类型。

类型组合：指定多种类型进行组合，并控制方向。单击“编辑类型”按钮进入详细设置界面，选中要控制的类型，选中“匹配接收”、“匹配发送”复选框，单击“应用”按钮后生效，如图 7-14 所示。

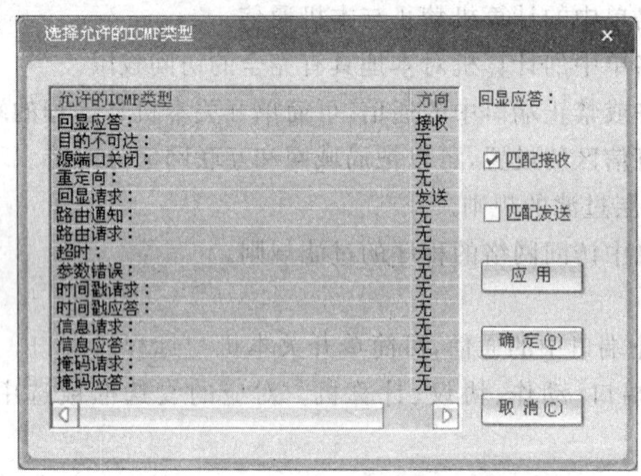

图 7-14　ICMP 类型

任意类型：设定对所有 ICMP 类型生效。

(4) 内容特征。

选中“指定内容特征”复选框，单击“编辑”按钮，将打开“编辑内容特征”对话框。

输入特征偏移量，在“特征内容”文本框中按 Insert 键，每按一次插入一个字节。

特征串最长支持 27 个字节，“特征内容”文本框中左侧显示的是 16 进制数，右侧是 ASCII 码，如图 7-15 所示。

单击“确定”按钮退出时将根据输入的特征串自动计算特征长度。

(5) TCP 标志。

仅当协议类型为 TCP 或 TCP OR UDP 时可见。

选中“指定 TCP 标志”复选框，单击“编辑”按钮，将打开“选择允许的 TCP 标记”对话框。将需要设为允许的项选中，单击“确定”按钮生效。

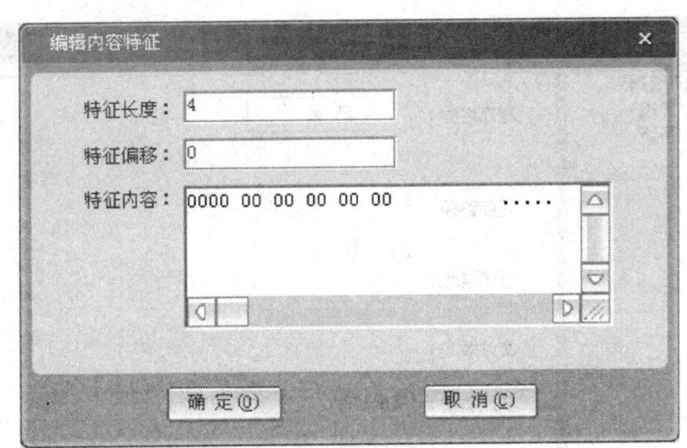

图 7-15　编辑内容特征

TCP 标志有以下几个。

- URG：紧急数据包有效。用来处理避免 TCP 数据流中断。
- ACK：确认序号有效。提示远端系统已经成功接收所有数据。
- PSH：尽快交应用层。表示请示的数据段在接收方得到后就可直接送到应用程序，而不必等到缓冲区满时才传送。
- RST：重建连接。用于复位因某种原因引起出现的错误连接，也用于拒绝非法数据和请求。
- SYN：同步发起连接。仅在建立 TCP 连接时有效，它提示 TCP 连接的服务端检查序列编号。
- FIN：完成发送任务。带有该标志位的数据包用来结束一个 TCP 会话，但对应端口还处于开放状态，准备接收后续数据。

4. 访问规则

设置本机中访问网络的程序的过滤规则。

1）增加规则

（1）单击“增加规则”按钮或在右击弹出的快捷菜单中选择“增加规则”命令，打开“添加访问规则向导”对话框，如图 7-16 所示。

（2）单击“浏览”按钮定位应用程序，对话框中自动显示名称、公司、版本信息。

（3）选择所属类别、常规模式下访问规则、是否允许发送邮件。

（4）选择是否启用防篡改保护，选中“启用防篡改保护”复选框表示在应用程序访问网络时防火墙将检查其是否已被修改过。

（5）单击“下一步”按钮或选择左侧的“高级”选项，进入高级设置对话框，设置在各种模式下此应用程序访问网络的规则，如图 7-17 所示。

（6）设置其是否允许对外提供服务。单击“完成”按钮保存并退出。

2）编辑规则

（1）选中待修改的规则，规则加亮显示，单击“编辑规则”按钮或在右击弹出的快捷菜

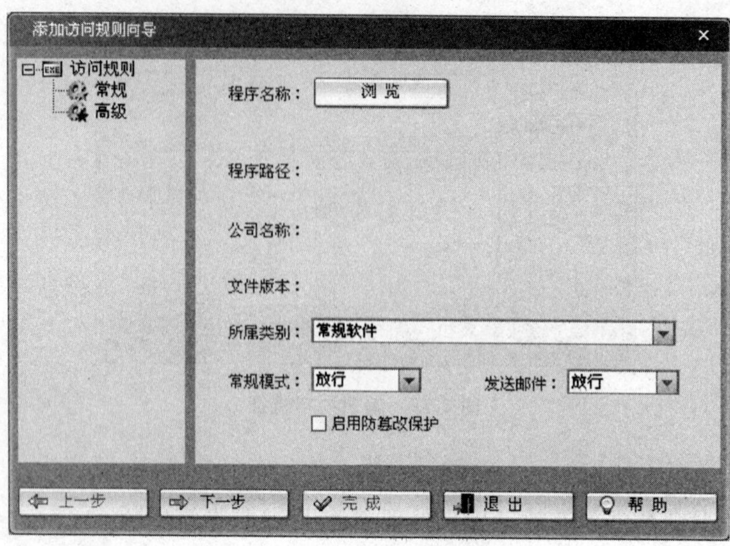

图 7-16 添加访问规则向导

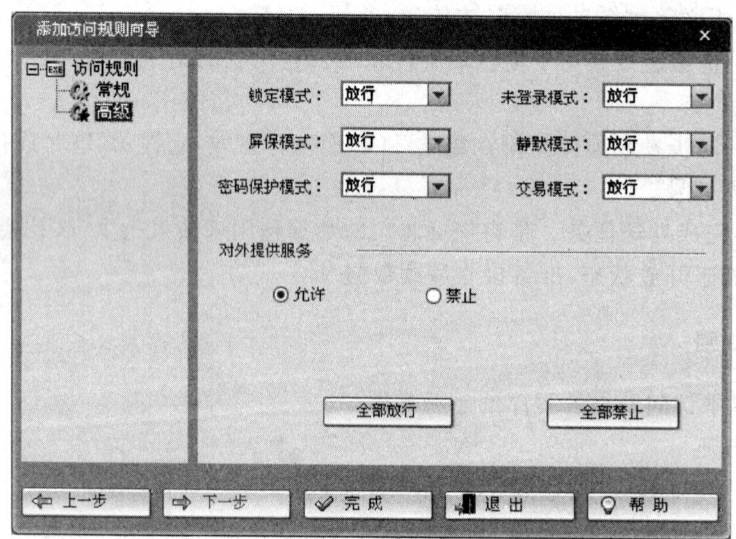

图 7-17 高级设置界面

单中选择“编辑规则”命令，打开“编辑访问规则”对话框。

(2) 修改对应项目，基本内容与“增加规则”相同。单击“完成”按钮确认修改，或单击“退出”按钮放弃此次修改。

3) 删除规则

(1) 选中待删除的规则，规则加亮显示，单击“删除规则”按钮或在右击弹出的快捷菜单中选择“删除规则”命令。

(2) 确认删除。

4）导入规则

（1）单击“导入规则”按钮，在弹出的文件选择对话框中选中规则文件（*.fwr），再单击“打开”按钮。

（2）如果列表中已有规则，导入会询问是否删除现有规则，可以单击“是”、“否”或“取消”按钮。

5）导出规则

（1）单击“导出规则”按钮，在弹出的保存对话框中填写文件名，再单击“保存”按钮。

（2）如果选择的文件已存在，导出时会询问是否覆盖。

5. ICMP 类型

本选项只适用于 ICMP，仅供高级用户使用。在规则设置界面中，选择“协议”为 ICMP，再单击“ICMP 类型”标签，打开“ICMP 类型”选项卡。

ICMP 类型有以下 15 种可供选择。

echo reply

destination unreachable

source quench

redirect

echo request

router advertisement

router solicitation

time-to-live exceeded

IP header bad

timestamp request

timestamp reply

information request

information reply

address mask request

address mask reply

单一类型：只选一种 ICMP 类型；

类型列表：可选多种 ICMP 类型，用户可添加或删除 ICMP 类型；

任何类型：包括所有列出的所有类型。

7.1.6　卸载个人防火墙

瑞星个人防火墙提供了自动卸载的功能，可以方便地卸载瑞星个人防火墙的所有文件、程序组、快捷方式和注册表项。

方法一：

启动计算机并进入中文 Windows（98/Me/NT/2000/XP/2003）；

选择“开始”→“所有程序”→“瑞星个人防火墙”→“添加删除组件”命令，选中“卸载”选项后单击“下一步”按钮。

方法二：

启动计算机并进入中文 Windows（98/Me/NT/2000/XP/2003）；

打开“控制面板”窗口，双击“添加或删除程序”图标；

在“更改或删除程序”属性页中选中“瑞星个人防火墙”选项，然后单击“更改/删除”按钮，即可自动卸载。

卸载成功后，弹出信息窗口，单击“完成”按钮即可。如果选中“删除瑞星安装的目录”复选框，则会删除防火墙的安装目录。

7.2 天网防火墙的使用

天网防火墙个人版是以一个可执行文件方式提供的，下载之后直接执行便可以开始安装了。安装完毕之后，天网防火墙会自动将其自身加入“启动”中，以后每次启动 Windows，它都会自动启动。若天网防火墙还是未注册版本，每次启动时都会弹出注册提醒。当然，天网防火墙的注册是完全免费的，需要登录到天网的网页上，填好包括用户名、密码、真实姓名、电子邮件等必要的信息之后，注册码便会在不久之后发送到电子信箱之中了。利用填写的用户名和天网提供的注册码便可以完成注册了。当然，在登录的过程中，可以顺便利用天网的在线检测功能检测一下计算机的安全情况。

1. 安装

(1) 安装天网防火墙，在安装过程中会有一个选项是“开机的时候自动启动防火墙”(必须选中该复选框)，完成后不要重启，如图 7-18 和图 7-19 所示。

(2) 破解防火墙，依次运行 CrACk 文件夹里面的 EXE 文件，路径是天网防火墙的安装路径，默认路径是 C:\Program Files\SkyNet\FireWall，如果安装时修改了安装路径，请选择修改后的安装路径，破解完成后，必须重启，如图 7-20 和图 7-21 所示。

2. 界面

天网防火墙的界面相当简洁，由 6 个选择页组成，点击不同的选择页便会有不同的内容可供选择。这 6 个选择页分别是普通设置、高级设置、安全记录、检测、关于、请注册。由于检测这项功能有 Bug 所以在这个版本中被屏蔽了，如果下载的是以前的版本，那么也建议不要使用，否则在系统漏洞修补后可能会造成系统使用不正常。除了这 6 个选择页之外，天网防火墙还提供了“停”这个快捷按钮，供用户快速断开网络。不过需要说明的

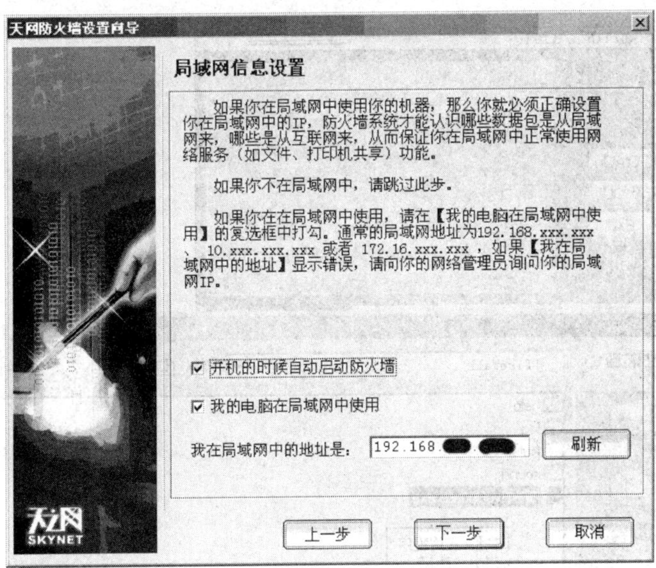

图 7-18　设置向导

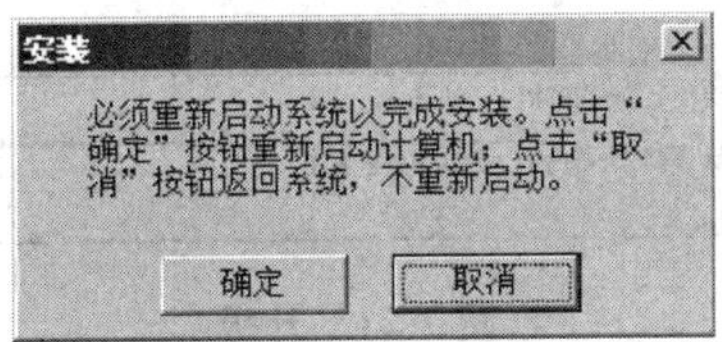

图 7-19　安装提示

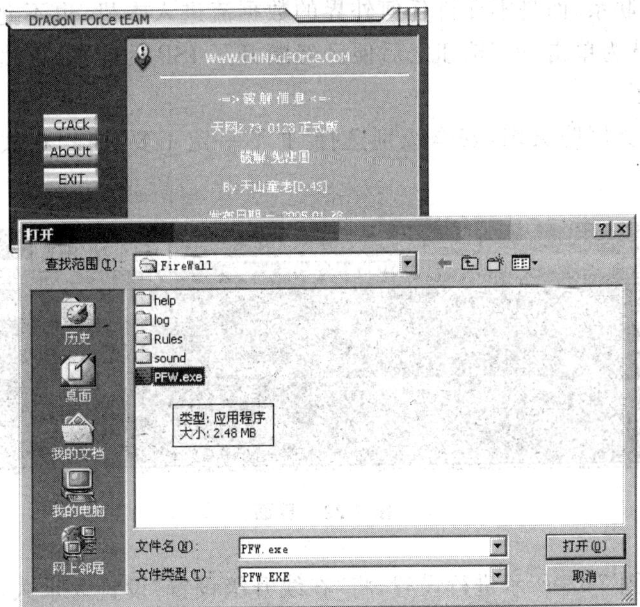

图 7-20　破解

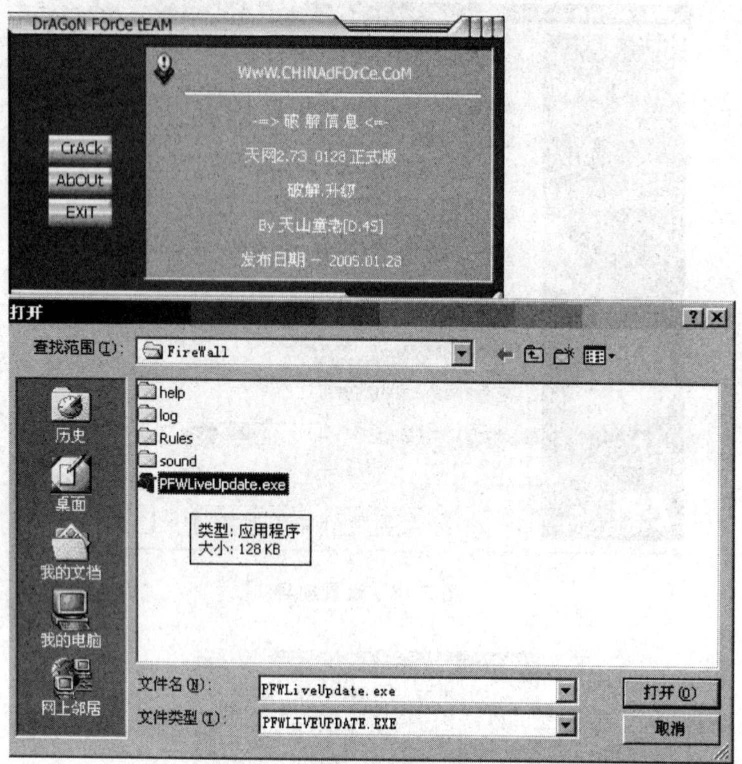

图 7-21 升级

是：这里所说的断开网络并不是拨号网络中的断开连接，也就是切断计算机和 ISP(互联网服务提供商)的联系，而是不允许任何外界的数据流进入本机，也不允许本机向外界发送数据流。不要认为单击“停”按钮之后便已经断开了 ISP 的连接，否则月底寄来的账单可就是天文数字了。

重启后，打开天网防火墙，安全级别选择“扩”，一定不要选择“在线升级”，如图 7-22 和图 7-23 所示。

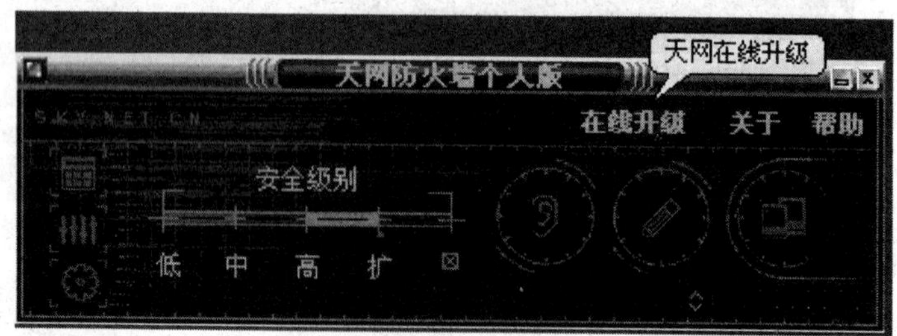

图 7-22 界面

按图 7-24 和图 7-25 所示进行设置，将“在线升级设置”设置为永久不提示，以防升级后不能使用。

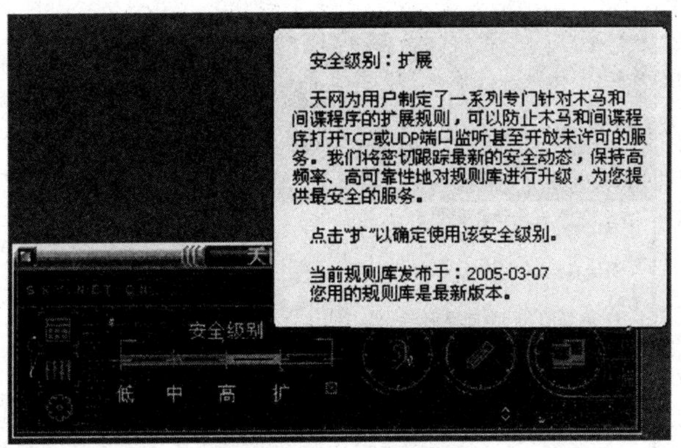

图 7-23　界面说明

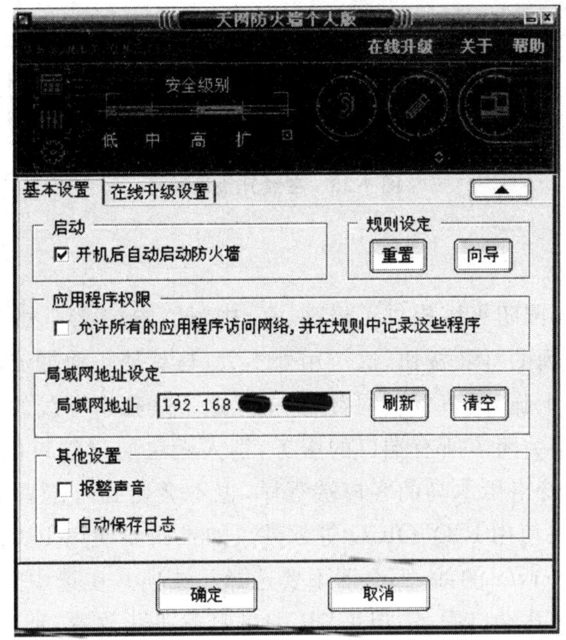

图 7-24　选中"开机后自动启动防火墙"复选框

3. 设置

天网防火墙提供了普通设置和高级设置两种。前者主要是提供给普通用户使用的，而后者则是提供给对于网络安全有着相当了解的高级用户的。究竟选择哪一种取决于对自己的定位。对于两种设置都会有比较详细的介绍，无论是哪一种设置，天网防火墙都提供局域网安全设置和互联网安全设置两种。前面的设置对于利用调制解调器拨号上网的普通用户来说意义不大，所以下面的介绍全部以互联网安全设置为准。不过好在两种设置的内容完全一致，问题也不太大。

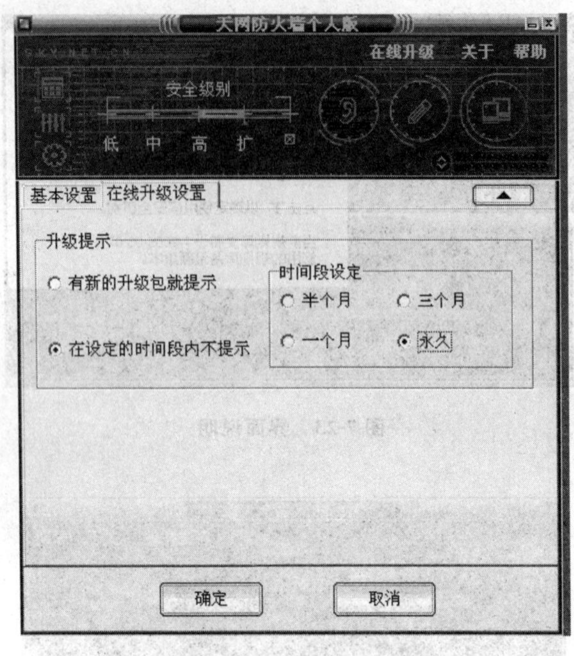

图 7-25　在线升级设置

4. 普通设置

在普通设置中，天网防火墙提供了极高、高、中、低、自定义 5 档选项。“极高”选项的含义就等同于前文讲到的“停”按钮，这个用处不大，与其禁止数据流的出入还不如直接切断与 ISP 的连接来得干脆，还节省上网费用，毕竟这不是独享专线的符号。在“高”这个选项的时候，天网防火墙关闭了所有端口的服务，别人无法通过端口的漏洞来入侵计算机，而且就算是机器中有特洛伊木马的客户端程序，也不会受到入侵者的控制。可以用浏览器访问 WWW，但无法使用 ICQ、OICQ 等软件。如果需要使用 ICQ 类服务，或者安装有 FTP Server、HTTP Server 的话，那么请不要选择此选项。在选中这个选项的时候，天网防火墙关闭了所有 TCP 端口服务，但 UDP 端口服务还开放着，别人无法通过端口的漏洞来入侵计算机。“中”这个选项阻挡了几乎所有的蓝屏攻击和信息泄露问题而且不会影响普通网络软件的使用，这个是推荐的选项。在“低”这个选项的时候，天网防火墙阻挡了某些常用的蓝屏攻击和信息泄露问题，但不能够阻挡 BO 等后门、特洛伊木马软件，不推荐使用。如果是高级用户，需要自定义配置，那么请设置为“自定义”选项，并进入高级设置。

5. 高级设置

在高级设置中，天网防火墙提供了“与网络连接”、ICMP、IGMP、“TCP 监听”、“UDP 监听”、NETBIOS 共 6 个具体选项。考虑到后 5 项涉及较复杂的网络知识，所以在这里作一下简要的介绍。

ICMP：关闭时无法进行 PING 的操作，即别人无法用 PING 的方法来确定本台计算机的存在。当有 ICMP 数据流进入机器时，除了正常情况外一般是有人利用专门软件进攻计算机，这是一种在 Internet 上比较常见的攻击方式之一。主要分为 Flood 攻击和 Nuke 攻击两类。ICMP Flood 攻击通过产生大量的 ICMP 数据流以消耗计算机的 CPU 资源和网络的有效带宽，使得计算机服务不能正常处理数据，进行正常运作；ICMP Nuke 攻击通过 Windows 的内部安全漏洞，使得连接到互联网络的计算机在遭受攻击的时候出现系统崩溃的情况，不能再正常运作，也就是常说的蓝屏炸弹。该协议对于普通用户来说，是很少使用到的，建议关掉此功能。

IGMP：和 ICMP 差不多的协议，除了可以被利用发送蓝屏炸弹外，还会被后门软件利用。当有 IGMP 数据流进入计算机时，有可能是 DDoS 的宿主向计算机发送 IGMP 控制的信息，如果计算机上有 DDoS 的 Slave 软件，这个软件在接收到这个信息后将会对指定的网站发动攻击，这个时候这台计算机就成了黑客的帮凶。

TCP 监听：关闭时，计算机上所有的 TCP 端口服务功能都将失效。这是一种对付特洛伊木马客户端程序的有效方法，因为这些程序也是一种服务程序，由于关闭了 TCP 端口的服务功能，外部几乎不可能与这些程序进行通信。而且，对于普通用户来说，在互联网上只是用于 WWW 浏览，关闭此功能不会影响用户的操作。但要注意，如果计算机要执行一些服务程序，如 FTP SERVER、HTTP SERVER 时，一定要使该功能正常，而且，如果用 ICQ 来接收文件，也一定要使该功能正常，否则，将无法收到别人的 ICQ 信息。另外，关闭了此功能后，也可以防止大部分的端口扫描。

UDP 监听：失效时，计算机上所有的 UDP 服务功能都将失效。不过好像通过 UDP 方式来进行蓝屏攻击比较少见，但有可能会被用来进行激活特洛伊木马的客户端程序。注意，如果使用了 ICQ，就不可以关闭此功能。

NETBIOS：有人在尝试使用微软网络共享服务端口（139 端口）连接到计算机，如果没有做好安全措施，可能在用户不知道和并没有允许的情况下，计算机里的私人文件就会在网络上被任何人在任何地方进行打开、修改或删除等操作。将 NETBIOS 设置为失效时，机器上所有共享服务功能都将关闭，别人在资源管理器中将看不到共享资源。注意：如果在失效前，别人已经打开了计算机的资源，那么他仍然可以访问那些资源，直到他断开了这次连接。建议在局域网中打开该功能，在互联网中关闭该功能。

6. 安全记录

当运行了防火墙并且想检测一下它的效果的话，便可以查看一下天网防火墙的安全记录。在安全记录中，天网防火墙会提供它发现的所有进入数据流的来源 IP 地址、使用的协议、端口、针对数据进行的操作、时间等基本信息。如果需要更为详尽的解释，可以双击相应的记录，天网防火墙会利用浏览器调用天网网站上的相应信息。从中可以获得大量的互联网络安全信息。在试用过程中，短短半个小时里，天网便截获了十几条进攻的数据流，绝大多数都是特洛伊木马类的进攻，可见网络的危险。

7.3　透过防火墙日志看系统安全

防火墙日志可以说是一盘大杂烩，其中会保存系统收到的各种不安全信息的时间、类型等。通过分析这些日志，可以发现曾经发生过或正在进行的系统入侵行为。

防火墙日志并不复杂，但要看懂它还是需要了解一些基础概念(如端口、协议等)。尽管每种防火墙日志都不一样，但在记录方式上大同小异，主要包括：时间、允许或拦截(Accept 或 Block)、通信类型、源 IP 地址、源端口、目标地址和目标端口等。以天网防火墙日志为例，了解如何分析防火墙日志，进而找出系统漏洞和可能存在的攻击行为。

天网防火墙会把所有不合规则的数据包拦截并记录到日志中，如果选择了监视所有 TCP 和 UDP 数据包，那么发送和接收的每个数据包都将被记录。

1. Ping 测试

(1) 按默认安装，A 机器安装了防火墙，B 机器没有安装，这时 A Ping B 成功，但 B Ping A 显示为："Time out"，且 A 的日志中有 4 个数据包探测信息(注：若规则修改后一定要保存，单击"磁盘"按钮)。

(2) 修改相关 IP 规则，使 B 机器 Ping A 机器显示允许记录。

(3) 查看日志(如图 7-26 和图 7-27 所示)。

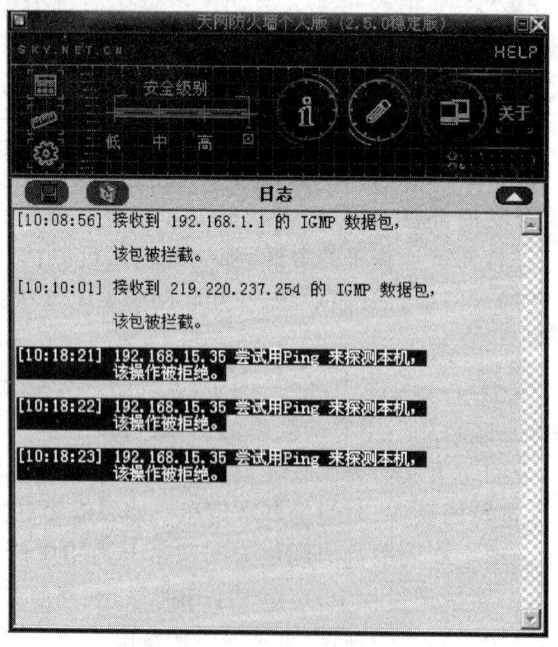

图 7-26　A 机安装防火墙

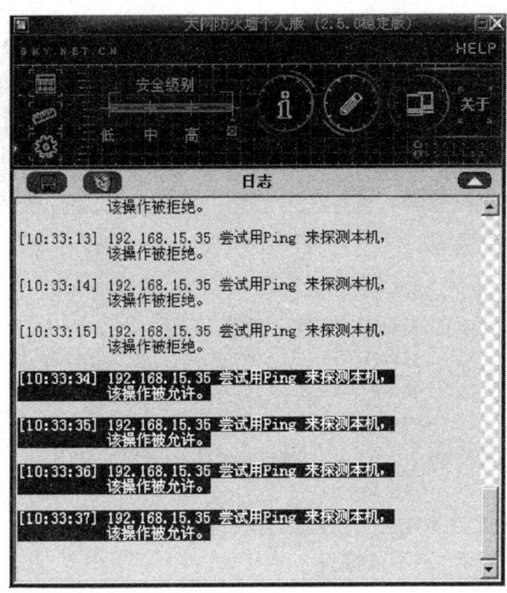

图 7-27　A 机修改 IP 规则后

2. 资源共享

(1) 禁止 B 机器共享 A 机器资源并记录(注：机器要重新启动才可能成功)。

(2) 将相关 IP 规则设置“拦截”改“通行”再测试。此时日志中有“139”端口操作被允许。若是 IP 则找不到，若是机器名则能够找到。

(3) 查看日志(如图 7-28 和图 7-29 所示)。

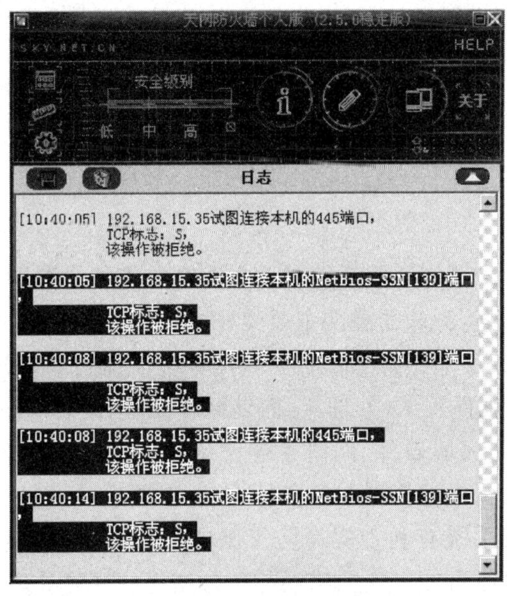

图 7-28　拒绝访问

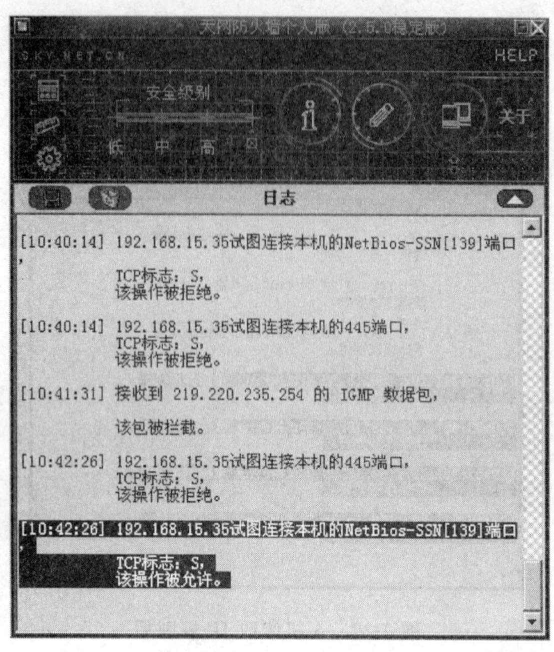

图 7-29　允许

3. 将安全级别设置"低"、"中"、"高"、"自定义"时，IP 与资源共享访问的区别

低：B 机能够 Ping 通 A 机，B 机能够访问 A 机资源共享；

中：B 机不能 Ping 通 A 机，B 机能够访问 A 机资源共享；

高：B 机不能 Ping 通 A 机，B 机不能访问 A 机资源共享；

自定义：按 IP 规则设置，用户可以根据自己的需要调整自己的安全级别，方便实用。

7.4　测试防火墙系统

这次测试的目的是为了知道防火墙是否按照想象中的意图来工作的。在此之前必须制订一个完整的测试计划，测试的意图主要集中在路由、包过滤、日志记录与警报的性能上，测试当防火墙系统处于非正常工作状态时的恢复防御方案，设计初步测试组件，其中比较重要的测试包括：硬件测试（处理器、内外储存器、网络接口等）、操作系统软件（引导部分、控制台访问等）、防火墙软件、网络互连设备（CABLES、交换机、集线器等）、防火墙配置软件、路由型规则、包过滤规则与关联日志、警报选项。

测试与校验防火墙系统有利于提高防火墙的工作效率，使其发挥令人满意的效果。必须了解每个系统组件有可能出现的错误与各种错误的恢复处理技术。一旦在规划下有防火墙系统出现非工作状态，这就需要去及时进行恢复处理了。

造成防火墙系统出现突破口的最常见原因就是防火墙配置问题。要知道,需要在所有的测试项目之前作一个全面的针对配置的测试(例如路由功能、包过滤、日志处理能力等)。

1. 建立一个测试计划

需要再作一个计划,让系统本身去测试防火墙系统与策略的执行情况,然后测试系统的执行情况。

(1) 建立一个所有可替代的系统组件的列表,用来记录一些会导致防火墙系统出错的敏感故障。

(2) 为每一个组件建立一个简短的特征说明列表,用语言阐述其对防火墙系统运作的影响。不必理会这些影响对防火墙系统的损害类型与程度和其可能发生的系数高低。

(3) 为每一个关联的故障类型设计一个特定的情况或某个指标去模拟它,设计一个缓冲方案去削弱它对系统的冲击性破坏。

例如,一个测试的特定情况是运行防火墙软件的主机系统出现不可替换的硬件问题时,且这个硬件将会影响到信息通信的枢纽问题,如网络适配器损坏,模仿这类型的故障可以简单地拔出该网络接口。

至于防御、恢复策略的例子可以是做好一整套的后备防火墙系统。当信息包出现延误等问题时在最短的时间内将机器替换。

测试一个策略在系统中的运作情况是很困难的。要用尽方法去测试 IP 包过滤设置是不可行的,这样可能出现很多种情况。最好使用分界测试(分部测试)来取代总体测试。在这些测试上,必须确定实施的包过滤规则与每个分块之间的分界线,这样需要做到以下几点。

(1) 为每个规则定义一个边界规则。

通常,每个规则的必要参数都会有一个或两个边界点。在这个区域里将会被划分为一个多面型的包特征区。通常划分的特征包括通信协议、源地址、目标地址、源端口、目标端口等。基本上,每种包特征都可以独立地去配对包过滤规则在区域里所定义的数值尺度。例如,其中一个规则允许 TCP 包从任何主机发送到该 Web 服务器的 80 端口,这个例子使用了 3 个配对特征(协议、目标地址、目标端口)。在这个实例中也将一个特征区划分成 3 个区域:TCP 包到 Web 服务器低于 80 端口、等于 80 端口、大于 80 端口。

(2) 必须为每一个已经设置好的区域作一些信息交换的测试。

(3) 确认这些特定的区域能否正常地通过与拒绝所有的信息交换。做一个单独的区域,在区域中拒绝或者通过所有的信息交换。这样做的目的是划分包特征通信的区域问题。

作为一个综合性的规则群,它可以是一种比较单一的处理机制,并且有可能是没有被应用过的。若是没有被应用过的规则群,这要求一群人去反复审核它们的存在性并要求有人能够说出每一个规则所需要实施的意义。整个测试计划包括案例测试、配置测试与期待目标。

测试路由配置、包过滤规则(包括特殊服务的测试)、日志功能与警报。

测试防火墙系统整体性能(例如硬/软件故障恢复、足够的日志存储容量、日志档案的容错性、监视追踪器的性能问题)。

尝试在正常或不正常这两种情况下进行的测试。

同样也需要记录在测试中打算使用的工具(扫描器、监测器、漏洞/攻击探测工具),并且相应地测试一下它们的性能。

2. 获取测试工具

逐步使用各种防火墙测试工具能够知道这些防火墙产品在各类性能指标上是否存在着不足,各种类型的防火墙测试工具包括以下几个。

(1) 网络通信包生成器,如 SPAK(Send Packets)、Ipsend、Ballista;

(2) 网络监视器,如 TcpDump 与 Network Monitor;

(3) 端口扫描器,如 Strobe 与 Nmap;

(4) 漏洞探测器(可以扫描到一定的有效范围、能针对多种漏洞的);

(5) 入侵测试系统(Intrusion Detection System,IDS),如 NFR(Network Flight Recorder)与 Shadow。

1) 在测试环境中测试防火墙系统的功能

建立一个测试框架以便防火墙系统能在两台独立的主机之中连通,这两端一端代表外网一端代表内网。

在测试时要确保内网的默认网关为防火墙系统(当然这里指的是企业级带路由的防火墙),如果已经选择好一个完整的日志记录体系,工作在内网主机与日志记录主机之间的话,那么就可以进行日志记录选项测试了。如果日志记录在防火墙机器上完成的话,可以直接使用内网机器连上去。

把安装有扫描器与嗅探器的机器安置在拓扑的内部与外部,用于分析与捕捉双向的通信问题与通信情况(数据从内到外、从外到内)。

测试执行的步骤如下。

(1) 停止包过滤。

(2) 注入各类包用于演示路由规则并通过防火墙系统。

(3) 通过防火墙的日志与扫描器的结果来判断包的路由是否准确。

(4) 打开包过滤。

(5) 接入网间通信,为各种协议、所有端口、有可能使用的源地址与目标地址的网间通信摄取样本记录。

(6) 确认应该被堵塞(拒绝)的包被堵塞了。例如,如果所有的 UDP 包被设置为被堵塞,要确认没有一个 UDP 包通过,还要确认被设置为通过或脱离(允许)的包被通过和脱离了。可以通过防火墙的日志与扫描器的分析来得到这些实验的结果。

(7) 扫描那些被防火墙允许与拒绝的端口,查看防火墙系统是否与设置时预期的一样。

(8) 检查一下包过滤规则中日志选项参数，测试一下日志功能是否在所有网络通信中都能像预期一样工作。

(9) 测试在所有网络通信中出现预定警报时是否有特定的目的者(如防火墙系统管理员)与特殊的行动(页面显示与 E-mail 通知)。

上述的步骤需要至少两个人一步步计划与实施：最初由某一个人负责整个工程的实施，包括路由配置、过滤规则、日志选项、警报选项，而另外单独一个人负责工程的复检工作、鉴定每个部分的工作程序、商订网络的拓扑与安全策略的实施是否恰当。

2) 在实施环境中测试防火墙系统的功能

在这个步骤中必须把环境从单层次的体系结构演变为多层次的体系结构。

这个步骤也同样需要设定一个联合有一个或几个私网与公网的网络拓扑环境。在公网主要是定义向内网进行如 WWW(HTTP)、FTP、E-mail(SMTP)、DNS 这样的请求的应答，有时也会向内网提供诸如 SNMP、文件访问、登录等服务。在公网里主机也可以被描述为 DMZ(非军事区)，在内网里则被定义为内网各用户的工作站。

测试执行的步骤如下。

(1) 把防火墙系统连接到内外网的拓扑之中。

(2) 设置内外网主机的路由配置，使其能通过防火墙系统进行通信。这一步的选择是建立在一个 service-by-service 的基础上，例如，一台在公网的 Web 服务器有可能要去访问某台在私网的某台主机上的一个文件。围绕着这类型的服务还有 Web、文件访问、DNS 等。

(3) 测试防火墙系统能否记录"进入"或者"外出"的网络通信。可以使用扫描器与网络嗅探器来确认这一点。

(4) 确认应该被堵塞(拒绝)的包被堵塞了。比方说，如果所有的 UDP 包被设置为被堵塞，要确认没有一个 UDP 包通过，还要确认被设置为通过或脱离(允许)的包被通过和脱离了。可以通过防火墙的日志与扫描器的分析来得到这些实验的结果。

(5) 仔细地扫描网络内的所有主机(包括防火墙系统)。检查扫描的包是否被堵塞，从而确认不能从中得到任何数据信息。尝试使用特定的"认证端口"(如使用 FTP 的 20 端口)发送包去扫描各端口的存活情况，看看这样能不能脱离防火墙的规则限制。

(6) 可以把入侵测试系统安装在这个虚拟网络环境或现实网络环境中，帮助了解与测试这个包过滤规则能否保护该系统与网络对抗现有的攻击行为。要做到这样将需要在基本的规划上运行这一类的工具并定期分析结果。当然，可以将这一步的测试工作推迟到完全地配置好整个新的防火墙系统之后。

(7) 检查包过滤规则中日志选项参数，测试一下日志功能是否在所有网络通信中都能像预期一样工作。

(8) 测试在所有网络通信中出现预定警报时，是否有特定的目的者(如防火墙系统管理员)与特殊的行动(页面显示与 E-mail 通知)。

最后，应该先把新的防火墙系统安装在内网中，并配置通过，然后再接上外网接口。为了降低最后阶段测试所带来的风险，管理员可以在内网中连上少量的机器(主管理机器群与防火墙系统)，当测试通过后才逐步增加内网的机器数目。

3. 选定与测试日志文件的内容特征

当日志文件出现存放空间不足时，需要设置防火墙系统自行反应策略。下面有几种相关的选择。

(1) 防火墙系统关闭所有相关的外网连接。

(2) 继续工作，新日志复写入原最旧的日志空间中。

(3) 继续工作，但不作任何日志记录。

第一个选择是最安全但又不允许使用在防火墙系统上的。可以尝试模拟防火墙系统在日志空间被全部占用时的运行状态，看看能否达到所选择的预期效果。

选择与测试适当的日志内容选项，这些选项包括以下几个。

(1) 日志文件的路径(例如防火墙本地或远程机器的储存器)

(2) 日志文件的存档时间段

(3) 日志文件的清除时间段

测试防火墙系统：每一个相关联的故障都应该写入测试报告(看整个测试过程的第一步)，尝试执行与模拟所有有可能发生的特定情况，并测试相应的舒缓策略与评估其影响的破坏指数。

4. 扫描缺陷

使用一系列的缺陷(漏洞等)探测工具扫描防火墙系统，查看能否探测出存在着已经被发现的缺陷类型。若探测工具探测出有此类缺陷的补丁存在，请安装并重新进行扫描操作，这样可以确认缺陷已被消除。

5. 设计初步的渗透测试环境

在正常工作的情况下，选定一个特定的测试情况集来进行渗透测试。这些需要参考的情况包括出入数据包是否已经被路由、过滤、记录了，且在此基础上确保一些特殊服务(WWW、E-mail、FTP 等)也能在预期中进行此类处理。

一旦需要新的防火墙系统加入到正常的工作环境，可以在改变网络现状前选择使用一系列的测试来检验该改变是否会为正常的工作带来什么负面影响。

6. 准备把系统投入使用

在完成整个防火墙系统的测试之前，必须建立与记录一套“密码”通信机制或其他的安全基准手段，以便可以与防火墙系统进行安全的交流与管理。

在完成测试过程时必须做一个配置选项列表的备份。

7. 准备进行监测任务

监控网络的综合指数、吞吐量以及防火墙系统是确保已经正确地配置安全策略并且这些安全策略在正常执行的唯一途径。

确保该安全策略、程序、工具等资源处于必要的位置以便能很好地监控该网络与机器群，包括防火墙系统。

注意事项：组织或团队作防火墙系统、防火墙网络等安全测试行为应该注意以下几点。

(1) 测试的防火墙系统必须在能监控的环境下进行。

(2) 防火墙系统在每次出现配置或结构更改时应该重新进行渗透测试。

(3) 定期升级渗透测试组件用于测试防火墙系统的配置状况。

(4) 定期升级与维护保护区中的各种应用程序、操作系统、常用组件与硬件。

(5) 监控所有网络与系统，包括防火墙系统，这是非常有必要的。

本章小结

本章介绍了瑞星个人防火墙软件，瑞星个人防火墙为计算机提供了全面的保护，可以有效地监控任何网络连接。通过过滤不安全的服务，防火墙可以极大地提高网络安全，同时减小主机被攻击的风险，使系统具有抵抗外来非法入侵的能力，防止计算机和数据遭到破坏。还介绍了天网防火墙个人版，可以利用天网的在线检测功能检测一下计算机的安全情况。

习　　题

1. 瑞星个人防火墙软件主要有哪些基本功能？如何操作？
2. 怎样过滤不安全的服务，提高瑞星防火墙的网络安全性？
3. 请简述天网防火墙个人版安装步骤。
4. 如何利用天网防火墙在线检测功能检测计算机的安全情况？

第 8 章 ISA 著名路由级网络防火墙

Microsoft Internet Security and Acceleration (ISA) Server 2006 引入了多网络支持、易于使用且高度集成的虚拟专用网络配置、扩展的和可扩展的用户和身份验证模型，以及经过改善的管理功能。使用 ISA 服务器的多网络功能可以限制客户端(甚至自己组织内部的客户端)之间的通信，从而防止网络受到内部和外来的安全威胁。可以定义在 ISA 服务器中定义的各个网络之间的关系，从而确定各个网络中的计算机如何通过 ISA 服务器相互通信。还可以将计算机组织成 ISA 服务器网络对象(如计算机集和地址范围)，并针对各个网络对象配置相应的访问策略。

8.1 ISA 著名路由级网络防火墙的基本概念

以前，内部网络的概念是指公司中的所有计算机。外部网络是指公司以外的所有计算机，通常可通过 Internet 访问。如今的网络观点还包含使用移动计算机访问公司网络的用户，从而使用户实际上成为了不同网络的一部分。分支办公室连接到总部，并希望和网络的组成部分一样使用总部的资源。许多公司使其公司网络中的服务器(尤其是 Web 服务器)可接受公开访问，但希望将这些服务器组织成一个单独的网络。ISA 服务器的多网络功能使用户可以为这些更复杂的网络方案提供保护。多网络支持影响到大部分 ISA 服务器防火墙功能。

在常见的发布方案中，可能要将发布的服务器隔离在其自己的网络(如外围网络)中。ISA 服务器的多网络功能支持这样的方案，以便用户可以配置公司网络中的客户端如何访问外围网络，以及 Internet 上的客户端如何访问外围网络。可以配置各个不同网络之间的关系，从而在各个网络之间定义不同的访问策略。ISA 服务器中的网络模板和网络模板向导使得配置外围网络拓扑变得更容易。

图 8-1 所示为多网络方案。

在图 8-1 中，ISA 服务器计算机连接 Internet(外部网络)、公司网络(内部网络)和外围网络。ISA 服务器计算机上有 3 个网络适配器，每个网络适配器都连接其中的一个网络。通过使用 ISA 服务器，可以在任何网络对之间配置不同的访问策略。可以确定各个网络中的计算机是否可以相互通信，如果是，将采用什么方式。每个网络都与其他网络隔

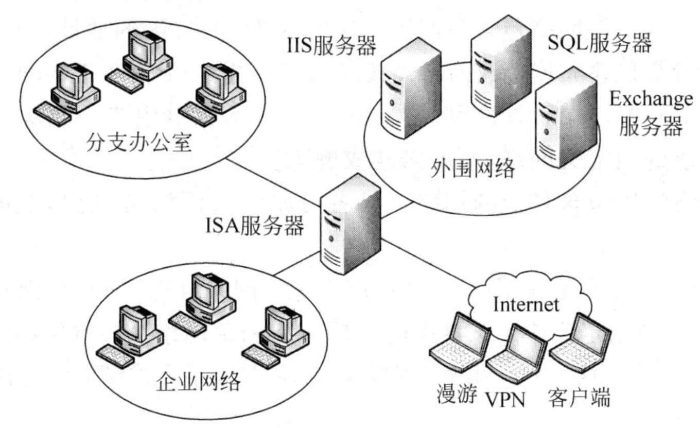

图 8-1 多网络方案

离开来,并且只有配置了允许通信的规则时才是可访问的。

为了实施多网络方案,ISA 服务器引入了下列概念。

- 网络。从 ISA 服务器的角度看,网络是可以包含一个或多个 IP 地址范围或域的规则元素。网络包含一台或多台计算机,并且始终对应于 ISA 服务器计算机上的特定网络适配器。可以对一个或多个网络应用规则。
- 网络对象。创建网络后,可以将其组织成网络对象集(子网、地址范围、计算机集、URL 集或域名集)。规则可以应用于网络或网络对象。
- 网络规则。可以配置网络规则,以定义并描述网络拓扑。网络规则确定了两个网络之间是否存在连接,以及将允许哪一类连接。可以通过下列方式之一连接网络:网络地址转换(Network Address Translation,NAT)或路由。

1. 网络和网络对象

网络包含一台或多台计算机,并通常对应于一个物理网络(通过 IP 地址范围来定义)。网络对象是定义的任何计算机组,如单一的网络、由两个或多个网络组成的网络集,或者要为其创建单独的访问规则的计算机集。可以将规则应用于一个或多个网络或网络对象,或者应用于除指定的网络或网络对象中的地址以外的所有地址。计算机上的每个网络适配器都可以对应于一个网络。可以确定特定网络上支持的 ISA 服务器客户端类型:SecureNAT 客户端、防火墙客户端或 Web 代理。

ISA 服务器预配置了下列网络。

(1) 外部。该网络包含未与其他任何内部网络关联的所有计算机(IP 地址)。默认外部网络不能删除。

(2) 内部。安装后,该网络中包含与 ISA 服务器计算机上的内部网络地址卡关联的所有计算机(IP 地址)。

(3) 本地主机。此网络代表 ISA 服务器计算机。不能修改或删除本地主机网络。

(4) 被隔离的 VPN 客户端。该网络包含尚未被批准访问公司网络的 VPN 客户端的地址。通常,该网络中的计算机被授予有限的公司网络访问权限。

(5) VPN 客户端。该网络包含当前已连接的 VPN 客户端的地址。它会在 VPN 客户端与 ISA 服务器计算机建立连接或断开连接时动态更新。VPN 客户端网络不能删除。

本地主机、VPN 客户端和外部网络是内置网络,不能由用户来删除或创建。内部网络是在安装时创建的预定义网络,不能修改或删除。

可以配置网络集以包含特定的网络。或者可以定义网络集,使其不包含(即排除)特定的网络。

以下规则可以应用于网络、网络集或网络对象：网络规则、访问规则和发布规则。

对于访问规则,应指定要应用该规则的目标网络和源网络。源网络指出允许或拒绝哪些网络访问指定的目标网络。对于服务器发布规则,应指定被允许访问特定计算机的源网络。

2. 网络规则

网络规则定义并描述网络拓扑。网络规则确定两个网络之间是否存在连接,以及定义了哪一类连接。可以通过下列方式之一连接网络。

(1) 网络地址转换 (NAT)。当指定这种类型的连接时,ISA 服务器将用它自己的 IP 地址替换源网络中的客户端的 IP 地址。当定义内部网络与外部网络之间的关系时,可以使用 NAT 网络规则。

(2) 路由。当指定这种类型的连接时,来自源网络的客户端请求将被直接转发到目标网络。源客户端地址包含在请求中。当发布位于外围网络中的服务器时,可以使用路由网络规则。

路由网络关系是双向的。如果定义了从网络 A 到网络 B 的路由关系,那么从网络 B 到网络 A 也存在着路由关系。相反,NAT 关系则是唯一的和单向的。如果定义了从网络 A 到网络 B 的 NAT 关系,则不能定义从 B 到 A 的网络关系。可以创建定义双向关系的网络规则,但是 ISA 服务器将忽略有序规则列表中的第二条网络规则。

安装时,会创建下列默认规则。

(1) 本地主机访问。此规则定义了在本地主机网络与其他所有网络之间存在的路由关系。

(2) VPN 客户端到内部网络。此规则指定在两个 VPN 客户端网络("VPN 客户端"和"被隔离的 VPN 客户端")与内部网络之间存在着路由关系。

(3) Internet 访问。此规则定义了在内部网络与外部网络之间存在的 NAT 关系。

网络规则是针对每个网络依次处理的。

8.2 安装 ISA Server 2006 防火墙

1. 系统及网络需求

CPU：至少 773MHz,最多支持 4 个 CPU。

内存：至少 256MB，推荐使用 512MB 或更高。

硬盘空间：具有 150MB 可用硬盘空间的 NTFS 格式本地分区；Web 缓存内容将需要更多的空间。

操作系统：Windows Server 2003 或 Windows 2000 Server 操作系统。但是如果在运行 Windows 2000 Server 的计算机上安装 ISA Server 2006 服务器，那么必须达到以下要求。

(1) 必须安装 Windows 2000 Service Pack4 或更高版本；

(2) 必须安装 Internet Explorer6 或更高版本。

网络拓扑结构如图 8-2 所示。

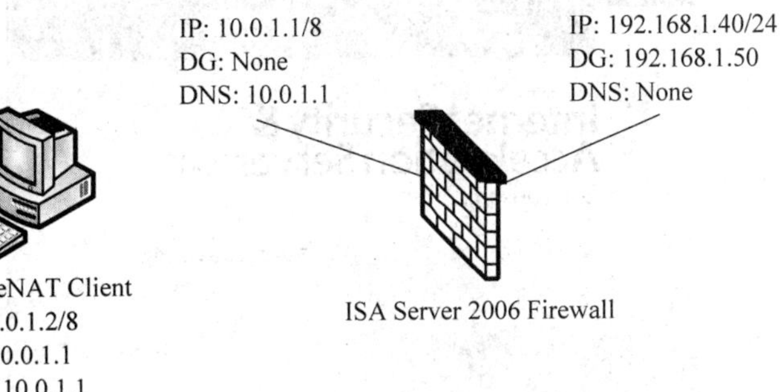

图 8-2 网络拓扑结构

2. 安装前准备工作

(1) 确认安装 DNS 服务器。

(2) 确认安装 DHCP 服务器。

(3) 采用 NTFS 文件系统格式的本地硬盘。

(4) 为连接到 ISA 服务器计算机的每个网络单独准备一个网络适配器。

(5) 设定相关的 IP 地址。

(6) 关闭所有的防火墙。

如果使用的是 Windows 2000 SP4 整合安装，还要求打 KB821887 补丁("为 Windows 2000 授权管理器运行库配置审核时，安全日志中未记录授权角色的事件")。

网络适配器：必须为连接到 ISA Server 2006 服务器的每个网络单独准备一个网络适配器，至少需要一个网络适配器。但是在单网络适配器计算机上安装的 ISA Server 2006 服务器通常是为发布的服务器提供一层额外的应用程序筛选保护或者缓存来自 Internet 的内容使用。

DNS 服务器：ISA Server 2006 服务器不具备转发 DNS 请求的功能，必须使用额外的 DNS 服务器。或者在内部网络中建立一个 DNS 服务器，或者使用外网(Internet)的 DNS 服务器。

网络：在安装 ISA Server 2006 服务器以前，应保证内部网络正常工作，ISA 服务器可以成功 Ping 通所有网络，这样可以避免一些未知的问题。

3. 安装过程

要安装 ISA 服务器软件，请执行下列操作。

（1）将 ISA Server 2006 企业版 CD 放到光驱内，以便自动启动安装程序，或是自行执行 CD 内的 ISAAutorun. Exe 程序，如图 8-3 所示。

图 8-3 Microsoft ISA Server 2006 安装程序

（2）在 Microsoft ISA Server 2006 安装程序中，选择“安装 ISA Server 2006”选项。

（3）在安装程序显示提示消息，指出已确定了系统配置后，在“欢迎”页上，单击“下一步”按钮，如图 8-4 所示。

图 8-4 安装 ISA 服务器欢迎对话框

(4) 如果您接受最终用户许可协议中所陈述的条款和条件，请选中"我接受许可协议中的条款"单选按钮，然后单击"下一步"按钮，如图 8-5 所示。

图 8-5　我接受许可协议中的条款

(5) 输入详细的客户信息，然后单击"下一步"按钮。

(6) 在"安装方案"对话框中，请选中"同时安装 ISA Server 服务和配置存储服务器"单选按钮，然后单击"下一步"按钮，如图 8-6 所示。弹出"组件选择"对话框，如图 8-7 所示。

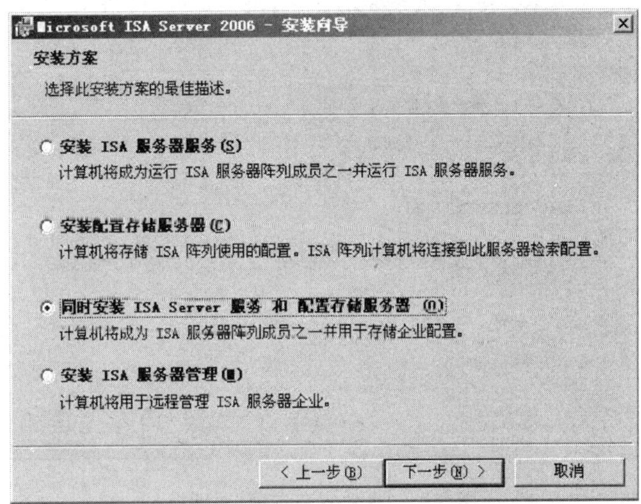

图 8-6　安装方案

有以下 4 个组件可以安装。

① ISA 服务器。组成 ISA 服务器的服务，控制访问以及网络之间的通信。

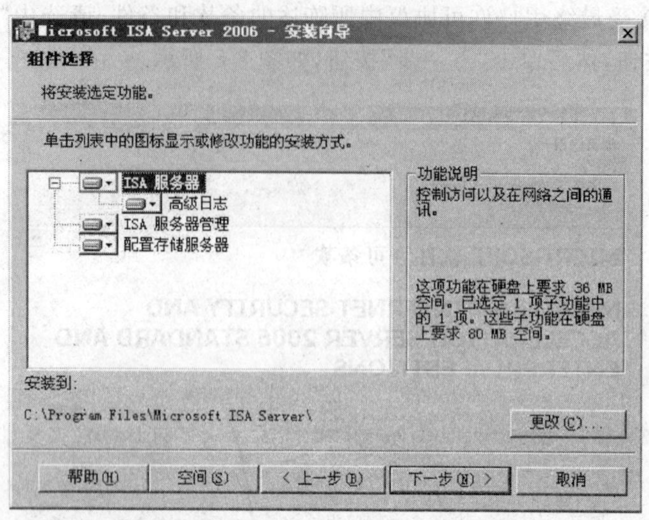

图 8-7 安装向导

② 高级日志。用来查看并筛选历史日志数据。

③ ISA 服务器管理。ISA 服务器管理用户界面。

④ 配置存储服务器。又称为 CSS 服务器,为 ISA 服务器阵列存储企业配置。

(7) 在“组件选择”对话框中,单击“下一步”按钮。在弹出的“企业安装选项”对话框中,选中“创建新 ISA 服务器企业”单选按钮,单击“下一步”按钮,如图 8-8 所示。

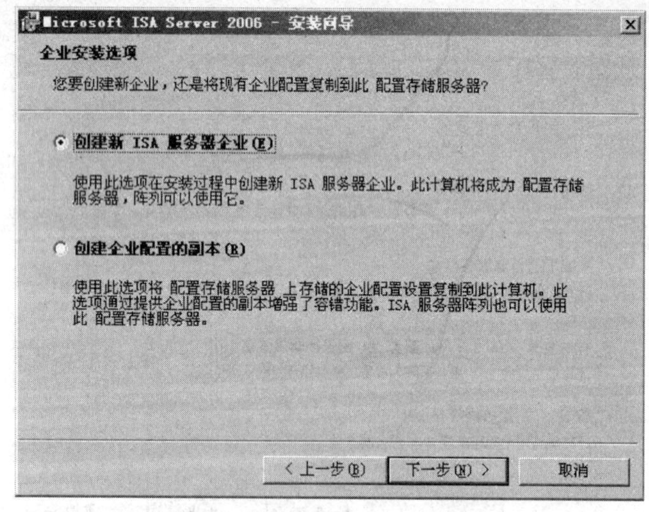

图 8-8 “企业安装选项”对话框

(8) 在“新建企业警告”对话框中,单击“下一步”按钮。

(9) 配置内部网络。完成下列步骤。

① 单击“添加”按钮。

② 单击“添加范围”按钮。

③ 在“IP 地址范围属性”对话框中，输入内网地址的范围，在“起始地址”文本框中输入 10.0.1.1，在“结束地址”文本框中输入 10.0.1.254，如图 8-9 所示。

④ 单击两次“确定”按钮，然后单击“下一步”按钮。

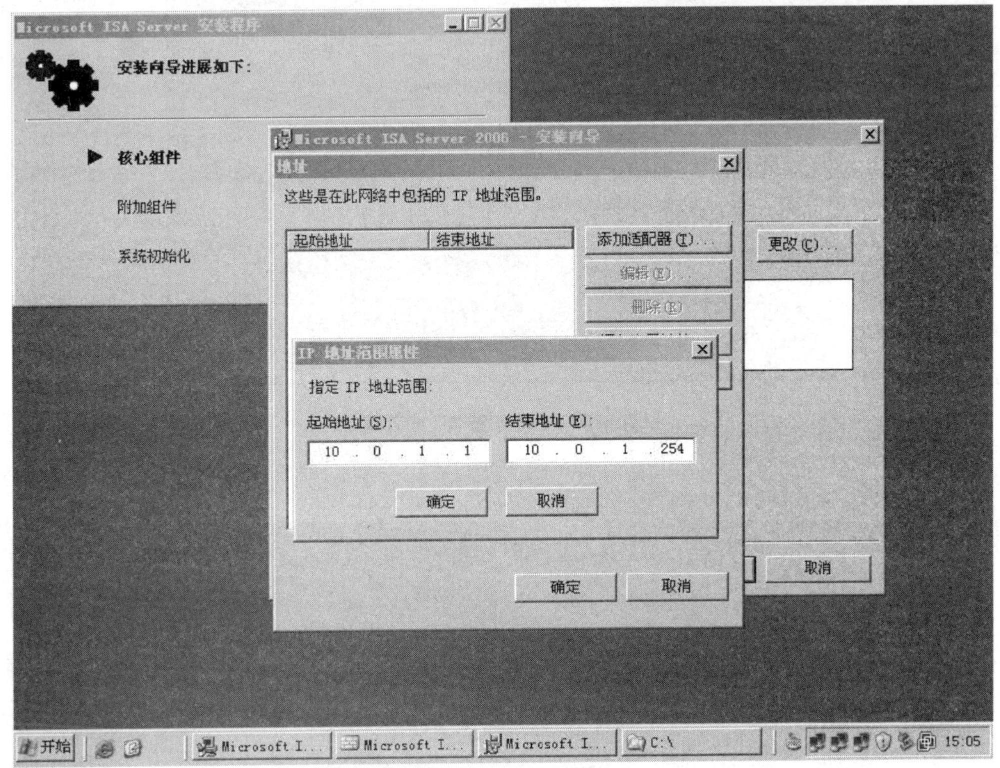

图 8-9 安装向导添加地址范围

(10) 在“防火墙客户端连接设置”对话框中，选择是否在防火墙客户端与 ISA 服务器计算机之间允许非加密的连接。ISA Server 2006 防火墙客户端软件使用加密，但旧版本不使用加密。此外，有些版本的 Windows 不支持加密。可以选择下列选项。

① 允许没有加密的防火墙客户端连接。允许运行在不支持加密的 Windows 版本上的防火墙客户端连接到 ISA 服务器计算机。

② 允许防火墙客户端运行早期版本的防火墙客户端软件连接到 ISA 服务器。只有在选择了第一个选项的情况下此选项才可用。

(11) 在“服务警告”对话框中，检查在 ISA 服务器的安装过程中将被停止或禁用的服务列表。要继续安装，请单击“下一步”按钮，如图 8-10 所示。

(12) 单击“安装”按钮，如图 8-11 所示。

(13) 如果希望在安装完成后立即调用 ISA 服务器管理，那么请选中“在向导关闭时运行 ISA 服务器管理”复选框，然后单击“完成”按钮，如图 8-12 所示。

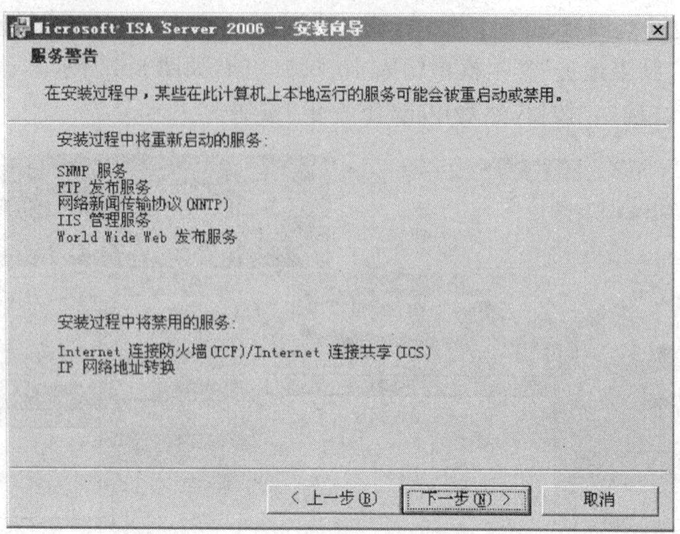

图 8-10 “服务警告”对话框

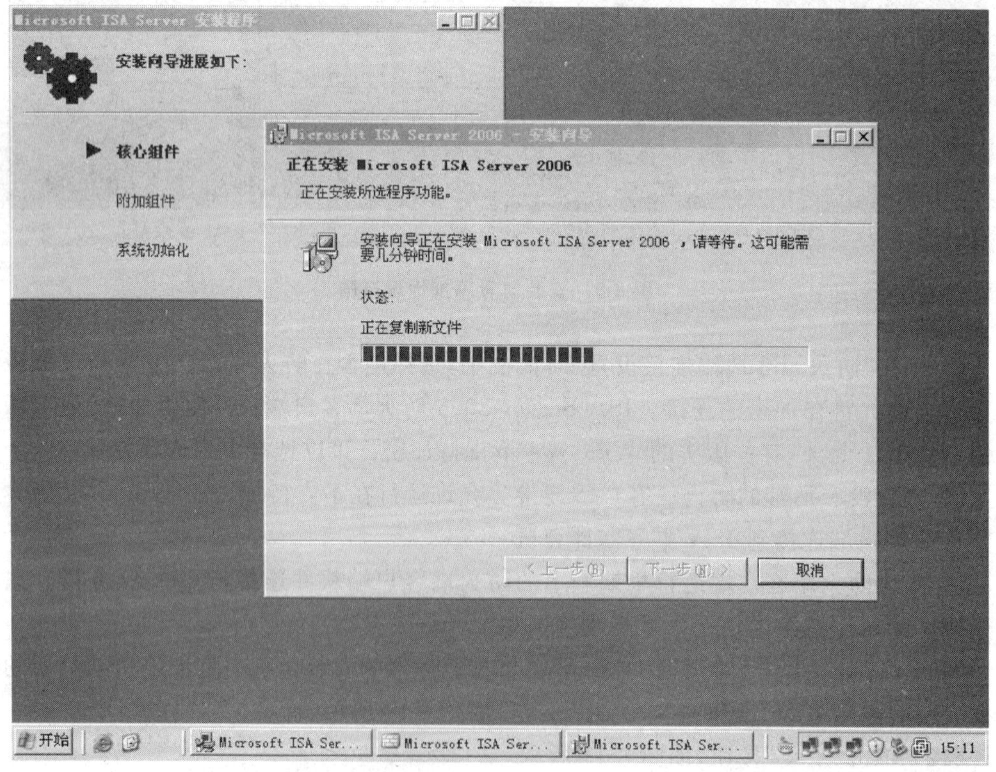

图 8-11 安装向导复制文件

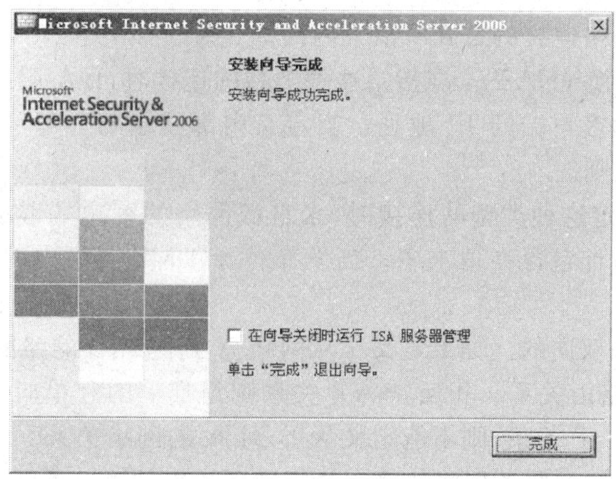

图 8-12　安装向导完成

8.3　ISA 防火墙的安全配置与管理

8.3.1　配置内部网络

在 ISA Server 2006 中，防火墙策略是网络规则、访问规则和服务器发布规则三者的结合。网络规则定义了不同网络间如何访问，而访问规则定义了用户(内、外网)的访问，服务器发布规则则定义了如何让用户访问服务器，如图 8-13 所示。

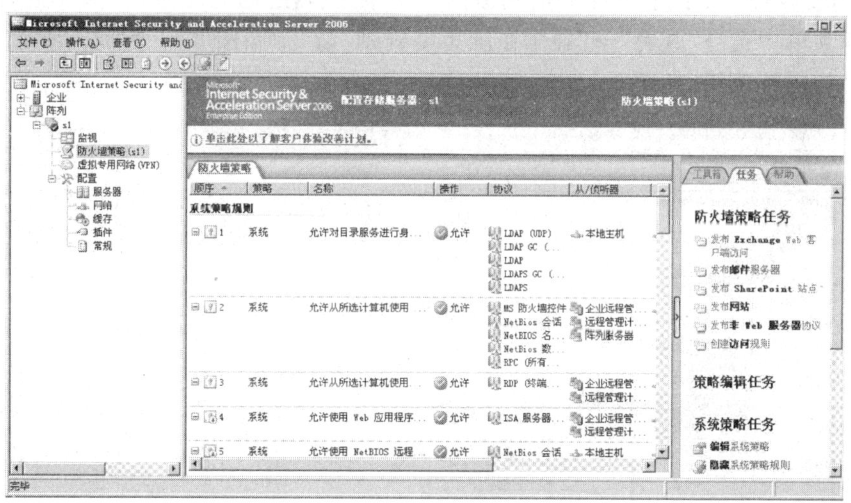

图 8-13　系统策略规则

1. 网络规则

网络规则定义并描述网络拓扑。网络规则确定两个网络之间是否存在连接，以及定义如何进行连接。网络连接的方式有以下两种。

(1) 网络地址转换(NAT):当指定这种类型的连接时,ISA 服务器将用它自己的 IP 地址替换源网络中的客户端的 IP 地址。当定义内部网络与外部网络之间的关系时,可以使用 NAT 网络规则。

(2) 路由:当指定这种类型的连接时,来自源网络的客户端请求将被直接转发到目标网络。源客户端地址包含在请求中。当发布位于 DMZ 网络中的服务器时,可以使用路由网络规则。

路由网络关系是双向的。如果定义了从网络 A 到网络 B 的路由关系,那么从网络 B 到网络 A 也存在着路由关系。相反,NAT 关系则是唯一的和单向的。如果定义了从网络 A 到网络 B 的 NAT 关系,则不能定义从 B 到 A 的网络关系。可以创建定义双向关系的网络规则,但是 ISA 服务器将忽略有序规则列表中的第二条网络规则。

安装时,会创建下列默认规则。

(1) 本地主机访问。此规则定义了在本地主机网络与其他所有网络之间存在的路由关系。

(2) VPN 客户端到内部网络。此规则指定在两个 VPN 客户端网络("VPN 客户端"和"被隔离的 VPN 客户端")与内部网络之间存在着路由关系。

(3) Internet 访问。此规则定义了在内部网络与外部网络之间存在的 NAT 关系。

2. 访问规则

1) 防火墙系统策略

在安装 ISA Server 2006 服务器时,会创建默认的系统策略。系统策略允许 ISA Server 2006 服务器访问它连接到的网络的特定服务。在"防火墙策略"选项上右击,在弹出的快捷菜单中选择"查看"→"显示系统策略规则"命令,如图 8-14 所示。或者单击工具栏最右边的图标按钮,如图 8-15 所示。

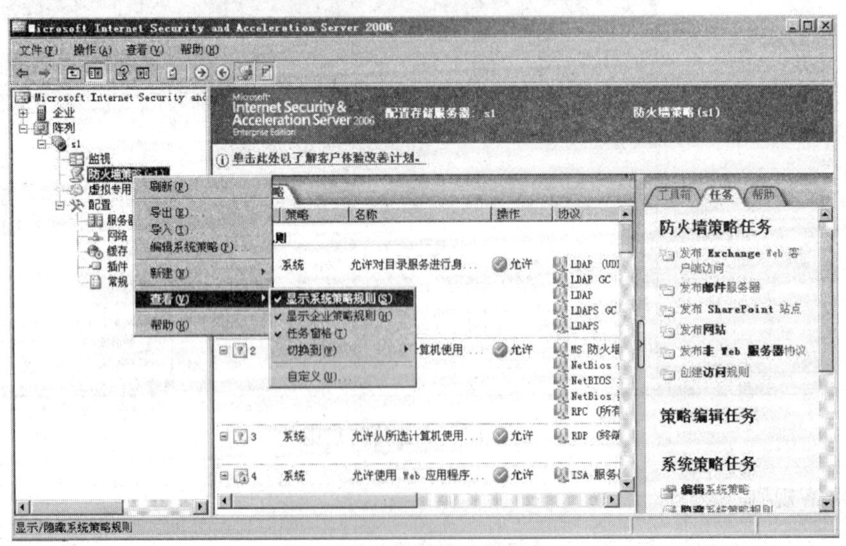

图 8-14 显示系统策略规则

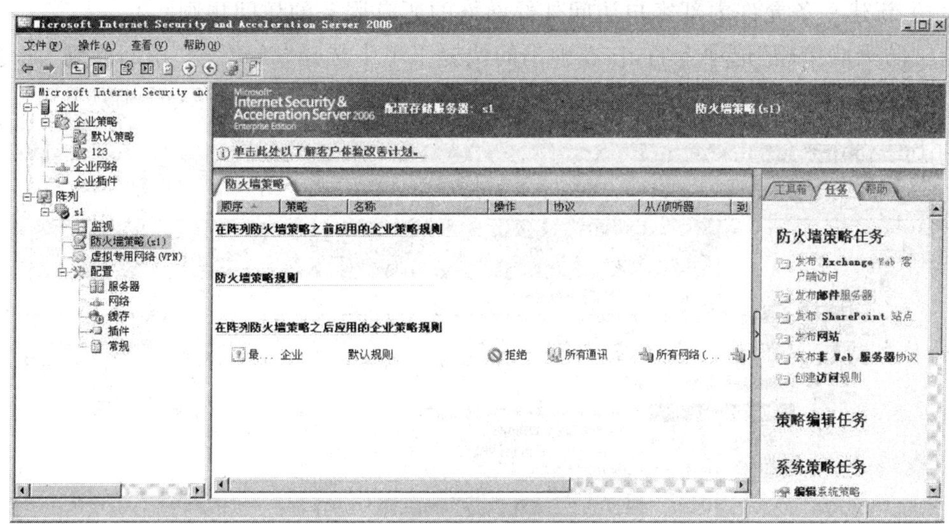

图 8-15 防火墙策略任务

右边出现了系统策略，如图 8-16 所示，标注的地方表明，ISA Server 2006 服务器可以向任何网络发起 DNS 请求。

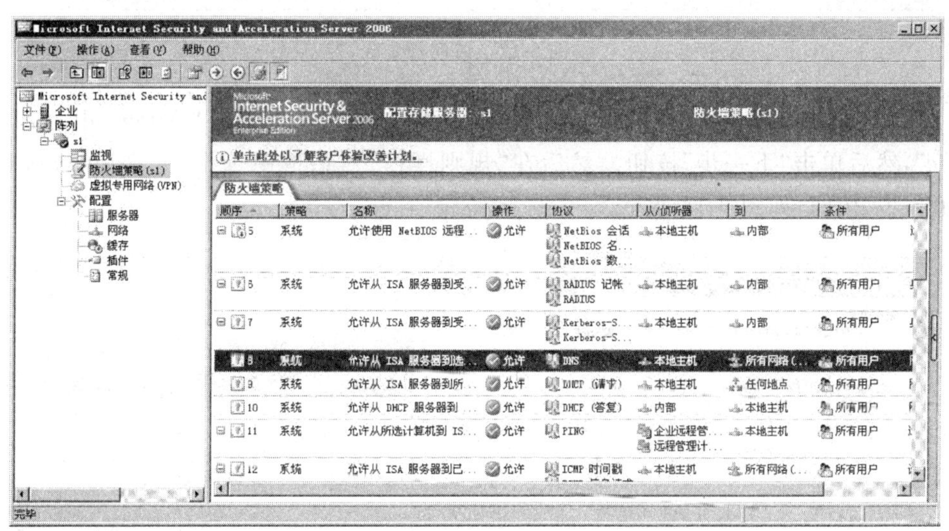

图 8-16 服务器可以向任何网络发起 DNS 请求

注意：系统策略在安装 ISA 服务器时默认部分策略是启用的，部分策略是未启用的，建议根据自己的需求来禁用不需要的系统策略类别，启用需要的系统策略类别。

2) 访问策略

现在需要建立一条访问策略以允许内部网络客户访问外部网络(Internet)，同时，因为内部网络客户需要访问 ISA Server 2006 服务器上的 DNS 服务器以解析域名，也需要建立一条策略以允许内部网络客户访问 ISA Server 2006 服务器的 DNS 服务。

(1) 新建一条允许内部客户访问外部网络的所有服务的访问规则。

在“防火墙策略”选项上右击,在弹出的快捷菜单中选择“新建”→“访问规则”命令,如图 8-17 所示。

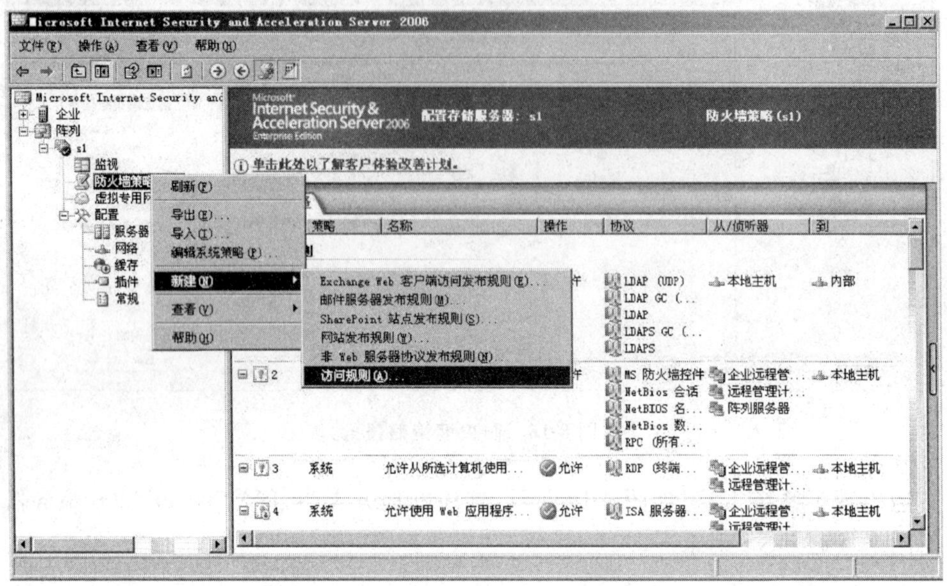

图 8-17 访问规则

在“新建访问规则向导”的访问规则名称文本框中,输入“Allow all outbound traffic”,然后单击“下一步”按钮。然后在“规则操作”对话框中选中“允许”单选按钮,单击“下一步”按钮,如图 8-18 所示。

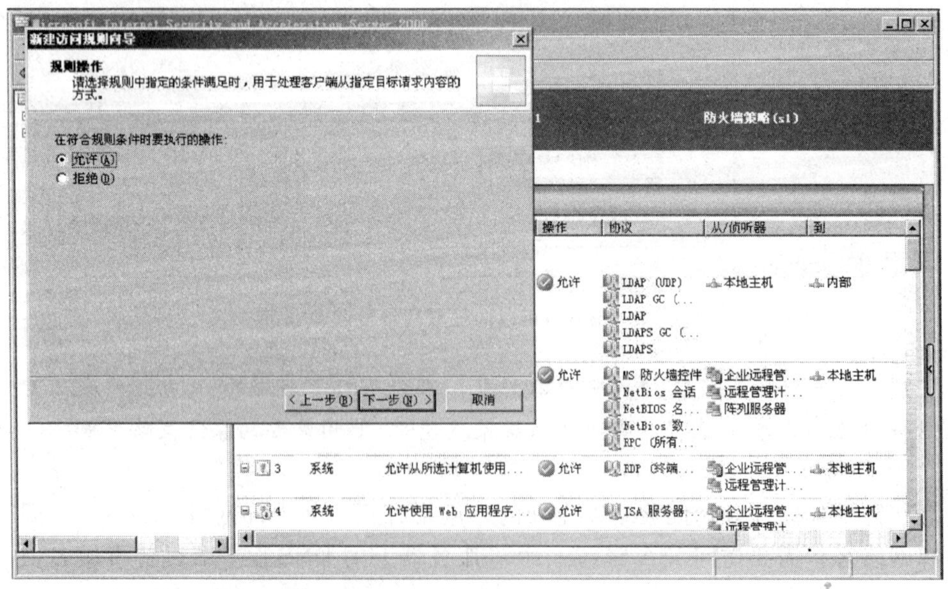

图 8-18 访问规则允许

在“协议”对话框中的“此规则应用到”下拉列表框中选择“所有出站通讯”选项，单击“下一步”按钮，如图 8-19 所示。

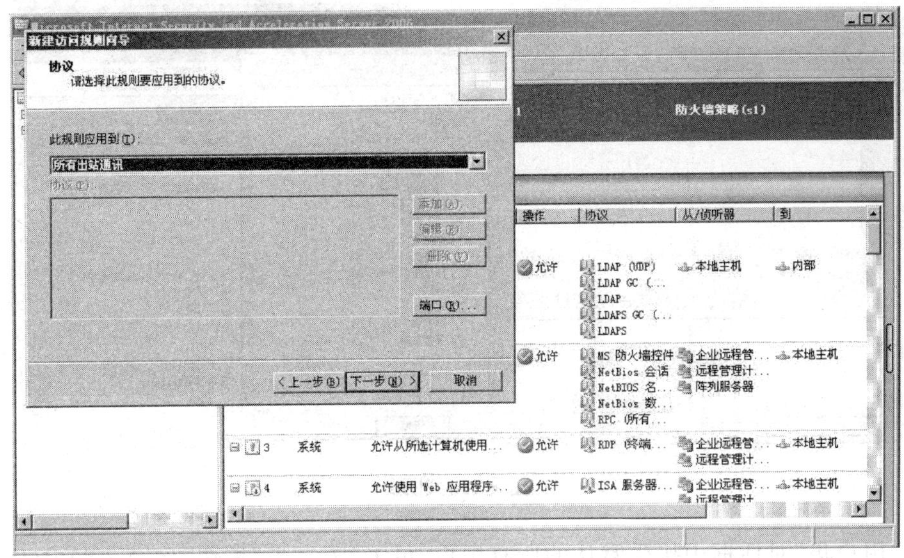

图 8-19　所有出站通讯

在“访问规则源”对话框中单击“添加”按钮，在弹出的“添加网络实体”对话框中双击“内部”选项，然后单击“关闭”按钮，单击“下一步”按钮，如图 8-20 所示。

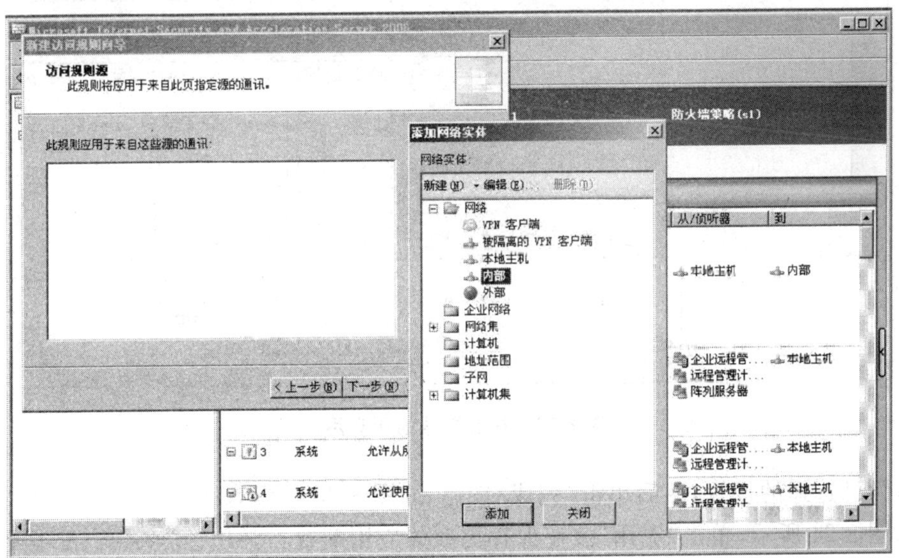

图 8-20　内部

在“访问规则目标”对话框中单击“添加”按钮，在弹出的“添加网络实体”对话框中双击“外部”选项，然后单击“关闭”按钮，单击“下一步”按钮，如图 8-21 所示。

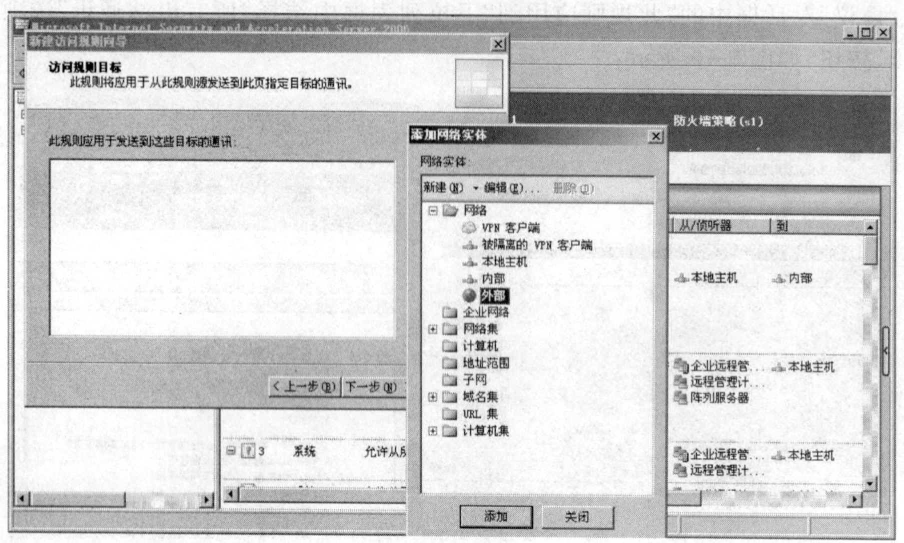

图 8-21 外部

在“用户集”对话框中接受默认的所有用户，单击“下一步”按钮，如图 8-22 所示。

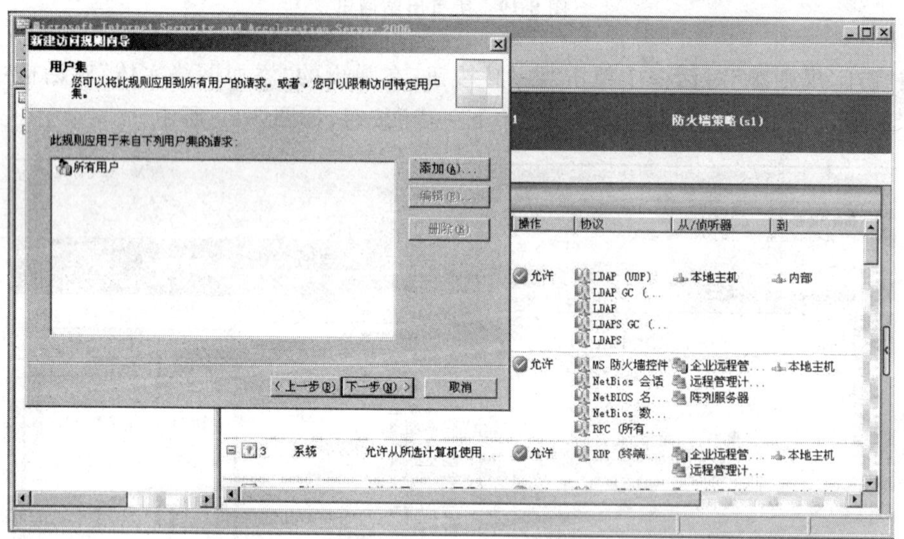

图 8-22 接受默认的所有用户

回顾已选择的设置，然后单击“完成”按钮，如图 8-23 所示。

如图 8-24 所示，单击“应用”按钮保存更改并应用配置。弹出“正在保存配置更改”对话框，单击“确定”按钮，如图 8-25 所示。

(2) 新建一条允许内部客户访问 ISA Server 2006 服务器上的 DNS 服务的访问规则。

主要步骤和上面一条一样，不同的地方如下。

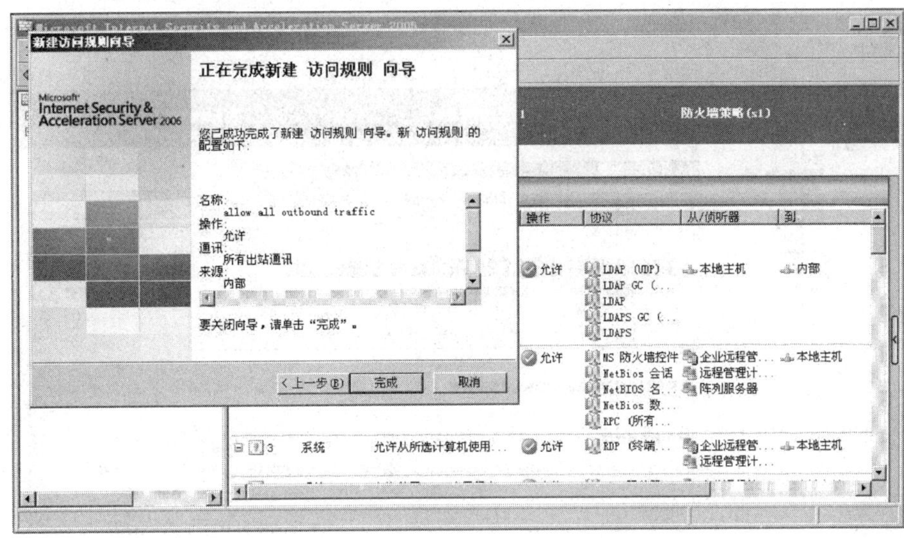

图 8-23　回顾已选择的设置

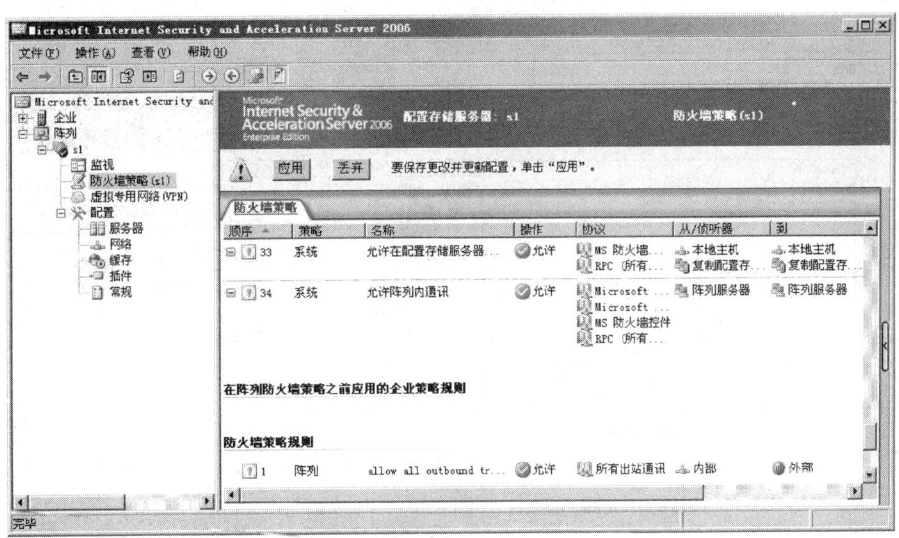

图 8-24　应用选择的设置

规则名：Allow internal access firewall's dns service

在“协议”对话框中的“此规则应用到”下拉列表框中选择“所选的协议”选项，然后单击“添加”按钮选择“通用协议”选项下的 DNS 选项，如图 8-26 所示。

访问规则目标为“本地主机”，如图 8-27 所示。

此时，ISA Server 2006 的管理控制台应该如图 8-28 所示，单击“应用”按钮以保存修改并更新防火墙策略。

在“正在保存配置更改”对话框中单击“确定”按钮，如图 8-29 所示。

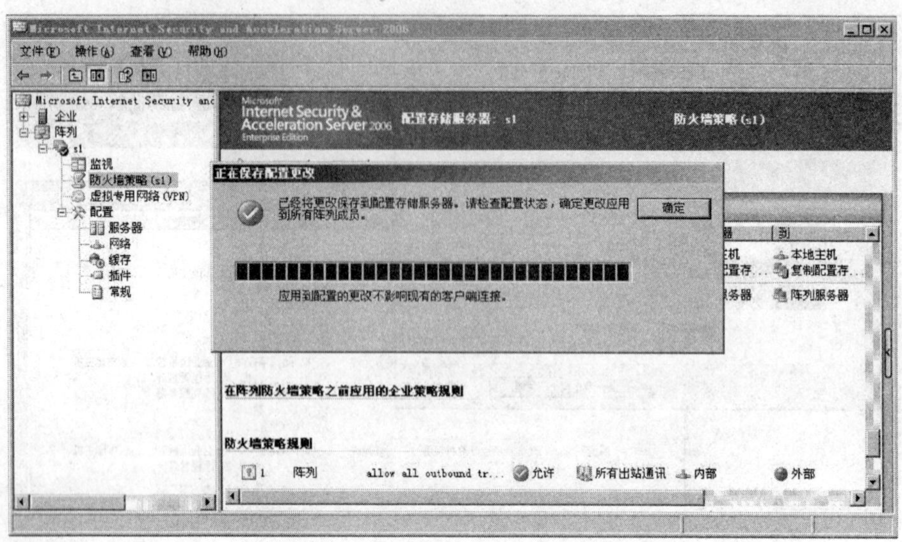

图 8-25 成功应用了对配置的更改

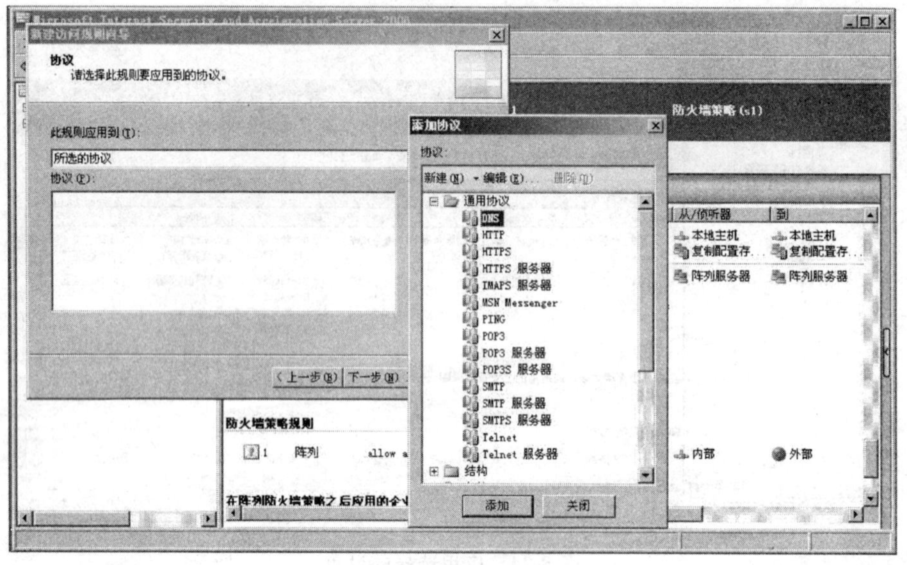

图 8-26 所选的协议

此时，ISA Server 2006 服务器的初步配置已经完成，内部客户可以访问外部网络的所有服务，也可以访问 ISA Server 2006 服务器上的 DNS 服务。注意：只能访问 ISA Server 2006 服务器上的 DNS 服务，其他的服务都会被禁止(如 ping 等)，因为没有在策略中明确允许这一点。

(3) 启用缓存。启用缓存有两个条件，首先是设置缓存所用的驱动器，其次是设置缓存规则。

① 设置缓存所用的驱动器，步骤如下。

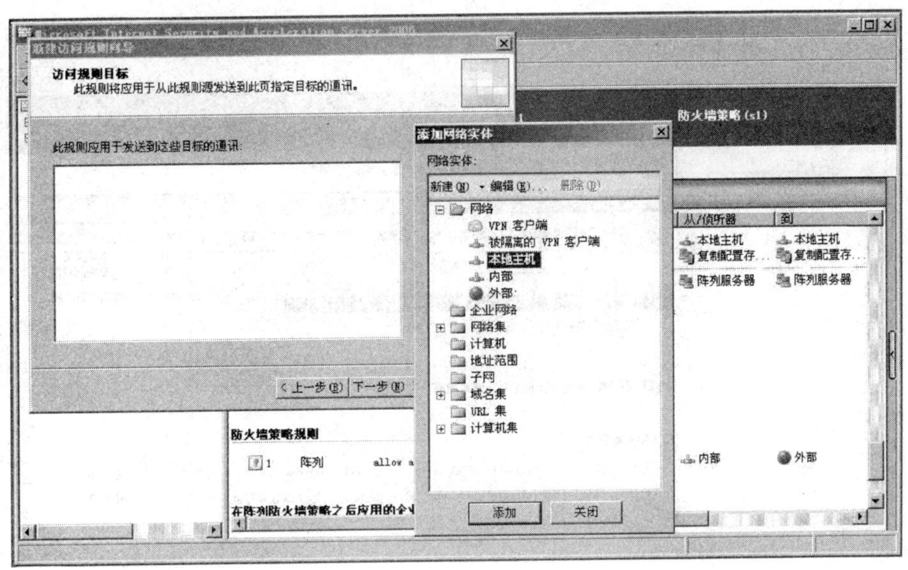

图 8-27　本地主机

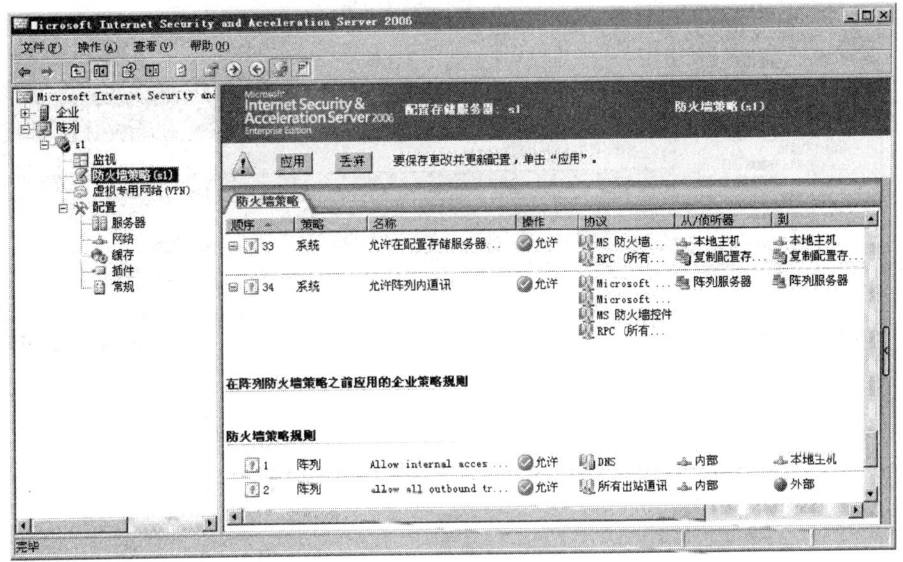

图 8-28　应用选择的设置

选择 ISA Server 2006 管理控制台中的"缓存"选项,单击工具栏上最右边的图标按钮,单击"定义缓存驱动器"链接,如图 8-30 所示。注意,此时的"缓存"选项上有个向下的红色箭头,表明没有启用缓存。

在定义缓存驱动器对话框中,根据自己的网络带宽及流量输入最大缓存大小,单击"设置"按钮进行设置,不过需要注意的是,缓存驱动器必须采用 NTFS 分区格式,如图 8-31 所示。

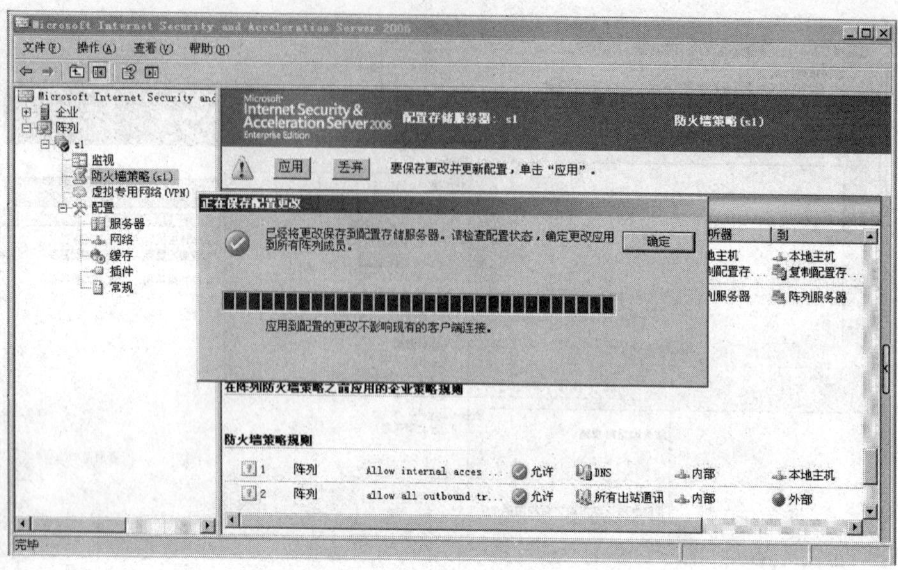

图 8-29 成功应用配置的更改

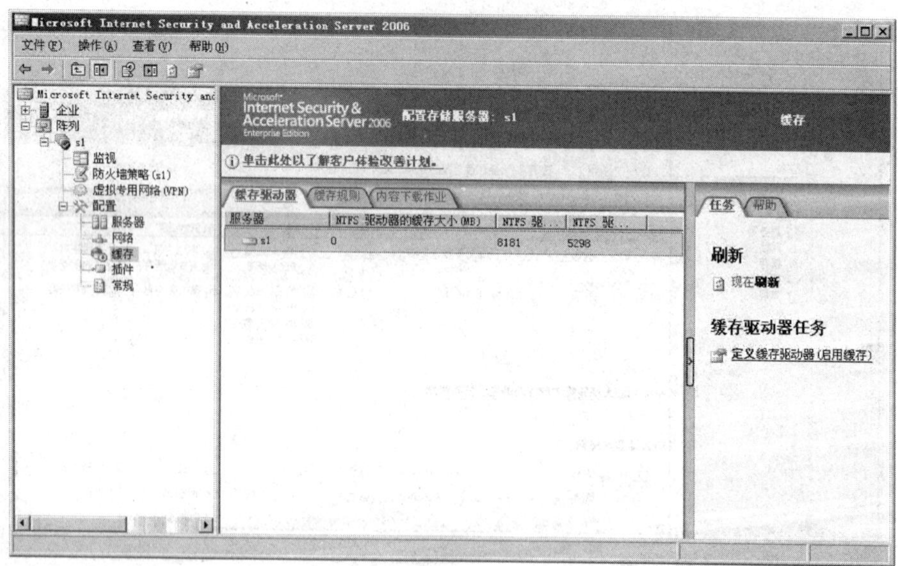

图 8-30 定义缓存驱动器

② 设置缓存规则,步骤如下。

此时"缓存"选项上已经没有向下的箭头了,表明已经设置了缓存驱动器。在"缓存"选项上右击,在弹出的快捷菜单中选择"新建"→"缓存规则"命令,如图 8-32 所示。

在"新缓存规则向导"对话框中输入名称"Cache external content",然后单击"下一步"按钮。在"缓存规则目标"对话框中单击"添加"按钮,在弹出的"添加网络实体"对话框中选择"外部"选项,单击"下一步"按钮,如图 8-33 所示。

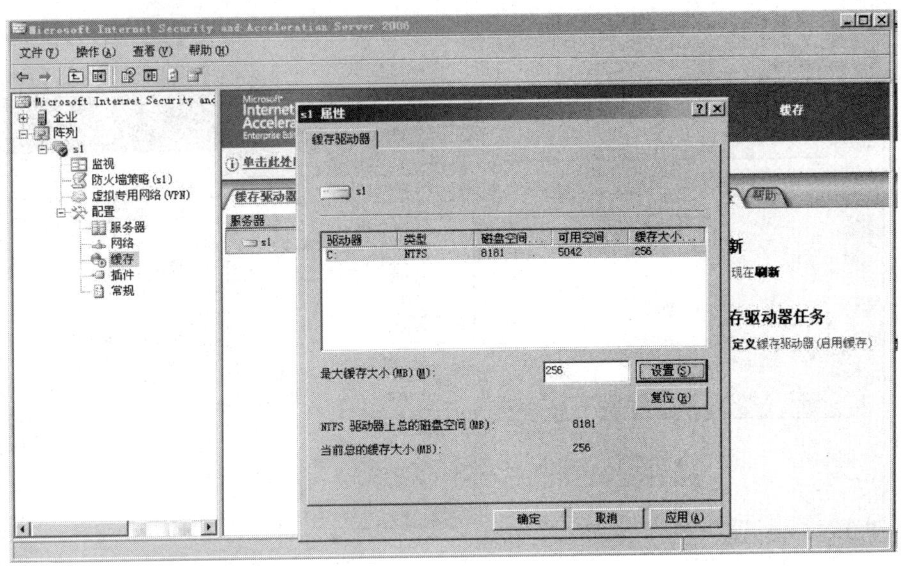

图 8-31　缓存驱动器设置

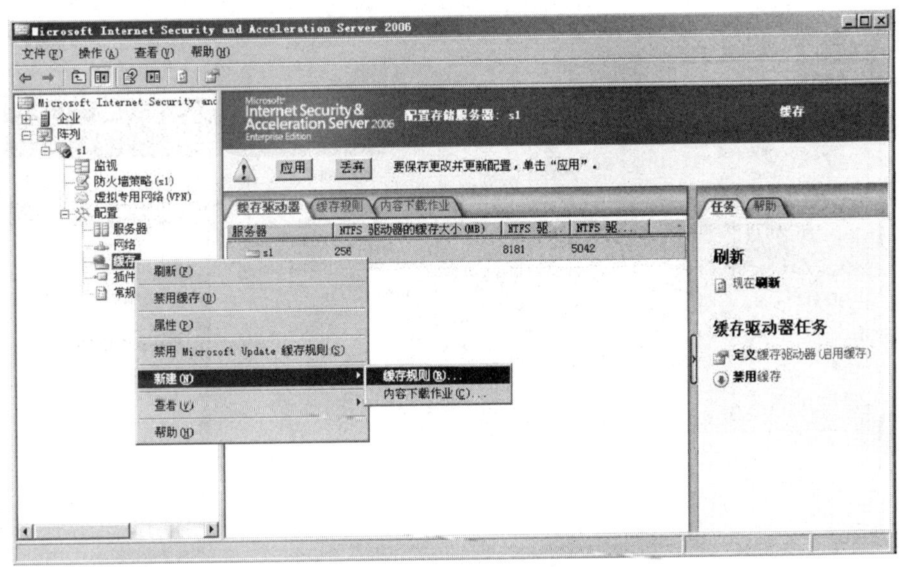

图 8-32　新建缓存规则

在"内容检索"对话框中接受默认的设置，单击"下一步"按钮，如图 8-34 所示。

在"缓存内容"对话框中默认选中"如果源和请求头指明要缓存"单选按钮，可以根据自己的需要决定是否选中下面的复选框，单击"下一步"按钮，如图 8-35 所示。

在"缓存高级配置"对话框中，根据自己的需要进行设置，单击"下一步"按钮，如图 8-36 所示。

在"HTTP 缓存"对话框中接受默认的设置，单击"下一步"按钮，如图 8-37 所示。

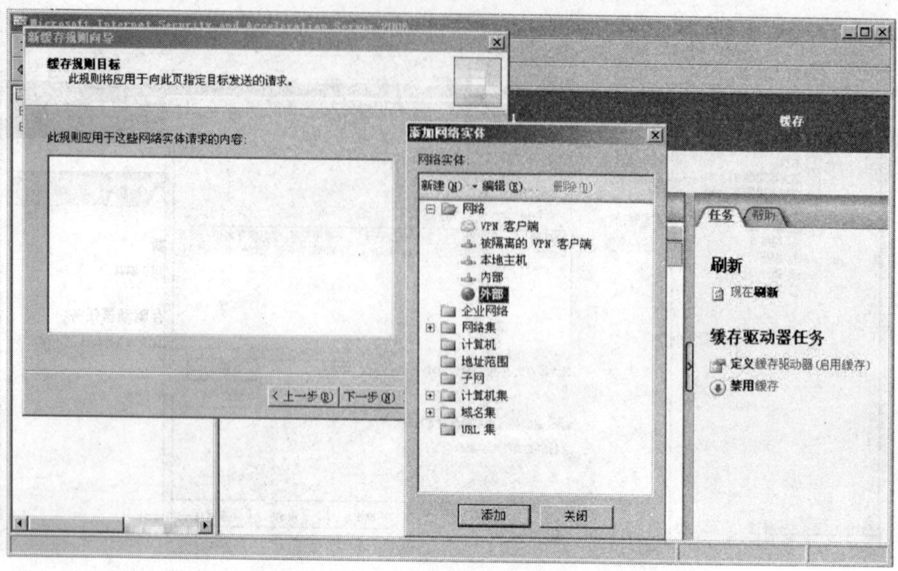

图 8-33 选择“外部”选项

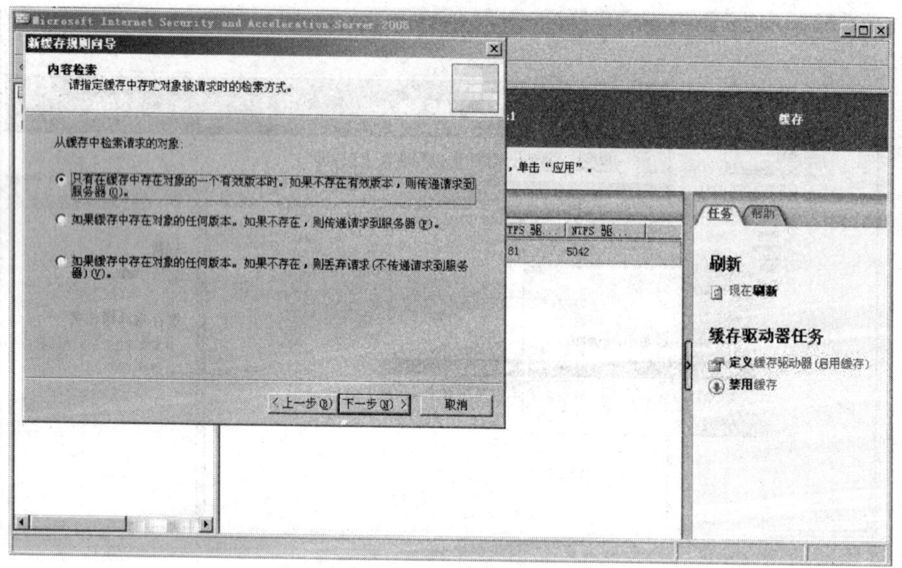

图 8-34 内部检索

在“FTP 缓存”对话框中，取消选中“启用 FTP 缓存”复选框(可以根据自己的需求进行设置)，单击“下一步”按钮，如图 8-38 所示。

回顾设置，然后单击“完成”按钮。

单击“应用”按钮以保存修改和更新防火墙策略，ISA Server 2006 会弹出一个警告提示，选中“保存更改，并重启动服务”单选按钮，然后单击“确定”按钮即可，如图 8-39 所示。

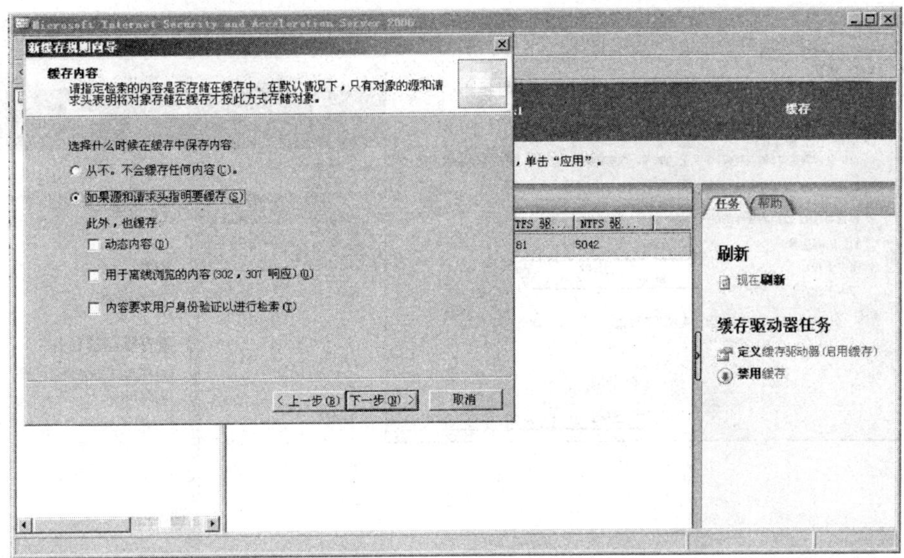

图 8-35　缓存规则向导

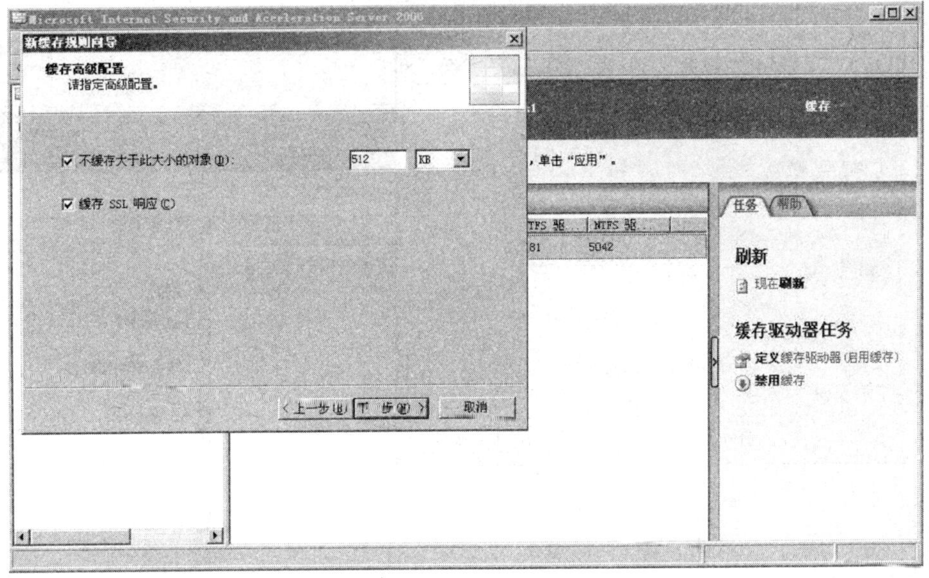

图 8-36　缓存高级配置

在“正在保存配置更改”对话框中单击“确定”按钮，如图 8-40 所示。成功后会在缓存规则栏里面看见新的缓存规则。

(4) 取消 FTP 的只读。

最后谈一点，ISA Server 2006 默认是不允许 FTP 上传的(即不能写 FTP 服务器)。取消的方法如下。

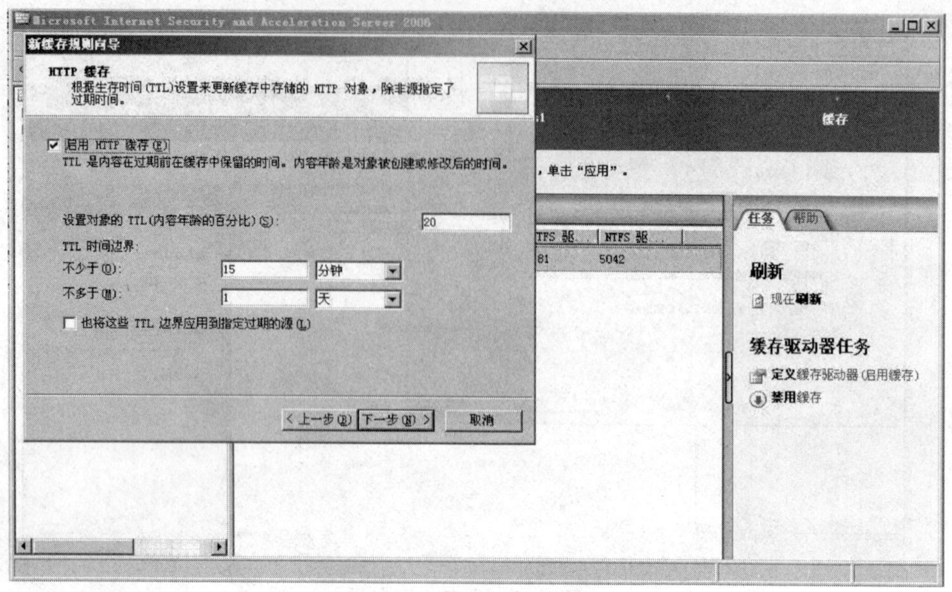

图 8-37 HTTP 缓存规则向导

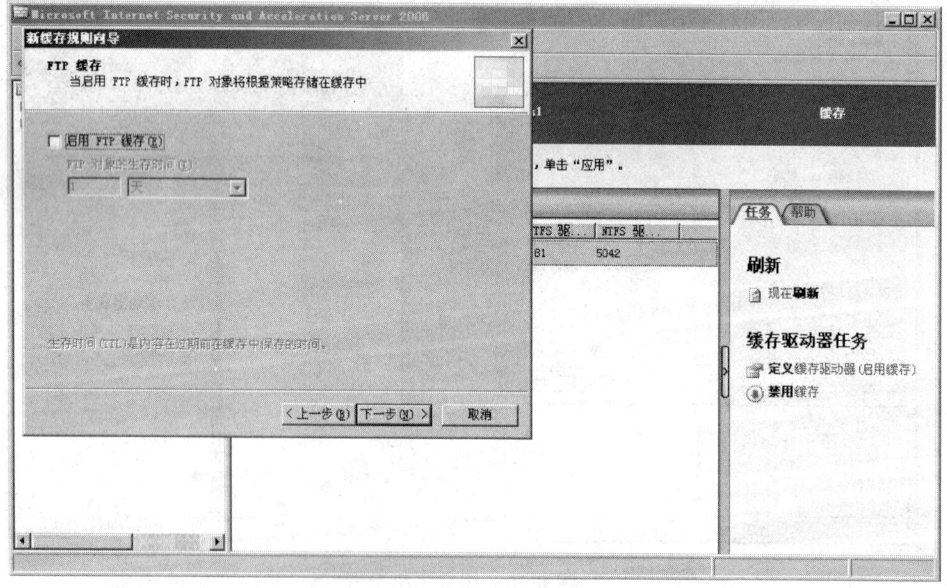

图 8-38 启用 FTP 缓存

在允许访问 FTP 服务器的规则上(这里是 Allow all outbound traffic)右击，在弹出的快捷菜单中选择"配置 FTP"命令，如图 8-41 所示。

在"配置 FTP 协议策略"对话框中，取消选中"只读"复选框，单击"确定"按钮，如图 8-42 所示。最后单击"应用"按钮以保存修改和更新防火墙策略。

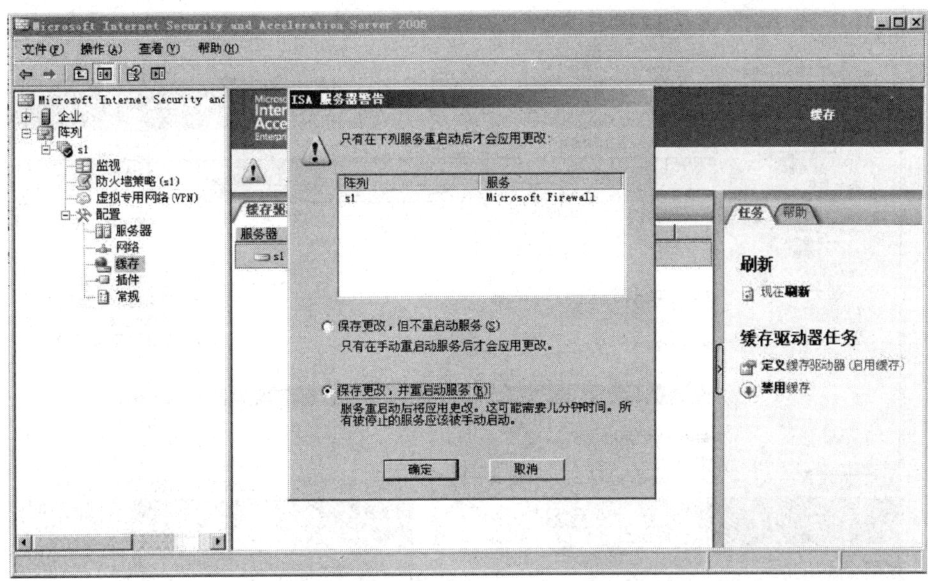

图 8-39　保存更改，并重启动服务

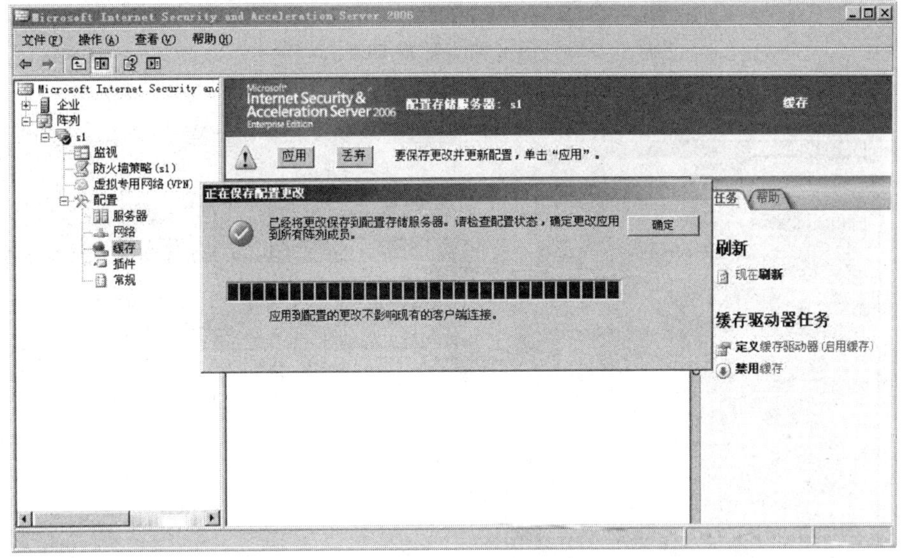

图 8-40　成功启动服务

8.3.2　创建网络规则

在安装过程中，创建了默认的 Internet 访问网络规则。此规则定义了内部网络与外部网络之间的关系。要验证规则配置，请执行下列操作。

(1) 展开“配置”节点，然后选择“网络”选项。

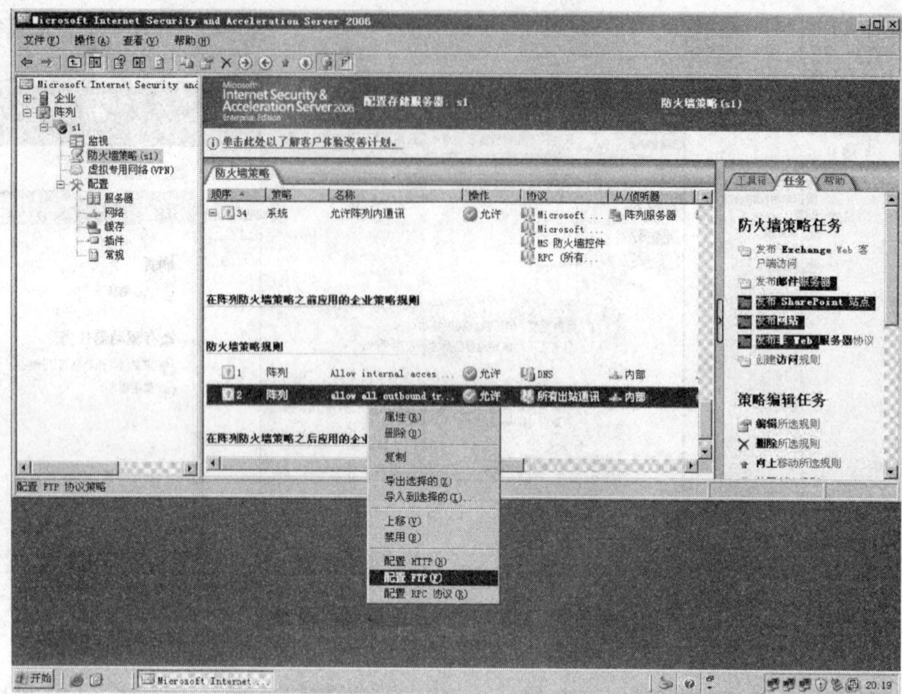

图 8-41 配置 FTP

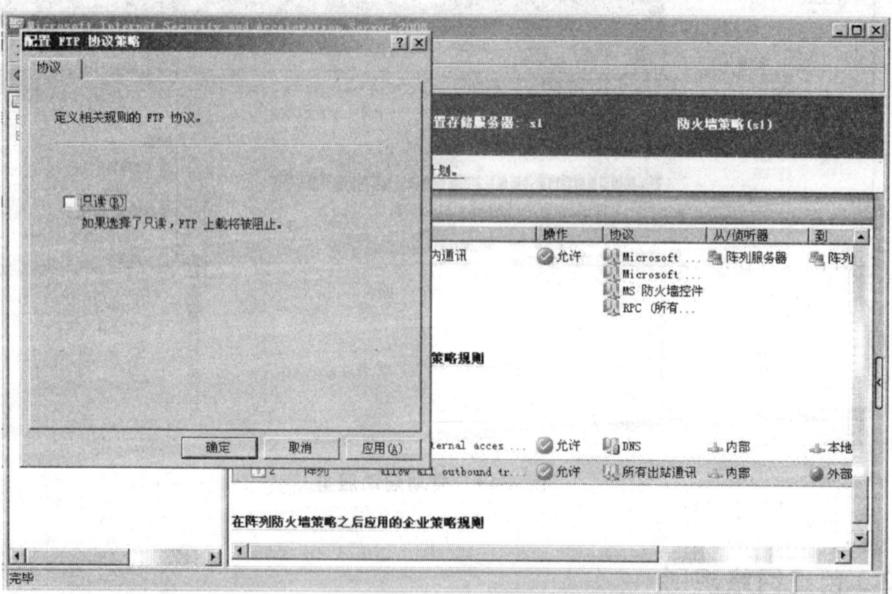

图 8-42 “配置 FTP 协议策略”对话框

(2) 在“网络规则”选项卡上，双击“Internet 访问”规则以显示“Internet 访问属性”对话框，如图 8-43 所示。

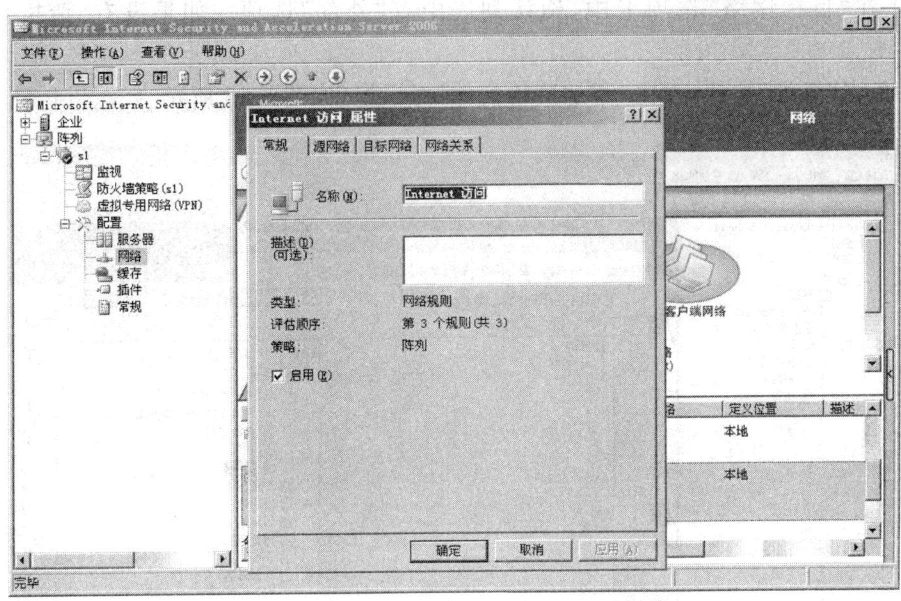

图 8-43　“Internet 访问属性”对话框

（3）在“源网络”选项卡中，确认列表中有“内部”选项。如果没有，请执行以下操作。

① 单击“添加”按钮，弹出“添加网络实体”对话框，如图 8-44 所示。

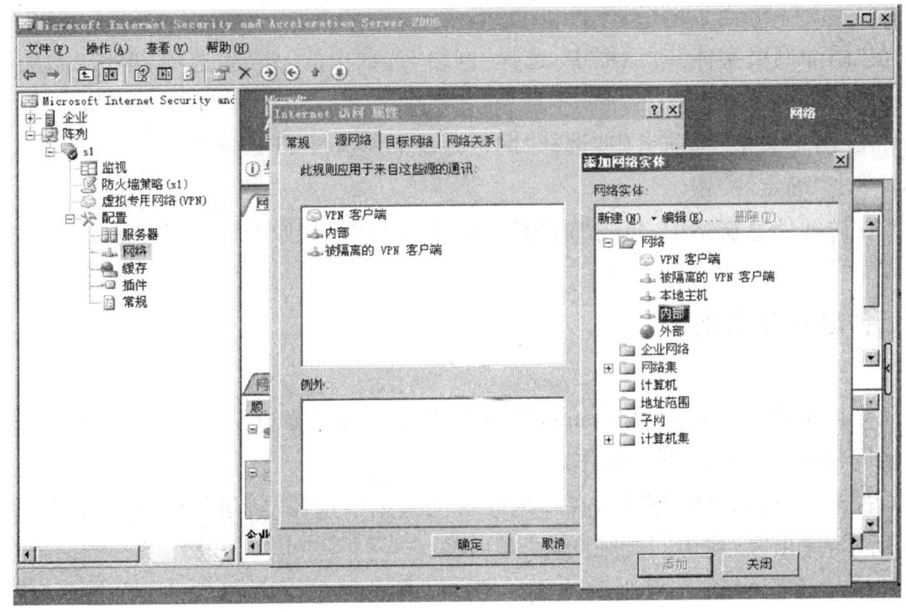

图 8-44　为源网络“添加网络实体”对话框

② 在“添加网络实体”对话框中，选择“网络”选项中的“内部”选项，单击“添加”按钮，然后单击“关闭”按钮。

(4) 在“目标网络”选项卡中,确认列表中有“外部”选项。如果没有,请执行以下操作。

① 单击“添加”按钮,弹出“添加网络实体”对话框,如图 8-45 所示。

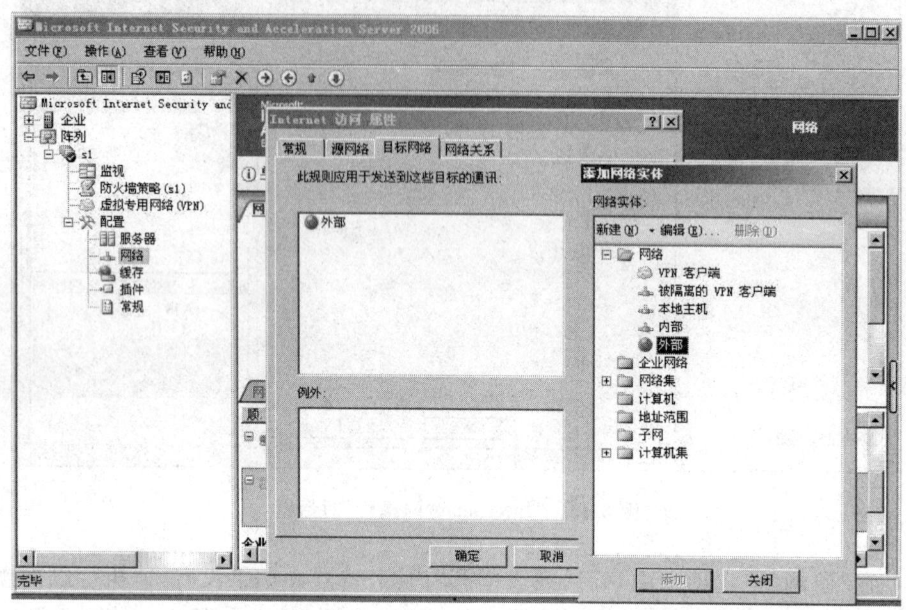

图 8-45 为目标网络“添加网络实体”对话框

② 在“添加网络实体”对话框中,选择“网络”选项中的“外部”选项,单击“添加”按钮,然后单击“关闭”按钮。

(5) 在“网络关系”选项卡中,选择“网络地址转换 (NAT)”选项。

(6) 单击“确定”按钮。

(7) 在详细信息窗格中,单击“应用”按钮来应用更改(如果进行了更改)。

8.3.3 创建策略规则

要允许内部客户端访问 Internet,必须创建允许内部客户端使用 HTTP 和 HTTPS 协议的访问规则。请执行下列操作。

(1) 右击“防火墙策略”选项,在弹出的快捷菜单中选择“新建”→“访问规则”命令,如图 8-46 所示,弹出“新建访问规则向导”对话框。

(2) 在对话框中输入规则的名称。例如,输入“允许内部客户端通过 HTTP 和 HTTPS 访问 Internet”。然后,单击“下一步”按钮。

(3) 在“规则操作”对话框中,选中“允许”单选按钮,然后单击“下一步”按钮。

(4) 在“协议”对话框中的“此规则应用到”下拉列表框中,选择“所选的协议”选项,然后单击“添加”按钮。

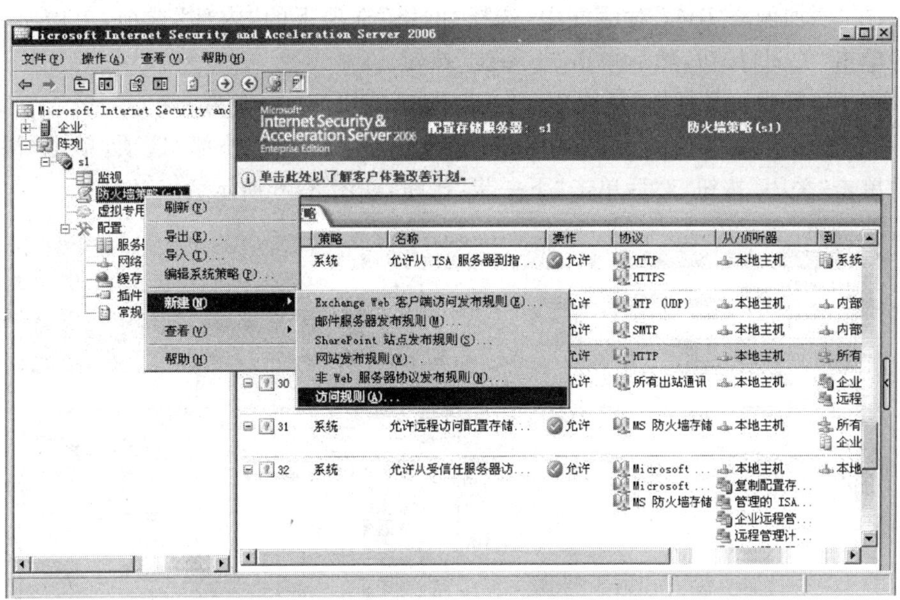

图 8-46 “创建新的访问规则”对话框

(5) 在弹出的“添加协议”对话框中,展开“通用协议”选项。选择 HTTP 选项后单击“添加”按钮,选择 HTTPS 选项后单击“添加”按钮,再单击“关闭”按钮,然后单击“下一步”按钮,如图 8-47 所示。

(6) 在“访问规则源”对话框中,单击“添加”按钮。

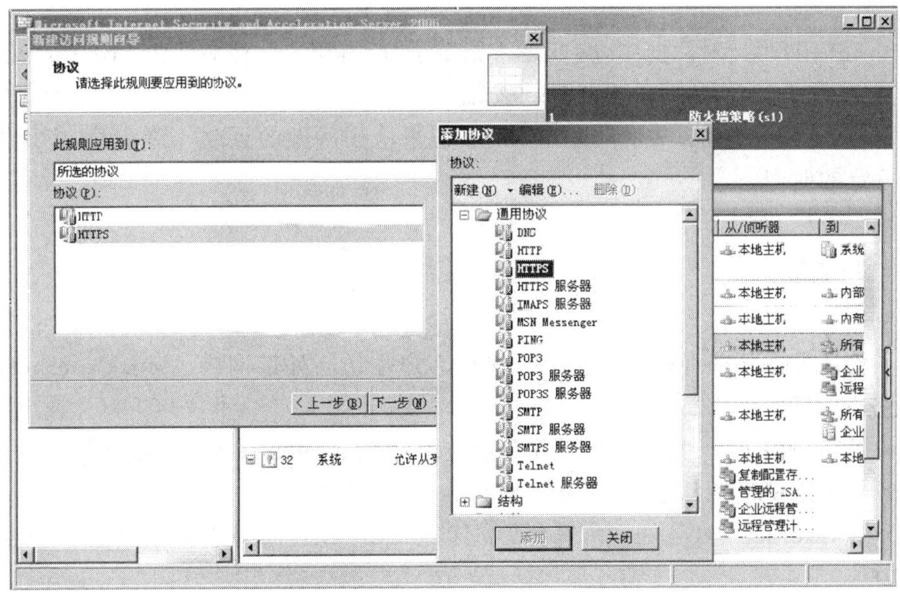

图 8-47 “允许内部客户端通过 HTTP 和 HTTPS 访问 Internet”对话框

（7）在“添加网络实体”对话框中，选择“网络”选项下的“内部”选项，单击“添加”按钮，然后单击“关闭”按钮，然后单击“下一步”按钮。

（8）在“访问规则目标”对话框中，单击“添加”按钮。

（9）在“添加网络实体”对话框中，选择“网络”选项下的“外部”选项，单击“添加”按钮，然后单击“关闭”按钮，然后单击“下一步”按钮，如图 8-48 所示。

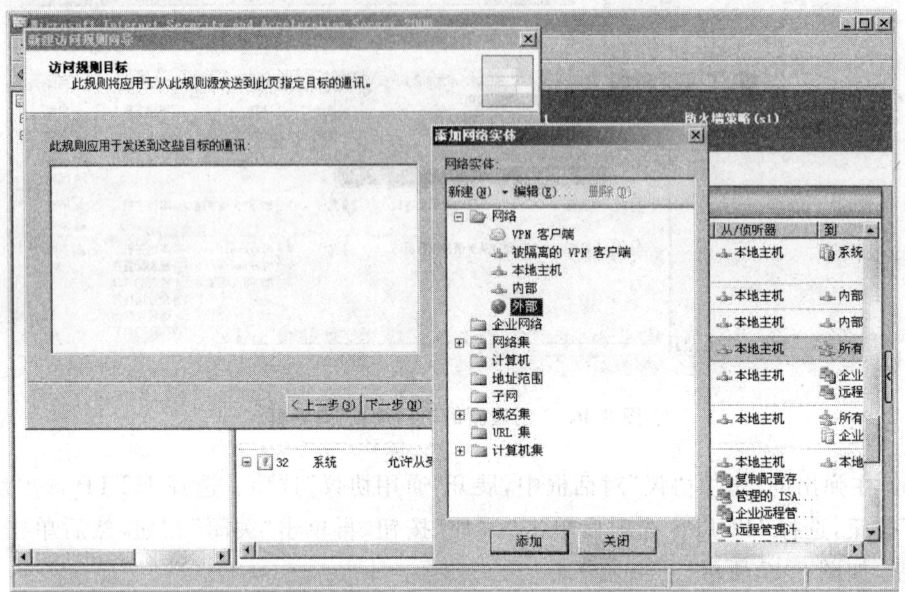

图 8-48　“添加网络实体”对话框

（10）在“用户集”对话框中，验证是否指定了“所有用户”，然后单击“下一步”按钮。

（11）查看摘要页，然后单击“完成”按钮。

（12）在详细信息窗格中，单击“应用”按钮来应用所做的更改。请注意，应用更改可能需要一定的时间。

8.3.4　测试该方案

为了验证方案是否可行，使用 Web 代理客户端访问外部网络（MockInternet）中的 Web 服务器。

在内网客户端 1 上，执行下列操作将客户端配置为 Web 代理客户端。

（1）在内网客户端 1 上，打开 Internet Explorer 6.0。

（2）在 Internet Explorer 中，选择“工具”→“Internet 选项”命令，弹出“Internet 选项”对话框。

（3）打开“连接”选项卡，单击“局域网设置”按钮，弹出“局域网(LAN)设置”对话框。

（4）在“代理服务器”选项区域中，选中“为 LAN 使用代理服务器”复选框。

(5) 在“地址”文本框中，输入 ISA_1 的计算机名称，在“端口”文本框中，输入 8080。如果实验室配置中没有 DNS 服务器，那么请使用 ISA_1 的内网网卡的 IP 地址，而不要使用其名称，如图 8-49 所示。

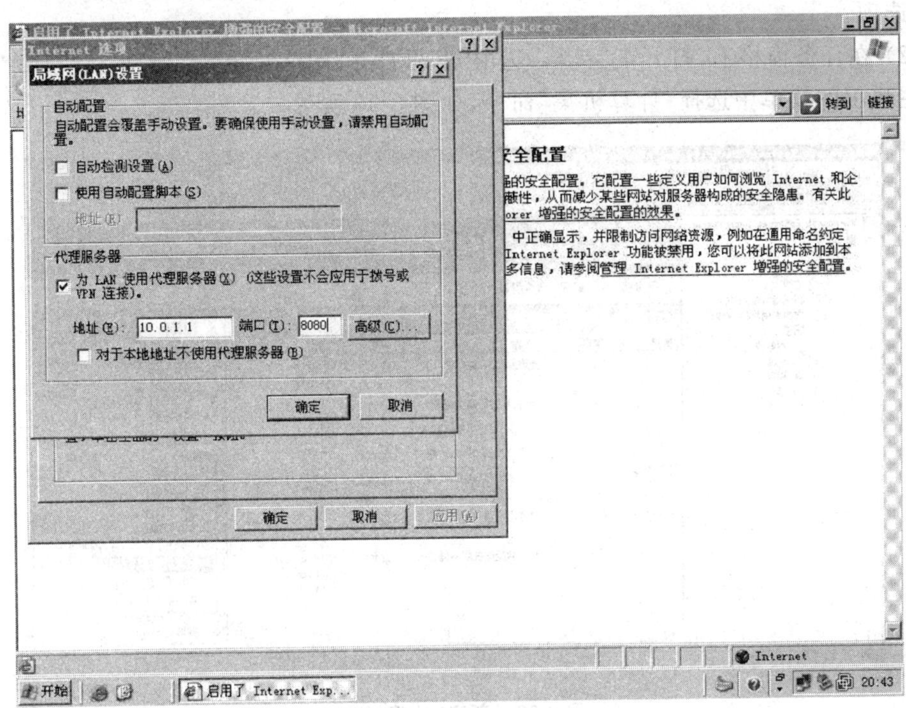

图 8-49　配置“代理服务器”

(6) 确保未选中“自动检测设置”复选框。

(7) 关闭 Internet Explorer。然后重新打开 Internet Explorer。

(8) 在 Internet Explorer 的“地址”下拉列表框中，输入外网 Web 服务器的 IP 地址。

请注意，如果外部网络中存在可以进行名称解析的 DNS 服务器，那么可以输入外网 Web 服务器的完全合格域名(Fully Qualified Domain Name，FQDN)。

如果浏览器显示在外网 Web 服务器上发布的网页，则说明内网客户端 1 访问到了外网的 Web 服务器，此方案已配置成功。

8.4　创建和配置受限制的计算机集

1. 配置受限制的计算机集

下面的示例使用与实验室部署的内部网络相关联的 IP 地址 10.0.0.0～10.255.255.255。

在该示例中，将创建一个包含 IP 地址 10.54.0.0～10.55.255.255 的计算机集，该计算机集包含内网客户端 2。请执行下列操作。

(1) 在 Microsoft ISA 服务器管理中，展开 s1 节点，如图 8-50 所示，然后选择"防火墙策略"选项。

(2) 在任务窗格上，打开"工具箱"选项卡，再打开"网络对象"面板，单击"新建"按钮，然后在弹出的菜单中选择"计算机集"命令，如图 8-50 所示。

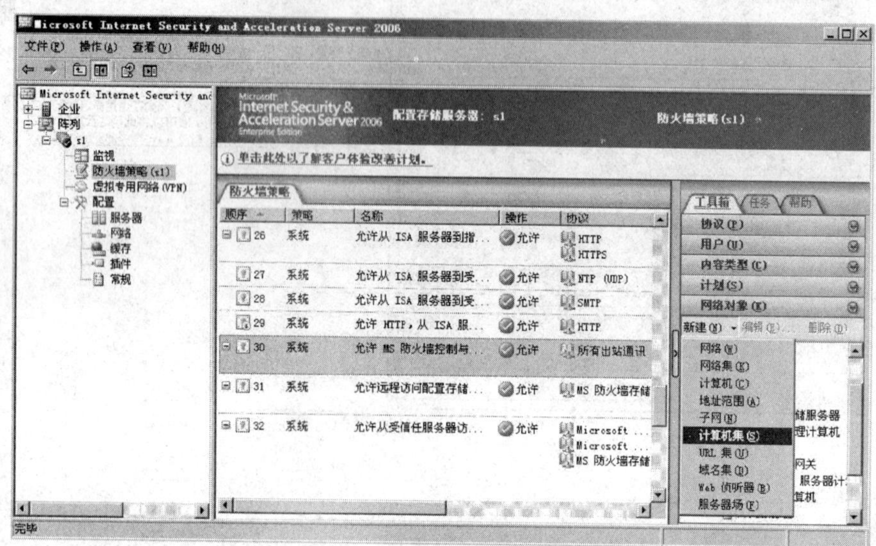

图 8-50　新建"计算机集"

(3) 在"名称"文本框中输入新计算机集的名称，如"受限制的计算机集"。

(4) 单击"添加"按钮并选择"地址范围"。

(5) 在"新建地址范围规则元素"对话框中，提供地址范围的名称，如"受限制的计算机集的范围"。提供包含内网客户端 2 的地址的 IP 地址范围，如 10.54.0.0～10.55.255.255，然后单击"确定"按钮。

(6) 单击"确定"按钮以关闭"新建计算机集规则元素"对话框。

(7) 在详细信息窗格中，单击"应用"按钮来应用所作的更改。

(8) 将网络配置保存到一个 .xml 文件中，以便在所作的配置更改改变或破坏了此网络对象时，可以还原其配置。在任务窗格中的"工具箱"选项卡中的"网络对象"面板中展开"计算机集"，右击新定义的计算机集，然后在弹出的快捷菜单中选择"导出选择的"命令。选择包含配置信息的文件的保存位置，并指定一个名称来描述其内容，如"受限制计算机集的导出文件"。单击"导出"按钮来导出配置。

(9) 导出操作完成后，单击"确定"按钮关闭状态对话框。

2. 限制对 Internet 的访问

现在可以创建禁止计算机集访问 Internet 的访问规则。请注意，访问规则的顺序将影响到计算机集能否访问 Internet。ISA 服务器按顺序读取访问规则，如果在读取受限制的计算机集拒绝规则之前先读取了内部网络允许规则，那么访问将被允许。

要创建禁止从受限制的计算机集访问外部网络的访问规则，请执行下列操作。

(1) 选择“防火墙策略”选项。在任务窗格中，打开“任务”选项卡，然后单击“创建访问规则”从而打开“新建访问规则向导”对话框。

(2) 在对话框中输入规则的名称。例如，输入“拒绝受限的计算机集通过 HTTP 和 HTTPS 访问 Internet”。然后单击“下一步”按钮。

(3) 在“规则操作”对话框中，选中“拒绝”单选按钮，然后单击“下一步”按钮。

(4) 在“协议”对话框中的“此规则应用到”下拉列表框中选择“所选的协议”选项，然后单击“添加”按钮。

(5) 在弹出的“添加协议”对话框中，展开“通用协议”选项。选择 HTTP 选项后单击“添加”按钮，选择 HTTPS 选项后单击“添加”按钮，再单击“关闭”按钮，然后单击“下一步”按钮。

(6) 在“访问规则源”对话框中，单击“添加”按钮。

(7) 在“添加网络实体”对话框中，展开“计算机集”选项，然后选择“受限制的计算机集”选项。单击“添加”按钮，然后单击“关闭”按钮，然后单击“下一步”按钮。

(8) 在“访问规则目标”对话框中，单击“添加”按钮。

(9) 在“添加网络实体”对话框中，选择“网络”选项下的“外部”选项。单击“添加”按钮，然后单击“关闭”按钮，然后单击“下一步”按钮。

(10) 在“用户集”对话框中，验证是否指定了“所有用户”，然后单击“下一步”按钮。

(11) 查看摘要页，然后单击“完成”按钮。

(12) 在详细信息窗格中，单击“应用”按钮来应用所作的更改。

(13) 将规则保存到一个 .xml 文件中，以便在需要进行基本更改(如运行网络模板向导)时，可以导入该规则。在详细信息窗格中，右击新定义的规则，然后在弹出的快捷菜单中选择“导出选择的”命令。选择包含配置信息的文件的保存位置，并指定一个名称来描述其内容，如“受限制计算机集的导出文件”。单击“导出”按钮来导出规则。

(14) 导出操作完成后，单击“确定”按钮关闭状态对话框。

3. 测试该方案

为了验证方案是否可行，受限制的计算机集中的内网客户端 2 将尝试访问外部网络(MockInternet)中的外网 Web 服务器。

在内网客户端 2 上，执行下列操作。

(1) 在内网客户端 2 上，打开 Internet Explorer 6.0。

(2) 在 Internet Explorer 中，选择“工具”→“Internet 选项”命令，弹出“Internet 选项”对话框。

(3) 打开“连接”选项卡，单击“局域网设置”按钮，弹出“局域网(LAN)设置”对话框。

(4) 在“代理服务器”选项区域中，选中“为 LAN 使用代理服务器”复选框。

(5) 在“地址”文本框中输入 ISA_1 的计算机名称(或 IP 地址,如果未配置 DNS 服务器),在“端口”文本框中输入 8080。

(6) 确保未选中“自动检测设置”复选框。

(7) 关闭 Internet Explorer。然后重新打开 Internet Explorer。

(8) 在 Internet Explorer 的“地址”下拉列表框中,输入外网 Web 服务器 的 IP 地址。

注意:如果 MockInternet 中存在可以用来进行名称解析的 DNS 服务器,那么可以输入外网 Web 服务器 的 FQDN。

如果浏览器显示拒绝访问页,则说明成功地配置了计算机集和拒绝规则。

所创建的拒绝规则出现在“防火墙策略”详细信息窗格中的访问规则列表的最上面。如果将它向下移动到“允许内部客户端通过 HTTP 和 HTTPS 访问 Internet”允许规则(在前一方案中创建)的下面,那么 ISA 服务器将首先评估允许规则,这样,受限制的计算机集中的计算机将拥有 Internet 访问权限。要更改拒绝规则的顺序,请右击该规则,在弹出的快捷菜单中选择“下移”命令。在将拒绝规则移动到允许规则的下面,并通过单击详细信息窗格中的“应用”按钮应用了更改后,再次测试 Internet 访问,内网客户端 2 现在应该能够访问 Internet。

如果浏览器现在显示在外网 Web 服务器上发布的网页,则说明内网客户端 2 访问到了外网 Web 服务器,此方案已配置成功。

8.5 发布外围网络中的 Web 服务器

1. 创建 Web 发布规则

要创建允许 Internet 上的客户端计算机(External1)访问外围网络中的 Web 服务器(Perimeter_IIS)的 Web 发布规则,请执行下列操作。

(1) 在 Microsoft ISA 服务器管理中,选择“防火墙策略”选项。

(2) 在任务窗格的“任务”选项卡中,单击“发布网站”来启动“新建 Web 发布规则向导”。

(3) 在对话框中的“Web 发布规则名称”文本框中输入规则名称“允许从外部访问 Perimeter_IIS”,单击“下一步”按钮。

(4) 在“规则操作”对话框中,选中“允许”单选按钮,然后单击“下一步”按钮。

(5) 在“发布类型”对话框中,选中“发布单个网站或负载平衡器”单选按钮,然后单击“下一步”按钮。

(6) 在“服务器链接安全”对话框中,选中“使用不安全的连接发布的 Web 服务器或服务器场”单选按钮,然后单击“下一步”按钮。

(7) 在“指定要发布的网站的内部名称”对话框中的“内部站点名称”文本框中输入外围 Web 服务器的名称,如“Perimeter_IIS 服务器”,然后选中“使用计算机名称或 IP 地址连接到发布的服务器"复选框,输入外围网络 Perimeter_IIS 服务器的 IP 地址,单击"下一步"按钮。

(8) 在"指定发布的网站的内部路径和发布选项"对话框中直接单击"下一步"按钮。

(9) 在"公共名称细节"对话框中,在"接受请求"选项区域中选中"任何域名"选项。单击"下一步"按钮。

(10) 在"选择 Web 侦听器"对话框中,单击"新建"按钮启动"新建 Web 侦听器向导"对话框。

(11) 在"新建 Web 侦听器向导"对话框中的"Web 侦听器名称"文本框中输入 Web 侦听器的名称:侦听外部网络的端口 80。然后单击"下一步"按钮。

(12) 在"客户端连接安全设置"对话框中,选择"不需要与客户端建立 SSL 安全连接"选项,单击"下一步"按钮。

(13) 在"Web 侦听器 IP 地址"对话框中,选择"外部"选项,然后单击"下一步"按钮。这样此侦听器将侦听来自外部网络的请求。

(14) 在"身份验证设置"对话框中的"选择客户端将如何向 ISA 服务器提供凭据"中,选择"没有身份验证"选项。

(15) 在"单一登录设置"对话框中,直接单击"下一步"按钮。

(16) 查看摘要页,然后单击"完成"按钮关闭新建 Web 侦听器向导。

(17) 在"选择 Web 侦听器"对话框中,单击"下一步"按钮。

(18) 在"身份验证委派"对话框中的"选择 ISA 服务器对发布的 Web 服务器进行身份验证时使用的方法"中,选择"无委派,客户端无法直接进行身份验证"选项,然后单击"下一步"按钮。

(19) 在"用户集"对话框中,验证"此规则应用于来自以下用户集的请求"列表框中是否列出了"所有用户"选项。单击"下一步"按钮。

(20) 查看摘要页,然后单击"完成"按钮。

(21) 在详细信息窗格中,单击"应用"按钮来应用所做的更改。

注意:可以创建和修改 Web 侦听器,而不受 Web 发布规则的限制。通过防火墙策略任务窗格中"工具箱"选项卡上的"Web 侦听器"面板,可以访问现有的 Web 侦听器。要创建新的 Web 侦听器,请在防火墙策略任务窗格中的"工具箱"选项卡上单击"新建"按钮,然后在弹出的菜单中选择"Web 侦听器"命令。

2. 测试该方案

为了验证方案是否可行,外部客户端 External1 将访问位于外围网络 (PerimeterNet) 中的 HTTP 服务器 Perimeter_IIS。在 External1 上,执行下列操作。

(1) 打开 Internet Explorer。

(2) 确认没有配置代理客户端。因此,选择"工具"→"Internet 选项"命令,在弹出的"Internet 选项"对话框中打开"连接"选项卡,单击"局域网设置"按钮,在弹出的"局域网(LAN)设置"对话框中确认未选中下列任何复选框:"自动检测设置"、"使用自动配置脚本”和“为 LAN 使用代理服务器”。单击“确定”按钮关闭“Internet 选项”对话框。

(3) 在 Internet Explorer 的“地址”下拉列表框中，输入 ISA 服务器计算机的外部网络适配器的 IP 地址。

如果客户端访问到了 Perimeter_IIS 上的默认网站，则说明此方案已配置成功。

8.6 发布内部网络中的 Web 服务器

1. 创建网络规则

在安装时，已创建了定义从内部网络到外部网络的 NAT 关系的默认网络规则。要确认已正确配置了此规则，请在 ISA_1 上执行下列操作。

(1) 在 Microsoft ISA 服务器管理中，展开“配置”节点，然后选择“网络”选项以查看“网络”详细信息窗格。

(2) 在详细信息窗格中，打开“网络规则”选项卡。可以在详细信息窗格中验证规则，或者按照如下步骤描述打开规则属性。

(3) 双击“Internet 访问”规则打开“Internet 访问属性”对话框。

(4) 在“常规”选项卡中，确认启用了该规则。

(5) 在“源网络”选项卡中，确认列出了“内部”网络。

(6) 在“目标网络”选项卡中，确认列出了“外部”网络。

(7) 在“网络关系”选项卡中，确保选中了“网络地址转换”选项。

2. 发布 Web 服务器

使用 Web 发布规则来允许外部客户端访问位于内部网络中的 Web 服务器。

发布 Web 服务器需要创建 Web 发布规则。创建规则的过程中，还将创建 Web 侦听器，以指定 ISA 服务器将在哪些 IP 地址上侦听对内部网站的请求。如果仍然拥有为外围 Web 发布方案创建的侦听器，那么应将其用在此方案中，而不必创建新的侦听器。

注意：可以创建和修改 Web 侦听器，而不受 Web 发布规则的限制。通过防火墙策略任务窗格中“工具箱”选项卡中的“Web 侦听器”面板，可以访问现有的 Web 侦听器。要创建新的 Web 侦听器，请在防火墙策略任务窗格中的“工具箱”选项卡上单击“新建”按钮，然后在弹出的菜单中选择“Web 侦听器”命令。

要创建允许 Internet 上的客户端计算机 (External1) 访问内部网络中的 Web 服务器 (InternalWebServer) 的 Web 发布规则，请执行下列操作。

(1) 在 Microsoft ISA 服务器管理中，选择“防火墙策略”选项。

(2) 在任务窗格的“任务”选项卡中，单击“发布网站”来启动“新建 Web 发布规则向导”。

(3) 在对话框中的“Web 发布规则名称”文本框中，输入规则名称“允许从外部访问

InternalWebServer”，单击“下一步”按钮。

(4) 在“规则操作”对话框中，选中“允许”单选按钮，然后单击“下一步”按钮。

(5) 在“发布类型”对话框中，选中“发布单个网站或负载平衡器”单选按钮，然后单击“下一步”按钮。

(6) 在“服务器链接安全”对话框中，选中“使用不安全的连接连接发布的 Web 服务器或服务器场”单选按钮，然后单击“下一步”按钮。

(7) 在“指定要发布的网站的内部名称”对话框中的“内部站点名称”文本框中输入内部 Web 服务器的名称，如“Perimeter_IIS 服务器”，然后选中“使用计算机名称或 IP 地址连接到发布的服务器”复选框，输入内部网络 Perimeter_IIS 服务器的 IP 地址，单击“下一步”按钮。

(8) 在“指定发布的网站的内部路径和发布选项”对话框中直接单击“下一步”按钮。

(9) 在“公共名称细节”对话框中，在“接受请求”选项区域中选中“任何域名”选项。单击“下一步”按钮。

(10) 在“选择 Web 侦听器”对话框中，单击“新建”按钮启动“新建 Web 侦听器向导”对话框。

(11) 在“新建 Web 侦听器向导”对话框中的“Web 侦听器名称”文本框中输入 Web 侦听器的名称：侦听外部网络的端口 80。然后单击“下一步”按钮。

(12) 在“客户端连接安全设置”对话框中，选择“不需要与客户端建立 SSL 安全连接”选项，单击“下一步”按钮。

(13) 在“Web 侦听器 IP 地址”对话框中，选择“外部”选项，然后单击“下一步”按钮。这样此侦听器将侦听来自外部网络的请求。

(14) 在“身份验证设置”对话框中的“选择客户端将如何向 ISA 服务器提供凭据”中，选择“没有身份验证”选项。

(15) 在“单一登录设置”页上，直接单击“下一步”按钮。

(16) 查看摘要页，然后单击“完成”按钮。

(17) 在“选择 Web 侦听器”对话框中，单击“下一步”按钮。

(18) 在“用户集”对话框中，验证在“此规则应用于来自以下用户集的请求”列表框中是否列出了“所有用户”选项。单击“下一步”按钮。

(19) 查看摘要页，然后单击“完成”按钮。

(20) 在详细信息窗格中，单击“应用”按钮来应用所作的更改。

3. 测试该方案

为了验证方案是否可行，外部客户端 External1 将访问位于内部网络（CorpNet）中的 HTTP 服务器 InternalWebServer。ISA_1 将代表 InternalWebServer 侦听请求，并依照 Web 发布规则将其转发到 InternalWebServer。

在 External1 上，执行下列操作。

(1) 打开 Internet Explorer。

(2) 在“地址”下拉列表框中输入 ISA_1 上的外部适配器的 IP 地址。

如果客户端访问到了 InternalWebServer 上的默认网站,那么说明此方案已配置成功。

8.7 配置虚拟专用网络

1. 启用 VPN 客户端访问

在此步骤中,将启用 VPN 客户端访问。要允许 VPN 连接,必须启用虚拟专用网络。其他所有 VPN 客户端属性都将采用默认设置。这包括对从内部网络动态分配的可供连接到 ISA 服务器的客户端使用的 IP 地址池使用默认设置。此解决方案还假定存在动态分配的名称解析服务器,VPN 客户端可以使用该服务器来解析内部网络中的名称。

要配置 VPN 属性,请执行下列操作。

(1) 在 Microsoft ISA 服务器管理中,选择“虚拟专用网络(VPN)”选项。

(2) 在任务窗格中的“任务”选项卡中,单击“启用 VPN 客户端访问”。

(3) 在详细信息窗格中,单击“应用”按钮来应用所作的更改。

注意:安装过程中,ISA 服务器创建一条网络规则,该规则在 VPN 客户端与内部网络之间建立路由关系。如果希望某些 VPN 客户端能够访问其他网络,那么必须创建额外的网络规则。VPN 客户端与内部网络之间的关系是路由关系,因为目的是使 VPN 客户端成为内部网络中的一个透明的部分,并且能够看到内部网络中的计算机。

如果实验室配置中不包括为 VPN 客户端分配 IP 地址的 DHCP 服务器,那么,要创建可用于分配地址的静态地址池,请执行下列操作。

(1) 在 Microsoft ISA 服务器管理中,选择“虚拟专用网络 (VPN)”选项。

(2) 在任务窗格中的“任务”选项卡中的“常规 VPN 配置”标题下,单击“定义地址分配”。此操作将打开“虚拟专用网络 (VPN) 属性”对话框中的“地址分配”选项卡。

(3) 选择“静态地址池”选项。

(4) 单击“添加”按钮。在“IP 地址范围属性”对话框中,提供将分配给 VPN 客户端的 IP 地址范围。请注意这些地址不能来自内部或外围网络中包含的地址范围。

(5) 单击“确定”按钮。

(6) 在详细信息窗格中,单击“应用”按钮来应用所作的更改。

2. 创建访问规则

要允许 VPN 客户端访问内部网络中的资源,必须创建访问规则。请执行下列操作。

(1) 在 Microsoft ISA 服务器管理中,选择“防火墙策略”选项。

(2) 在任务窗格中的“任务”选项卡中,单击“创建新的访问规则”以启动“新建访问规则向导”对话框。

(3) 在对话框中,输入规则的名称。例如,输入“允许 VPN 客户端访问内部网络”,然后单击“下一步”按钮。

(4) 在“规则操作”对话框中,选中“允许”单选按钮,然后单击“下一步”按钮。

(5) 在“协议”对话框中的“此规则应用到”下拉列表框中,选择“所有出站协议”选项,以便允许 VPN 客户端使用任何协议访问内部网络。单击“下一步”按钮。

(6) 在“访问规则源”对话框中,单击“添加”按钮。

(7) 在“添加网络实体”对话框中,选择“网络”选项下的“VPN 客户端”选项。单击“添加”按钮,选择“内部”选项,单击“添加”按钮,然后单击“关闭”按钮。然后,在“访问规则源”对话框中,单击“下一步”按钮。

(8) 在“访问规则目标”对话框中,单击“添加”按钮。

(9) 在“添加网络实体”对话框中,选择“网络”选项下的“内部”选项,单击“添加”按钮,选择“VPN 客户端”选项,单击“添加”按钮,然后单击“关闭”按钮。然后,在“访问规则目标”对话框中单击“下一步”按钮。

(10) 在“用户集”对话框中,验证是否指定了“所有用户”。单击“下一步”按钮。

(11) 查看摘要页,然后单击“完成”按钮。

(12) 在详细信息窗格中,单击“应用”按钮来应用所作的更改。

注意: 通过在第(5)步中选择协议,可以限定 VPN 客户端可以使用哪些协议与内部网络通信。在这种情况下,请务必包括“DNS 查询”协议,以便 VPN 客户端能够解析内部网络中的计算机的名称。

还可以创建相应的规则,以便仅允许某些用户访问特定的计算机,或者访问公司网络中独立于内部网络而单独定义的部分。

3. 创建带有拨号权限的 Windows 用户

要使 VPN 客户端能够拨入到网络,必须在 CorpNet 上创建拥有拨入权限的用户。该用户可以是域用户,也可以是 ISA 服务器计算机上的本地用户。或者在后台创建一个 RADIUS 验证服务器上的用户,VPN 客户端将采用该用户通过身份验证。请执行下列操作。

(1) 在 ISA_1 的桌面上右击“我的电脑”图标,在弹出的快捷菜单中选择“管理”命令,打开“计算机管理”窗口。

(2) 在“计算机管理”窗口中,双击“计算机管理(本地)”,展开“系统工具”,然后单击“本地用户和组”选项。

(3) 在详细信息窗格中,右击“用户”选项,在弹出的快捷菜单中选择“新用户”命令。

(4) 输入用户详细信息,然后单击“创建”按钮。

(5) 在详细信息窗格中,双击“用户”以显示用户列表,右击新用户,在弹出的快捷菜单中选择“属性”命令。

(6) 在“拨入”选项卡中,选中“允许访问”单选按钮,然后单击“确定”按钮。

4. 创建网络拨号连接

VPN 客户端创建可以在拨入到 CorpNet 时使用的新连接。在 External1 上，执行下列操作。

(1) 选择"开始"→"控制面板"命令，在"控制面板"窗口中双击"网络连接"图标。

(2) 选择"文件"→"新建连接"命令以打开"新建连接向导"对话框。

(3) 在欢迎界面中单击"下一步"按钮。

(4) 在"网络连接类型"对话框中，选中"连接到我的工作场所的网络"单选按钮，然后单击"下一步"按钮。

(5) 在"网络连接"对话框中，选中"虚拟专用网络连接"单选按钮，然后单击"下一步"按钮。

(6) 在"连接名"对话框中的"公司名"文本框中，输入"连接到 ISA_1"，然后单击"下一步"按钮。

(7) 在"公用网络"对话框中，选择是否希望 Windows 自动拨打与网络的初始连接，以及拨打哪个连接，然后单击"下一步"按钮。

(8) 在"VPN 服务器选择"对话框中的"主机名或 IP 地址"文本框中，选择外部网络适配器的 IP 地址，然后单击"下一步"按钮。

(9) 在"可用连接"对话框中，选择"只是我使用"选项，以确保只有在您登录到客户端计算机上时才使用 VPN 连接，然后单击"下一步"按钮。

(10) 查看摘要页，然后单击"完成"按钮。

5. 测试该方案

为了验证方案是否可行，VPN 客户端 External1 将访问内部网络中的计算机。在 External1 上，执行下列操作。

(1) 选择"开始"→"连接到"→"连接到 ISA_1"命令。

(2) 在"ISA_1\用户名"文本框中，输入在创建的用户的名称。然后单击"连接"按钮。

如果连接建立，则说明此方案已配置成功。由于之前已经建立了一条允许 VPN 客户端与内部网络之间的所有通信，连接后可以尝试访问内部网络的共享资源或者 Ping 等。

本章小结

本章讲解了 ISA Server 2006 的功能及安装配置，ISA 防火墙的安全配置与管理，创建和配置受限制的计算机集，发布外围网络中的 Web 服务器，配置虚拟专用网络及其测试该方案。了解 ISA 服务器功能的最佳方法是使用这些功能。

习　题

1. 简述安装 ISA Server 的过程。
2. 如何配置客户端使它可以进行正常地工作?
3. 在安装 ISA Server 的服务器时为何有一个 mspclnt 目录,如何配置?
4. 如何创建和配置受限制的计算机集?
5. 发布外围网络中的 Web 服务器解决方法有哪些?
6. 如何配置虚拟专用网络及其测试该方案?

第 9 章　硬件防火墙

9.1　硬件防火墙的硬件结构

硬件防火墙是指把防火墙程序做到芯片里面，由硬件执行这些功能，能减少 CPU 的负担，使路由更稳定。硬件防火墙是保障内部网络安全的一道重要屏障，它的安全和稳定，直接关系到整个内部网络的安全。

1. 路由器防火墙

路由器(Router)是一种连接多个网络或多个网段的网络设备，它能将不同网络或网段之间的数据信息进行“翻译”，以使它们能够相互理解对方的数据信息，它还能按照数据中的目标地址信息选择合适的转发路径，使多个网络构成了一个更大的网络，如图 9-1 所示。

图 9-1　路由器(Router)D-Link

路由器主要有以下 3 类功能。

(1) 网络互连，路由器能支持各种局域网和广域网的接口，能够互连局域网和广域网，实现不同网络之间互相通信。

(2) 数据处理，提供分组过滤、分组转发、优先级、复用、加密、压缩和防火墙等功能。

(3) 网络管理，路由器提供包括配置管理、性能管理、容错管理和流量控制等功能。

路由器平台的结构图如图 9-2 所示。

其中，CPU 是核心处理单元，系统控制逻辑用来协助主处理器与设备控制、终端处理、计数和计时、数据传输、先进先出缓存以及和网络接口、DRAM 之间的通信。CPU 使用总线来访问系统的不同部件，包括以太网控制器、WAN 接口等。通用异步收发器(Universal Asynchronous Receiver-Transmitter，UART)提供了必要的用户接口，包括 RS232、终端接口、辅助端口。DRAM 中包含了主处理器内存和共享 I/O 内存，前者用来

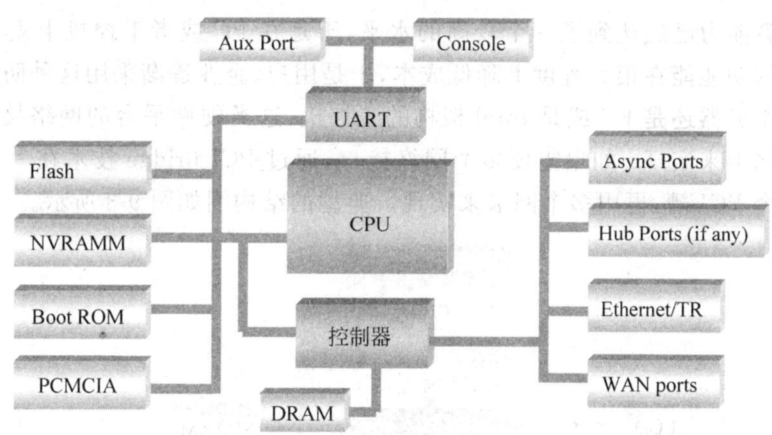

图 9-2　路由器平台的结构图

存放路由表、快速交换缓存、运行配置等,后者用来存放临时系统缓冲区数据包。

路由器会查看 IP 数据包的目的地址,原则上它全部转发,除非真的无法转发。如果让路由器在转发数据包的同时增加一项检查工作,检查数据包的来源地址和数据包要求的应用层服务类型,再根据预先设计的规则来判定这个数据包是转发还是作别的处理,那么此路由器就承担了包过滤防火墙的功能。

路由器通过核心的 ACL 列表,实现基于包的过滤,还可以针对 IP 地址、协议等进行 permit(允许)或者 deny(禁止)的操作。ACL 设置一般通过路由器的命令行(CLI)来完成。基于路由器平台的防火墙是第一代的防火墙,实现简单,在已经部署了路由器的网络边界上,无须添置新的设备即可实现。

但是,这种防火墙具有以下一些明显的弱点。

(1) 配置易用性差：路由器安全策略的制订绝大多数都是基于命令行的,而安全性的规则相对比较复杂,配置出错的概率较高,非专业人员一般难以完成。

(2) 安全性较差：基于路由器 ACL 列表的防火墙容易遭受 IP 地址欺骗(使连接非正常复位)或 TCP 欺骗(会话重放和劫持)而被穿透。

(3) 性能影响较大：路由器是被设计用来转发数据包的,而不是专门设计作为全功能防火墙的,所以包过滤时需要的大运算量对路由器的 CPU 和内存的压力都非常大,尤其是 ACL 列表规模较大时更为明显。

(4) 审计功能较弱：路由器本身没有存储日志、事件的介质,只能通过采用外部的日志服务器(如 syslog,trap)等来完成对日志、事件的存储；路由器本身没有审计分析工具,对日志、事件的描述采用的都是不太容易理解的语言；路由器对攻击等安全事件的响应不完整,对于很多的攻击、扫描等操作不能产生准确及时的事件。

2. x86 平台

1) 基于 PC 型 x86 平台的防火墙

以往的安全软件通常运行在服务器上,来实现其安全应用功能,而随着 PC 技术的发展，PC的计算能力已经达到了一个较高的水平，于是在PC或者工控机上安装运行安全软件来实现其功能能在很大程度上降低成本，于是用户、企业逐渐采用这种防火墙。

不管是服务器还是PC或是Intel架构的工控机，这类硬件平台的网络接口通过PCI插槽＋普通网卡来实现；如果需要多个网络接口，通过PCI bridge技术在一个PCI插槽上扩展出多个PCI槽，再用多个网卡来实现。典型的结构图如图9-3所示。

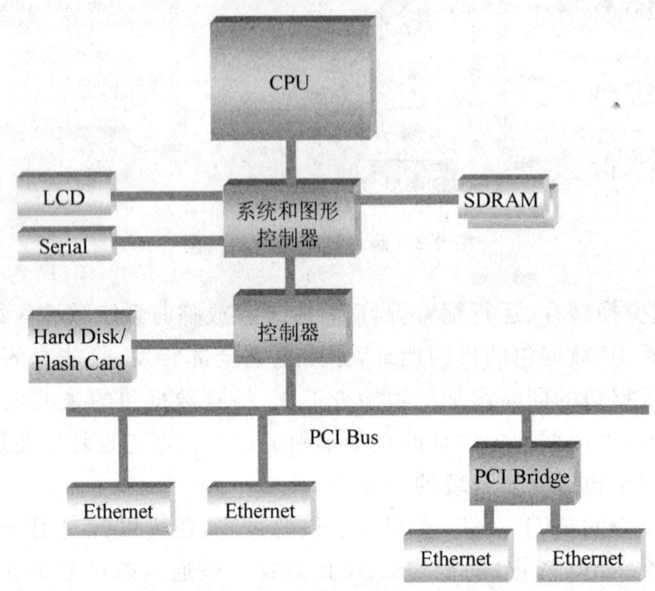

图9-3　PC型x86平台的结构图

x86平台与日常使用的PC在硬件结构上无异，也是由主板、CPU、风扇、内存、硬盘等组成的，可以说，x86的硬件防火墙实际上是由一台PC和在其上运行的操作系统和防火墙软件组成的。只是x86平台的防火墙使用专门的工控主板，屏蔽了VGA、鼠标、键盘等接口，并采用1U或2U的机架式机箱，从外观上不容易区分它与其他平台。

实际上，PC完全能够实现"硬件"防火墙的功能。x86平台的防火墙开发简单，硬件采用通用CPU和PCI总线接口，具有很高的灵活性和可扩展性，过去一直是防火墙开发的主要平台。一般x86防火墙的底层操作系统是Linux或FreeBSD，但也有极少数产品采用Windows。防火墙功能由软件实现，可以根据用户的实际需要作相应调整，增加或减少功能模块，产品比较灵活，功能十分丰富。

x86平台的防火墙受到体系结构的制约，作为通用计算平台，x86的结构层次较多，不易优化，且往往会受到PCI总线的带宽限制。虽然PCI总线接口理论上能达到接近2Gb/s的吞吐量，但是通用CPU的处理能力有限，即使防火墙部分尽可能地优化，也很难达到千兆速率。同时很多x86平台的防火墙是基于定制的通用操作系统，其安全性很大程度上取决于通用操作系统的安全性，可能会存在系统漏洞。

由于没有对网络处理提供额外的硬件支持，x86平台在网络处理性能上是所有防火墙平台中较低的。

2）基于网络设备型 x86 平台的防火墙

这是一种网络优化的专用 PC 结构。这一类硬件平台，虽然在主体上仍然使用 Intel x86 的 PC 结构，但其网络部分是经过专门设计的，网络处理部分和系统部分独立成两块，采用了 LAN Switch(LAN on Motherboard)技术，很好地解决了多网络接口流量均衡的问题，极大地提高了网络处理能力，在相对较低的 CPU 主频上，能提供比一般 PC 系统快得多的网络处理速度(如图 9-4 所示)。同时，再配合精简的操作系统，使用 Flash、DOM 等电子存储替代一般硬盘，为安全应用软件提供了一个稳定的、快速的处理平台。这一类硬件平台虽然价格略有上升，但是其稳定性得到了很大的提升，尤其是网络性能相比 PC 型有较好的提升。

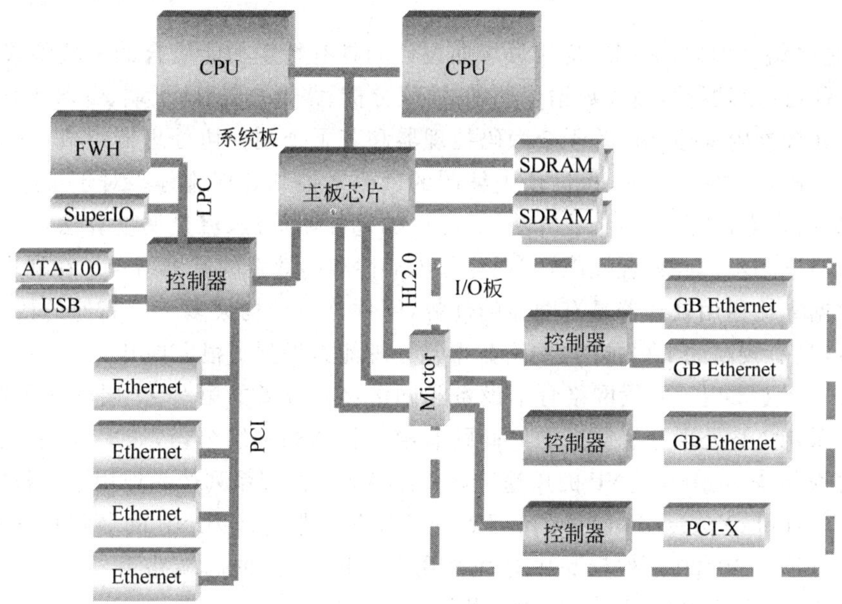

图 9-4 网络设备型 x86 平台的结构图

以图 9-4 所示平台为例，在采用 Intel E7500 作为主板芯片组的平台中，虽然 E7500 的内存控制器(MCH)当时只支持 100MHz 的内存工作频率，但是通过采用 2 个内存通道，E7500 可以提供最大 3.2GB/s 的内存带宽，这个数值与 400MHz 前端总线的 Xeon 处理器的带宽恰好相同，连接两颗 Xeon 处理器的仍旧是采用总线(3.2GB/s)共享的方式。

以往连接 MCH 和 ICH 之间的 HL(Hub-Link)协议是 1.0，而在 E7500 芯片组中采用的 HL 协议提升为 1.5 和 2.0 两个版本。之所以在一个芯片组产品中采用 2 个 Hub-Link 规范，是因为 E7500 芯片组中为了满足高数据吞吐设备的需求，采用 64bit 的 PCI/PCI-X P64H2 芯片，提供了新的 PCI-X 接口。

除了配备了 ICH3-S 芯片，通过 1.5 版本的 Hub-Link 连接 MCH 与 ICH3-S 芯片之外(通过这条 8 位 66MHz 的数据通道，用户可以连接 PCI、ATA 以及 USB 设备)，E7500 芯片组可以通过 3 个 P64H2 芯片提供 3 条 HL2.0 通道，每条通道可以为用户提供

1.066GB/s 的 I/O 带宽，而且每个 P64H2 芯片可以提供 2 个 64 位的 PCI 或 PCI-X 通道。根据不同的应用环境，主板厂商可以在主板上设置 66、100 甚至 133MHz 的 PCI-X 插槽，对于那些高速 RAID 或者其他需要较大数据传输速率的设备，E7500 芯片组在 PCI/PCI-X 上的灵活配置以及强大的性能足以满足目前网络设备应用的需要。

当然，由于防火墙大量的运算是网络数据包处理、模式匹配、加解密计算等，这些在传统 CPU 上都会形成很大的占用率，使得网络处理无法达到线速。因此，旨在提高防火墙性能或者信息安全性能的基于专用集成电路(ASIC)和网络处理器(NP)的平台就陆续推出了，当然，不管什么时候，x86 平台一直以低价格和高灵活性在这些平台中居优。

3. Network Processor(NP)平台

NP 是网络处理器，为网络应用领域而设计的具有特定功能集合的一块集成电路，它通常是一种可编程器件，完成数据包处理、协议分析、路由查找、防火墙、QoS 等任务。

网络处理器内部通常由若干个微码处理器和若干个硬件协处理器组成，且多个微码处理器在 NP 内部并行处理，通过预先编制的微码来控制处理流程。对于某些复杂的标准操作，如内存操作、路由表查找算法、QoS 的拥塞控制算法、流量调度算法等，采用硬件协处理器能进一步提高处理性能，实现业务灵活性和高效性的有机结合。在处理 2～4 层的分组数据上比通用处理器具有明显的优势，硬件体系结构大多采用高速的接口技术和总线规范，具有较高的 I/O 能力，网络数据包处理能力得到了很大提升。

目前 NP 主要用于开发网络骨干设备和网络接入设备的第 2～7 层的各种服务与应用。例如采用 NP 处理分组交换的厂商既有第一梯队的网络公司，如思科、朗讯，也有不少后起之秀如华为、中兴。NP 的用途广泛：思科宽带汇聚系列产品使用了思科的并行快速转发(Parallel eXpress Forwarding，PXF)NP，它被业内称为 NP 的鼻祖；华为在第五代路由器 NE80/40/20 系列产品中全面采用了 NP；港湾的高端路由器、核心交换机如 NetHammer G 系列也采用了 NP 相关技术；UT 斯达康使用 Motorola 的 NP 作为多项 3G 无线接入网产品的封包转发引擎。

由于各厂商所专注的 NP 技术领域不同，因此 NP 产品之间存在一些差异。目前国内多数安全厂商在 NP 技术上大都选择了 IBM 或 Intel 的 NP 技术。其实安全厂商具体选用哪种 NP 技术开发防火墙，考虑的因素有很多，包括所选 NP 技术的性能、成熟度、提供该 NP 技术的厂商实力，以及 NP 技术厂商可提供的支持力度和价格。

IBM 的 Power NP 系列芯片不仅支持多线程，且每个线程都有充足的指令空间，在一个线程里完成防火墙功能绰绰有余。其 NP 系列产品中以 NP4GS3 为代表，该芯片最高端口速率可达 OC-48，并具有 4.5Mb/s 的报文处理能力和最大 4GB 的端口容量，并且其创新的带宽分配技术(Bardwidth Allocation Technology，BAT)是进行下一代系统设计的强大部件。此外，IBM 还为开发者提供了软件架构的解决方案和仿真平台，极大地缩短了开发难度和周期。目前，不少厂家已经采用 IBM 的 NP 芯片来开发高端防火墙产品。

Intel 推出的 IXP2000 系列芯片支持微码开发，在性能上有了长足的进步，如

IXP2400 理论上最多可支持 2.5Gb/s 的应用，IXP2800 则支持 10Gb/s 以上的应用。其 SDK 功能十分齐全，模块化好，便于开发人员使用。不足的是，IXP2400 每个微引擎仅能存储 4k×32 位的指令，仅适合开发路由器和交换机这类产品；IXP2800 每个微引擎能存储 8k×32 位的指令，基本可以满足防火墙功能需要，但是其性能提高导致的产品设计与应用复杂度的成倍增加导致价格十分昂贵。此外，该系列产品的硬件查表功能比较弱，这对于防火墙这类需要大量查表操作的设备来说是致命的。

图 9-5 所示为使用双 NP 芯片的 NP 平台结构图。在此平台上，NP 接收处理器和 NP 传输处理器提供核心计算能力，接收处理器负责解密、身份鉴别、分类、策略方面的计算，传送处理器负责流量状态、加密、身份鉴别方面的计算。NP 一般会集成密码模块，提供流行的加密和数据完整性算法的硬件加速；同时 NP 还与主板芯片相兼容，主板芯片主要进行与安全相关的会话建立，如 Internet 密钥交换(IKE)以及普通的计算；NP 平台还提供高速的 PCI 总线，并使用专用的芯片来实现高效的公钥计算的能力。

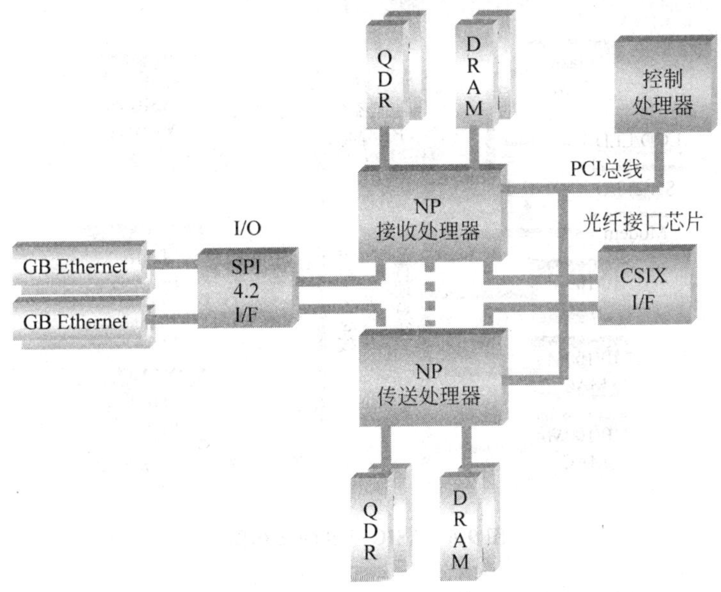

图 9-5　NP 平台的结构图

NP 是专门为网络设备处理网络流量而设计的处理器，其体系结构和指令集对于防火墙常用的数据包过滤、转发等算法和操作都进行了专门的优化，可以高效地完成 TCP/IP 栈的常用操作，并对网络流量进行快速的并发处理。硬件结构设计也大多采用高速的接口技术和总线规范，具有较高的 I/O 能力。它可以构建一种硬件加速的完全可编程的架构，这种架构的软硬件都易于升级，软件可以支持新的标准和协议，硬件可支持更高的网络速度，从而使产品的生命周期更长。由于防火墙只处理网络数据包，所以基于 NP 架构的防火墙与 x86 架构的相比，性能得到了很大的提高。但是，对于处理大量的小数据包，基于 NP 的防火墙与基于 ASIC 的防火墙在全线速包转发的性能上还是有一定差距的。

4. ASIC 平台

ASIC(Application Specific Integrated Circuit)是专用集成电路,其结构图如图 9-6 所示。从电子工程学上来讲,ASIC 并不是新概念,自从有电路的那一刻起,就开始了 ASIC 的开发与应用。ASIC 采用硬接线的固定模式,最早的 ASIC 完全量身订造,而可编程芯片则从 20 世纪 70 年代初期开始起步,可编程逻辑装置(Programmable Logic Device, PLD)经历了 PLA、PAL、GAL、PEEL、EPLD、CPLD、SPLD、FPGA 等阶段,已进入可编程 ASIC 阶段,它将多个电路迭层(Layer)的多层电路改造成 FPGA 的形态(允许变动、调整电路),并保留几层为原有的传统 ASIC 形态(不允许再调整电路),从而使现代 ASIC 设备既有硬件芯片级的高性能,又实现了充分的灵活性和可编程能力。

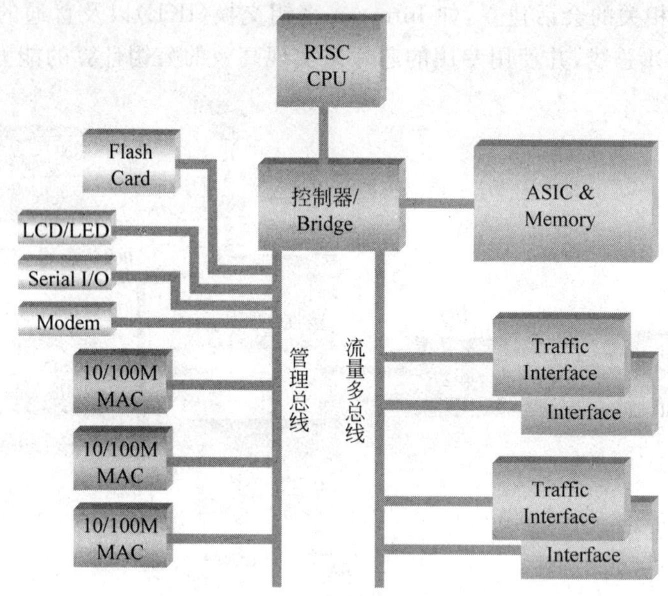

图 9-6 ASIC 平台的结构图

特别重要的是,ASIC 安全芯片的开发初衷就是安全专用,它不具备其他功能。厂商自己开发的 ASIC 芯片更是完全按照厂商具体需求开发而成的,大多数安全功能的加速算法是可以集成到芯片内部的,从而实现快速的安全转发。

ASIC 防火墙也需要配置传统 CPU,但是这时 CPU 主要起管理和执行与性能无关的业务,安全处理和转发则完全由 ASIC 来处理,从而确保了系统无论是在路由转发还是网络攻击的环境下都能保证较高的带宽。

ASIC 防火墙通过专门设计的 ASIC 芯片将指令或计算逻辑固化,获得更高的处理能力。新一代高可编程 ASIC 芯片采用了更灵活的设计,能够通过软件改变应用逻辑,具有更广泛的适应能力。另外,基于 ASIC 芯片架构的防火墙将状态表项、路由表项以及 VLAN 表项等信息存储在芯片中,提高了防火墙的处理速度。

但是,ASIC 防火墙的缺点也同样明显:灵活性与扩展性不高、开发费用高、开发周期过长、不能支持太多的功能。因此，ASIC 防火墙适合模式简单、对吞吐量和时延要求较高的电信级大流量数据包处理。而对于非电信行业的用户来说，他们对流量要求不是非常高，但对于功能、灵活性要求比较高，因此基于 NP 的防火墙可能会略微占优。

防火墙产品的 3 个发展趋势如下。

从现有的网络环境及用户安全需求的变化趋势来看，防火墙产品将朝着更快、更多功能、更安全的方向发展。

(1) 更快：目前防火墙的一个很大的局限性是速度不够，真正达到线速的防火墙少之又少。防范 DoS（拒绝服务）是防火墙一个很重要的任务，防火墙往往放置在网络出口处，若其造成网络堵塞，再安全的防火墙也无法应用。ASIC 技术、NP 技术是实现高速防火墙的主要方法，但尤以 NP 技术为最优，因为网络处理器采用微码编程，可以根据需要随时升级，甚至可以支持 IPv6，而采用其他方法就不那么灵活。实现高速防火墙，算法也十分关键，由于网络处理器中集成了很多硬件协处理单元，因此比较容易实现高速任务处理。

(2) 更多功能：鉴于目前路由器和防火墙价格都比较高，组网环境也越来越复杂，一般用户总希望防火墙可以支持更多的功能，满足组网需要，节省投资。例如，防火墙支持广域网接口并不影响安全性，但在某些情况下却可以为用户节省一台路由器，支持部分路由器协议则可以更好地满足组网需要；支持 IPSec、VPN，就能够利用 Internet 建立安全的专用通道，既安全又节省了专线投资。据 IDC 统计，国外 90%的加密 VPN 都是通过防火墙实现的。

(3) 更安全：未来防火墙的操作系统会更安全。随着算法和芯片技术的发展，防火墙会更多地参与应用层分析，为应用提供更安全的保障，在信息安全的防御体系中起到堡垒作用。

5. UTM 平台

UTM 是统一威胁管理(Unified Threat Management)，这是一种被广泛看好的信息安全解决方案。目前被提及较多的定义是：由硬件、软件和网络技术组成的具有专门用途的设备，它主要提供一项或多项安全功能，它将多种安全特性集成于一个硬设备之中，构成一个标准的统一管理平台。

这类产品集成了多种安全技术于一身，通常包括防火墙、虚拟专用网(VPN)、入侵检测和防御(IDP)、网关防病毒等威胁管理安全设备，无须安装软件，极大地提高了企业的安全和管理能力。威胁管理安全设备也可能还包括安全管理、策略管理、服务质量(QoS)、负载均衡、高可用性(High Availability，HA)、带宽管理等。

UTM 的硬件平台也会采用 x86 架构、NP 架构和 ASIC，正如前面所述，它们各有优缺点：x86 使用较高频率的 CPU，能较好地应对多种安全功能的计算需求，但其在处理小型网络数据包时无法达到线速；NP 和 ASIC 分别具有较强的网络处理能力和加解密计算能力，但对于网关杀毒、垃圾邮件过滤、访问监控等功能，无法起到加速作用。为了加强性能，一般 UTM 平台都采用了多个 CPU(多核处理器)及加速卡等。

9.2 硬件防火墙性能指标

1. 硬件平台技术

硬件平台技术主要有下列 3 种：基于 x86 平台（多 CPU、多核处理器）、基于 NP 平台、基于 ASIC 平台。

2. LAN 接口

防火墙所能保护的网络类型，如以太网、快速以太网、千兆以太网、ATM、令牌环及 FDDI 等。

3. 最大 LAN 接口数

最大 LAN 接口数指防火墙所支持的局域网络接口数目，也是其能够保护的不同内网数目。

4. 操作系统平台

防火墙所运行的操作系统平台，如 Linux、UNIX、Win NT、专用安全操作系统等。

5. 协议类型

支持的协议，如 IP 协议、AppleTalk、DECnet、IPX、NETBEUI、VPN 通道的建立协议。构建 VPN 通道所使用的协议主要包括 IPSec、PPTP、专用协议等。

6. 加密

VPN 中支持的加密算法，例如数据加密标准 DES、3DES、RC4 以及国内专用的加密算法。加密还可应用于其他领域，如身份认证、报文完整性、密钥分配等。

提供基于硬件的加密：是否提供硬件加密方法，硬件加密可以提供更快的加密速度和更高的加密强度。

7. 认证支持

认证支持是指防火墙支持的身份认证协议，一般情况下拥有若干个认证方案，如 RADIUS、Kerberos、TACACS/TACACS＋、口令方式、数字证书等。防火墙能够为本地或远程用户提供经过认证与授权的网络资源访问，防火墙管理员必须决定客户以何种方式通过认证。

支持的认证标准和 CA 互操作性：厂商可以选择自己的认证方案，但应符合相应的国际标准，所支持的标准认证协议及自己实现的认证协议是否与其他 CA 产品兼容互通。

支持数字证书：是否支持数字证书。

8. 访问控制

通过防火墙的过滤设置：数据包过滤防火墙的过滤规则集合由若干条规则组成，它应涵盖对所有出入防火墙的数据包的处理方法，对于没有明确定义的数据包，应该设置一个默认处理方法；过滤规则应易于理解，易于编辑修改；同时应具备一致性检测机制，防止规则冲突。IP 数据包过滤主要是根据数据包头部信息如源地址和目的地址进行过滤，若数据包头部信息中的协议字段表明封装协议为 ICMP、TCP 或 UDP，那么还可再根据 ICMP 头部信息(类型和代码值)、TCP 头部信息(源端口和目的端口)或 UDP 头部信息(源端口和目的端口)执行过滤，其他的还有 MAC 地址过滤。应用层协议过滤包括 FTP 过滤、基于 RPC 的应用服务过滤、基于 UDP 的应用服务过滤以及动态包过滤技术等。

应用层代理：指防火墙是否支持应用层代理，如 HTTP、FTP、TELNET、SNMP、POP3 等。代理服务在确认客户端连接请求有效后接管连接，代为向服务器发出连接请求，代理服务应根据服务器的应答，决定如何响应客户端请求，代理服务涉及两个连接(客户端与代理服务间的连接、代理服务与服务器端的连接)。为确保连接的唯一性与时效性，代理服务需要维护代理连接表或相关数据库；如果还要提供认证和授权功能，代理服务还要维护一个扩展信息集合。

传输层代理：指防火墙是否支持传输层代理服务。

NAT：是否支持网络地址转换(Network Address Translation，NAT)。NAT 能将一个 IP 地址域映射到另一个 IP 地址域，从而为终端主机提供透明路由的方法。NAT 常用于私有地址域与公有地址域的转换以解决公有 IP 地址匮乏问题。防火墙实现 NAT 后，可以隐藏受保护网络的内部结构，在一定程度上提高了网络的安全性。

是否支持硬件口令、智能卡等，这些是比较安全的身份认证技术。

9. 防御功能

- 病毒扫描：是否支持防病毒功能，如扫描电子邮件附件中的 DOC 和 ZIP 文件，及 FTP 中的下载或上载的文件，以发现其中包含的危险信息。
- 内容过滤：是否支持内容过滤，内容过滤指防火墙在 HTTP、FTP、SMTP 等协议层，根据过滤条件，对信息流进行控制，允许通过、修改后允许通过、禁止通过、记录日志、报警等。过滤内容主要是 URL、HTTP 携带的信息，Java Applet、JavaScript、ActiveX 和电子邮件中的 Subject、To、From 域。
- 阻止 ActiveX、Java、Cookies、JavaScript 侵入：属于 HTTP 内容过滤，防火墙应该能够从 HTTP 页面剥离 Java Applet、ActiveX 等小程序及从 Script、PHP 和 ASP 等代码检测出危险代码或病毒，并向浏览器用户报警。同时，能够过滤用户上载的 CGI、ASP 等程序，当发现危险代码时，向服务器报警。
- 能防御的 DoS 攻击类型：拒绝服务攻击(DoS)就是攻击者过多地占用共享资源，

导致服务器超载或系统资源耗尽，而使其他用户无法享有服务或没有资源可用。

防火墙通过控制、检测与报警等机制，可在一定程度上防止或减轻DoS攻击。

10. 安全特性

- 支持转发和跟踪ICMP协议（ICMP代理）：是否支持ICMP代理，ICMP是网间控制报文协议。
- 提供入侵实时警告：提供实时入侵警告功能，当发生危险事件时，是否能够及时报警，报警的方式可能通过邮件、呼机、手机等。
- 提供实时入侵防范：提供实时入侵响应功能，当发生入侵事件时，防火墙能够动态响应，调整安全策略，阻挡恶意报文。
- 识别/记录/防止企图进行IP地址欺骗：IP地址欺骗指使用伪装的IP地址作为IP包的源地址对受保护网络进行攻击，防火墙应该能够阻止来自外部网络而源地址是内部IP地址的数据包。

11. 管理功能

防火墙的管理可通过以下几种管理来实现。

- 集中管理：是否支持通过集成策略集中地管理多个防火墙，防火墙管理是指对防火墙具有管理权限的管理员行为和防火墙运行状态的管理，管理员的行为主要包括通过防火墙的身份鉴别、编写防火墙的安全规则、配置防火墙的安全参数、查看防火墙的日志等。
- 本地管理：是指管理员通过防火墙的Console端口或防火墙提供的键盘和显示器对防火墙进行配置管理。
- 远程管理：是指管理员通过以太网或防火墙提供的广域网接口对防火墙进行管理，管理依赖的通信协议通常是FTP、TELNET、HTTP等。

基于时间的访问控制：是否提供基于时间的访问控制。

SNMP监视和配置：SNMP是简单网络管理协议。

带宽管理：防火墙能够根据当前的流量动态调整某些客户端占用的带宽。

负载均衡：负载均衡可通过动态端口映射来实现，它将一个外部地址的某一TCP或UDP端口映射到一组内部地址的某一端口，负载均衡主要用于将某项服务（如HTTP）分摊到一组内部服务器。

失败恢复（failover）：指支持的容错技术，如双机热备份、故障恢复，双电源备份等。

12. 记录和报表功能

日志处理：防火墙规定了对于符合条件的报文进行相关日志记录，并也规定了日志信息的管理、存储方法。

日志扫描：指防火墙是否具有日志的自动分析和扫描功能，这可以获得更详细的统计结果，达到事后分析、亡羊补牢的目的。

自动报表、日志报告编辑器：提供自动报表和日志报告功能。

简要报表(按照用户 ID 或 IP 地址)：能按要求提供报表分类打印。

实时统计：日志分析后所获得的智能统计结果，一般是以图表输出。

13. 测评和销售许可证

获得的国内有关部门许可证类别及号码：这是防火墙合格与销售的关键要素之一，例如公安部的销售许可证、国家信息安全测评中心的认证证书、总参的国防通信入网证和国家保密局的推荐证明等。

14. 常见性能指标

- 吞吐量：防火墙在接收和发送数据包而不出现丢包的最大数据传输速率，它代表防火墙在正常工作时的数据传输处理能力，是其他指标的基础，因为数据流中一帧的丢失会导致高层协议等待超时进而产生较大延迟，同时它还能用于判断防火墙在超载情况下的稳定性问题。
- 延迟：延迟是指从测试数据帧的最后一个比特进入被测设备端口开始至测试数据包的第一个比特从被测设备另一端口离开的时间间隔。延迟指标对于一些对实时敏感的应用，如网络电话、视频会议、数据库复制等影响很大。各种长度的帧的延迟测试分别在 50%和 100%吞吐率下进行，横向比较的是存储转发的延迟结果。
- 丢包率：丢包率测试用于确定防火墙在不同传输速率下丢失数据包的百分数，目的在于测试防火墙在超载时的性能。对于 64～1518B 的帧，分别采用 40%、70%、100%线速进行测试。
- 并发连接数：防火墙能建立的 TCP 并发连接数的最大值，是防火墙能够同时处理的点对点连接的最大数目，它反映出防火墙设备对多个连接的访问控制能力和连接状态跟踪能力，这个参数直接影响到防火墙所能支持的最大信息点数。

9.3　硬件防火墙安全规则策略

硬件防火墙是指把防火墙的功能实现固化到芯片里面，由硬件执行这些功能，减少了 CPU 的负担。防火墙是保障内部网络安全的一道重要屏障，通常防火墙系统中存在的隐患和故障在暴发前都会出现这样或那样的苗头，例行检查的任务就是要发现这些安全隐患，并尽可能将问题定位，方便问题的解决。

一般来说，硬件防火墙的例行检查主要针对以下内容。

1. 配置文件

不管在安装硬件防火墙时考虑得多么全面和严密，一旦硬件防火墙投入使用，环境情况却随时都在发生改变。硬件防火墙的规则总会不断地变化和调整，配置参数也会时常有所改变。因此，网络安全管理人员最好能够编写一套修改防火墙配置和规则的安全策略，并严格实施。所涉及的硬件防火墙配置，最好能详细到如哪些流量被允许、哪些服务要用代理这样的级别。

安全策略要包含修改硬件防火墙配置的步骤，如哪些授权需要修改、谁能进行这样的修改、什么时候才能进行修改、如何记录这些修改等。安全策略还应包括责任的划分，如某人具体作修改，另一人负责记录，再由第三个人来检查和测试修改后的设置是否正确。详尽的安全策略应该保证硬件防火墙配置修改工作的程序化，并尽量避免因修改配置而造成的错误和安全漏洞。

2. 磁盘使用情况

如果硬件防火墙保留日志记录，那么检查硬件防火墙的磁盘使用情况是一件很重要的事情。若不保留日志记录，那么检查硬件防火墙的磁盘使用情况就变得更加重要了。保留日志记录的情况下，磁盘占用量的异常增长表明日志清除过程很可能存在问题。在不保留日志的情况下，若磁盘占用量异常增长，则表明硬件防火墙有可能是被安装了Rootkit工具，即已经被人攻破了。因此，网络安全管理人员首先需要了解在正常情况下防火墙的磁盘占用情况，并以此为依据设定一个检查基线。硬件防火墙的磁盘占用量一旦超过这个基线，就意味着系统遇到了安全或其他方面的问题，需要进行进一步检查。

3. CPU 负载

CPU负载也是判断硬件防火墙系统运行是否正常的一个重要指标。安全管理人员必须了解硬件防火墙系统CPU负载的正常值范围，过低的负载值不一定一切正常，但过高的负载值则说明防火墙系统肯定出现问题了，很可能是遭到了DoS攻击或遇到了外部网络连接断开等问题。

4. 精灵程序

防火墙在正常运行的情况下都有一组精灵程序(Daemon)，比如名字服务程序、系统日志程序、网络分发程序或认证程序。例行检查必须检测这些程序是否都在运行，如果某些精灵程序没有运行，则需要进一步调查原因。

5. 系统文件

关键的系统文件的改变通常由3种情形造成：①管理人员有目的有计划地进行的修改，比如计划中的系统升级。②管理人员偶尔地对系统文件进行的修改。③攻击者对系统文件进行的修改。经常性地检查系统文件，并查对系统文件修改记录，可及时发现防火墙所遭到的攻击。此外，最好在硬件防火墙配置策略的修改中包含对系统文件的修改记录。

6. 异常日志

硬件防火墙日志记录了所有允许或拒绝的通信流量的信息，是硬件防火墙运行状况的主要信息来源。通常该日志的数据量庞大，所以，检查异常日志应该是一个自动进行的过程。当然，管理员需要先确定什么样的事件是异常事件，只有管理员定义了异常事件并进行记录，硬件防火墙才会保留相应的日志。

上述 6 个方面的例行检查也许并不能立刻找到硬件防火墙可能遇到的所有问题和隐患，但持之以恒地检查对硬件防火墙稳定可靠地运行是非常重要的。如果有必要，管理员还可以用数据包扫描程序来确认硬件防火墙配置的正确与否，甚至可以更进一步地采用漏洞扫描程序来进行模拟攻击，以检验硬件防火墙的功能是否完备。

防火墙并不着重于数据包转发，而需要对数据包进行判断和处理，现在防火墙功能不断扩展，对处理性能的要求也在快速增长，单纯提升基本数据处理能力，尚无法保证网络处理器能满足硬件防火墙的要求，Intel 网络处理器的结构设计是最主流的，主要着眼于数据处理和控制方面，其数据处理能力确实足以胜任千兆网的数据传输负荷，但主要的性能提升仍集中于网络封包的处理，如数据校验、路由匹配等，完成常见网络设备的职责非常出色，但在功能管理层面支持相对不足，对于复杂的数据应用，例如数据包重组和加密处理，其性能就较差了。

从性能上说，基于网络处理器的防火墙本质上是基于软件的解决方案，很大程度上依赖于软件设计，而 ASIC 将算法固化在硬件中，因而在性能上有比较明显的优势。多功能 ASIC 架构将有较好潜力。目前基于 ASIC 技术的防火墙已可达到 4 个千兆网口的全线速包转发。而一般基于网络处理器的防火墙在小数据包情况下，还不能完全做到 2 网口的千兆线速转发。

不过网络处理器的软件特性使它具有更好的灵活性，在升级维护方面有较大的优势。纯硬件的 ASIC 防火墙缺乏可编程性，这使得它缺乏灵活性，从而跟不上防火墙功能的快速发展。现代的 ASIC 技术通过增加 ASIC 芯片的可编程性，使其与软件更好地配合，从而同时满足来自灵活性和运行性能的要求。功能实现方面，ASIC 技术可以比较容易地集成 IDS、VPN 等功能，也实现了内容过滤和防病毒功能。而网络处理器受限于它的计算能力，这些功能一般只能靠协处理器来实现。

NP 采用了 ASIP(Application Specific Processor)和 SoC(System on Chip)等体系结构技术，同时为了保证运算性能，现在的 NP 产品通常都拥有多个 RISC 处理器及协处理器，并采用分布式的存储系统，最大限度地突破存储瓶颈，使得不同的应用操作可以由这些处理器并发执行，从而获得逼近 AISC 的效能。同时 NP 在灵活性方面又要好于 AISC，因为其具有很强的编程能力，能够方便地进行各种应用开发，随着市场需要对功能进行扩展和修正，另外其开发周期较短(通常不超过 6 个月，AISC 的开发周期一般都超过 12 个月)。它具有以下几个方面的特性：完全的可编程性、简单的编程模式、最大化系统灵活性、高处理能力、高度功能集成、开放的编程接口、第三方支持能力。

在开发难度、开发成本和开发周期方面，网络处理器技术有比较明显的优势，毕竟网络处理器产生的一大原因就是为了降低这方面的门槛。

采用ASIC技术可以为防火墙应用设计专门的数据包处理流水线,优化存储器等资源的利用,是公认的使防火墙达到线速千兆,并满足千兆环境骨干级应用的技术方案。但ASIC技术开发成本高、开发周期长且难度大,用ASIC实现新功能通常需要2～3年的时间,对于特殊的用户需求,基于NP的防火墙产品可以实现定制开发,即可以通过模块删减来开发出满足不同用户的产品。而采用ASIC实现的情况下,由于ASIC不可编程,因此根本无法添加新的功能。

从产品特性上讲,NP架构下的产品批量生产成本比x86架构要高,而NP的计算能力又比ASIC要低。这都是NP架构防火墙必须面对的问题,但NP防火墙具有更高的集成度,并以分布式的存储系统,能够胜任高带宽的线速处理。

从性能的角度分析,基于Intel x86架构的千兆防火墙,由于受CPU处理能力和PCI总线速度的制约,性能和功能不能达到网络安全和网络性能间的统一。

从功能的角度分析,基于通用处理器的x86架构上开发的防火墙,功能强大,可扩充性非常好;基于ASIC的防火墙虽然在性能上非常强大,但是在功能性、灵活性和可扩充性等方面就差很多了。因此基于ASIC的防火墙开发难度大、周期长、产品灵活性差。

目前AISC是硬件防火墙领域无可争议的主流技术,因为利用这种硬件架构可以获得相当高的性能和稳定性。但AISC技术在某种程度上存在着设计周期长、开发成本高的问题,不过从技术成熟度方面来看,相比ASIC这样已经被实践证明了的成熟技术,网络处理器在市场上的表现并不理想,一般只被用于低端路由器、交换机等数据通信产品。究其原因,主要是网络处理器开发需要的编程技术比预想的复杂困难,而且在实际应用中的性能往往并不理想,远低于其厂家的标称性能。这种技术应用在防火墙这样的复杂网络设备上,究竟能否在不影响功能的前提下,达到预期的性能,还有待检验。

从三种平台的比较看,x86平台灵活性最高,新功能、新模块扩展容易,但性能相对较差。相比于x86和NP平台,ASIC性能最高,也不存在x86平台的操作系统安全问题,但是ASIC的灵活性和扩展性不够,开发费用高,开发周期太长。NP在处理网络数据上比通用CPU具有明显的优势,同时也具有一定的灵活性,而且研制周期较短,成本相对ASIC较低;但是,相比于x86,NP应用开发、功能扩展受其配套软件的限制,而且需要专业技术人员,因此NP防火墙的技术门槛相对较高。以往国内防火墙厂商主要基于x86,而国外厂商主要是采用ASIC。

总体来说,NP主要提供了一种介于AISC和通用处理器之间的折中方案,其在提供高于通用处理器性能的同时,也很好地解决了AISC在灵活性和可编程性方面的问题。NP＋ASIC是未来趋势。

当然,NP防火墙也存在一定的局限性,如与ASIC相比NP成本上还较高,而与x86相比计算能力却不足。这是因为NP适合于快速转发,但不适合深度计算,如何平衡计算和通信之间的矛盾是NP防火墙需要考虑的问题。因此有可能出现一些NP平台防火墙性能在提升、功能却在减弱的情况。

针对目前国外主流防火墙厂商仍采用ASIC防火墙的趋势,未来ASIC不会完全代替 NP,因为 NP 和 ASIC 各具优势,未来的防火墙应该是 NP 与 ASIC、FPGA 等的融合,例如某些固定的算法或逻辑可采用 ASIC 架构,带来成本的下降;而在个性化设计、编程等方面,NP 的开发周期会更短。

本章小结

本章讲解了硬件防火墙的功能,硬件防火墙的体系结构,介绍了硬件防火墙产品主要采用的 3 种架构:基于 x86 架构、基于 NP 架构和 ASIC 架构,并且分析了防火墙体系架构未来前景。

习　题

1. 什么是硬件防火墙,它有何特点?
2. 什么是基于 x86 的平台(工控机)硬件防火墙?
3. 什么是 ASCI 芯片的平台硬件防火墙?
4. 什么是基于 NP 的平台硬件防火墙?
5. ASCI 芯片的平台硬件防火墙与基于 NP 的平台硬件防火墙的区别是什么?

第 10 章　防火墙的配置

防火墙配置的差异性很大，不同品牌、同一品牌的不同型号都不完全一样，所以本章将对一些防火墙配置的通用方法进行介绍。同时，具体的防火墙策略配置会因具体的应用环境不同而有较大差别。

10.1　防火墙的基本配置原则

如果防火墙的防护执行设置没有结合企业内部的需求而进行认真充分的定义，添加到防火墙的安全过滤规则就有可能允许不安全的服务和通信通过，从而导致不必要的危险与麻烦。防火墙如果事先设置了合理的过滤规则，它就能截住不合规则的数据报文，起到过滤的作用。相反，如果规则不正确，将适得其反。

默认情况下，所有的防火墙都是按以下两种情况配置的。

(1) 拒绝所有的流量，这时需要显式地指定能够进入和离开的流量类型。

(2) 允许所有的流量，这时需要显式地指定拒绝通过的流量类型。

大多数防火墙默认设置为拒绝所有的流量。即一旦防火墙安装之后，需要打开一些必要的端口来使防火墙内的用户在通过验证之后可以访问外部网络。例如，如果员工需要发送和接收电子邮件，则须在防火墙上设置相应的规则或开启允许 POP3 和 SMTP 的进程。

配置防火墙要安全实用，从这个角度考虑，在防火墙的配置过程中需要坚持以下 3 个基本原则。

(1) 简单实用：对防火墙环境设计来讲，首要的就是越简单越好。越简单的实现方式，越容易理解和使用。而且设计越简单，防火墙的安全功能越容易得到保证，管理也越可靠和简便。

每种产品都会有其主要功能定位，比如防火墙产品的初衷就是实现网络之间的安全控制，入侵检测产品主要针对网络非法行为进行监控。但是随着技术的成熟和发展，这些产品在原来的主要功能之外或多或少地增加了一些增值功能，比如在防火墙上增加了查杀病毒、入侵检测等功能，在入侵检测上增加了病毒查杀功能。但是这些增值功能并不是所有应用环境都需要，在配置时要针对具体应用环境，不必对每一功能都详细配置，这样会大大增强配置复杂度，同时还可能出现配置不协调，引起新的安全漏洞。

(2) 全面深入：单一的防御措施是难以保障系统的安全的，只有采用全面的、多层次的深层防御战略体系才能实现系统的真正安全。在防火墙配置中，不要停留在几个表面的防火墙语句上，而应系统地看待整个网络的安全防护体系，尽量使各方面的配置相互加强，从深层次上防护整个系统。这体现在两个方面，一是防火墙系统的部署上，多层次的防火墙部署体系，即采用互联网边界防火墙、部门边界防火墙和主机防火墙的一体化层次防御；另一方面是将入侵检测、网络加密、病毒查杀等多种安全措施结合在一起的多层安全体系。

(3) 内外兼顾：防火墙的一个特点是防外不防内，其实在现实的网络环境中，80%以上的威胁都来自内部，所以要树立防内的观念，从根本上改变过去那种防外不防内的传统观念。对内部威胁可以采取其他安全措施，比如入侵检测、主机防护、漏洞扫描、病毒查杀。这就要求防火墙配置时要引入全面防护，最好能部署与上述内部防护手段一起联动的机制。

10.2　三种防火墙配置方案

防火墙是网络安全的一个重要防护措施，保护网络和系统。根据实际需要，允许或禁止特定数据包的通过、监控通过防火墙的数据包，并对所有事件进行记录。

最简单的防火墙配置，就是在内部网络和外部网络之间加装一个数据包过滤路由器或者应用层网关。为了更好地实现网络安全，有时还要将几种防火墙技术组合起来构建防火墙系统。目前比较流行的有以下三种防火墙配置方案。

1. 双宿主机网关

双宿主机网关(Dual Homed Gateway)是用一台装有两个网络适配器的双宿主机做防火墙。双宿主机用两个网络适配器分别连接两个网络，又称堡垒主机。堡垒主机上运行着防火墙软件(通常是代理服务器)，可以转发应用程序、提供服务等。双宿主机网关有一个致命弱点，一旦入侵者侵入堡垒主机并使该主机只具有路由器功能，则任何外部网络上的用户均可以随便访问内部网络(如图 10-1 所示)。

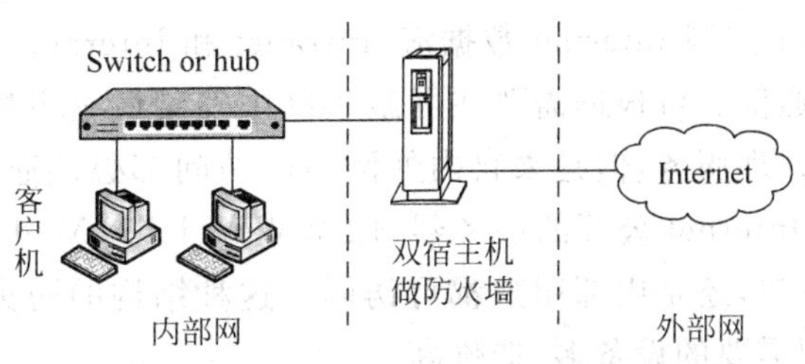

图 10-1　双宿主机网关

2. 屏蔽主机网关

屏蔽主机网关(Screened Host Gateway)易于实现,安全性好,应用广泛。它又分为单宿堡垒主机和双宿堡垒主机两种类型。先看单宿堡垒主机类型。一个数据包过滤路由器连接外部网络,同时一个堡垒主机安装在内部网络上。堡垒主机只有一个网卡,与内部网络连接(如图 10-2 所示)。通常在路由器上设立过滤规则,并使这个单宿堡垒主机成为从 Internet 唯一可以访问的主机,确保了内部网络不受未被授权的外部用户的攻击。而 Intranet 内部的客户机,可以受控地通过单宿堡垒主机和路由器访问 Internet。

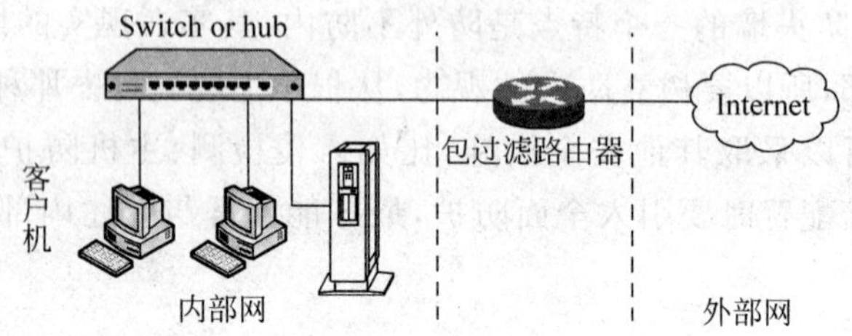

图 10-2 屏蔽主机网关(单宿堡垒主机)

双宿堡垒主机类型与单宿堡垒主机类型的区别是,堡垒主机有两块网卡,一块连接内部网络,一块连接数据包过滤路由器(如图 10-3 所示)。双宿堡垒主机在应用层提供代理服务,比单宿型安全。

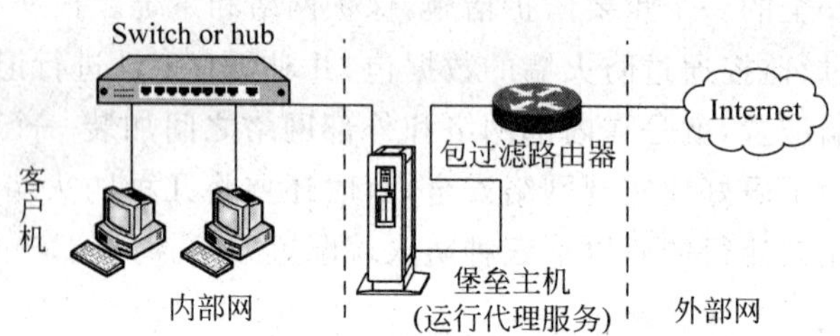

图 10-3 屏蔽主机网关(双宿堡垒主机)

3. 屏蔽子网

屏蔽子网(Screened Subnet)是在 Intranet 和 Internet 之间建立一个被隔离的子网,用两个数据包过滤路由器将这一子网分别与 Intranet 和 Internet 分开。两个数据包过滤路由器位于子网的两端,子网构成了一个"缓冲地带"(如图 10-4 所示),一个路由器控制 Intranet 数据流,另一个控制 Internet 数据流,Intranet 和 Internet 均可访问屏蔽子网,但禁止穿过屏蔽子网的通信。可根据需要在屏蔽子网中安装堡垒主机,为内部网络和外部网络的互相访问提供代理服务,但是来自内外网络的访问都必须通过两个数据包过滤路由器的检查。对于向 Internet 公开的服务器,像 WWW、FTP、Mail 等可安装在屏蔽子网内,这样无论是外部用户,还是内部用户都可访问。这种结构的防火墙安全性能高,具有很强的抗攻击能力,但需要的设备多,造价高。

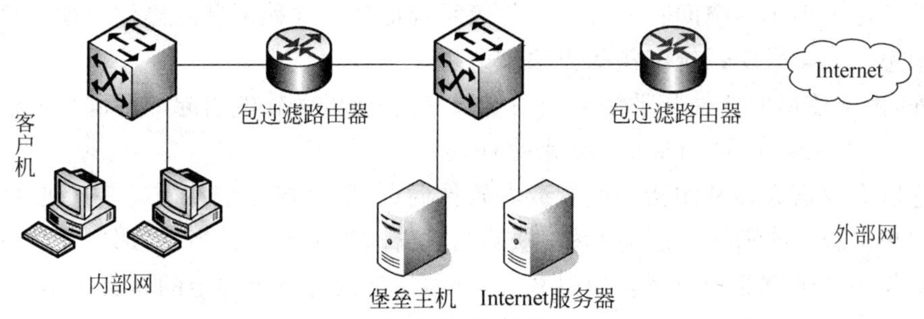

图 10-4 屏蔽子网防火墙

当然,防火墙本身也有其局限性,如不能防范绕过防火墙的入侵,一般的防火墙不能防止受病毒感染的软件或文件的传输,难以避免来自内部的攻击等。总之,防火墙只是一种整体安全防范策略的一部分,仅有防火墙是不够的,安全策略还必须包括全面的安全准则,即网络访问、本地和远程用户认证、拨出拨入呼叫、磁盘和数据加密以及病毒防护等有关的安全策略。

10.3 拒绝服务攻击原理及解决方法

拒绝服务攻击是典型的饱和攻击方法,通过大量的资源请求使得目标主机失去服务普通用户的能力。Tribe Flood Network、TFN2K、Smurf、TARGA 等不断地被开发出来。因此需要一套简单易用的安全解决方案来对付它。

软件弱点是操作系统或应用程序中包含的与安全相关的系统缺陷,这些缺陷大多是由于错误的程序编制、粗心的源代码审核、无心的副效应及一些不适当的绑定造成的。

拒绝服务攻击有两种形式:资源耗尽和资源过载。当对资源的请求大大超过资源的支付能力时就会形成拒绝服务(例如,对已经满载的 Web 服务器再进行过多的请求)。拒绝服务还可由软件弱点或者错误程序配置造成。区分恶意的拒绝服务攻击和非恶意的服务超载依赖于请求发起者对资源的请求是否过分。

错误配置也会成为系统的安全隐患。错误配置通常发生在硬件装置、系统软件或者应用程序中。如果网络中的路由器、防火墙、交换机以及其他网络连接设备都进行了正确的配置,安全隐患会减少很多。通常这些安全隐患需要请教专业的技术人员来解决。

错误配置也可能是由于一些经验不足的、无责任意识的员工或者是遵循错误的理论所导致的。以下两种情况最容易导致拒绝服务攻击。

由于程序的错误编制,导致操作系统不停地建立进程,最终耗尽系统资源,只能重新启动操作系统。不同的操作系统平台都会采取某些方法以防止用户占用过多的系统资源。

还有可能是由磁盘存储空间引起的。假如一个用户有权存储大量的文件,他就有可能只为系统留下很小的空间存放日志文件等系统信息。这种不良的操作习惯会给操作系统带来隐患。通常采用系统配额的方法来解决。

此外,由于使用的软件几乎完全依赖于开发商,所以由软件引起的漏洞只能依靠打补丁,安装 Hot Fixes 和 Service Packs 来弥补。

拒绝服务攻击大多利用错误配置或者软件弱点、协议弱点来实施。一般的 DoS 攻击可通过简单的补丁来解决,而利用系统缺陷的攻击却很难解决。当然,那些非恶意的拒绝服务一般是由于带宽瓶颈或者资源过载产生的,通常没有一个固定的解决方案。

下面介绍较为常见的基于网络的拒绝服务攻击。

Smurf (directed broadcast)。信息可以通过一定的手段(通过广播地址或其他机制)广播到整个网络中的所有机器。例如当某台机器使用广播地址发送一个 ICMP Echo 请求包时(例如 Ping),一些机器会回应一个 ICMP Echo 回应包。也就是说,发送一个数据包可能会收到许多的响应数据包。Smurf 就是利用这个原理来实现的,当然,它会使用虚假的源地址,即目标主机的地址,而数据包的目的地址为广播地址。发送一个数据包而引出大量回应数据包的方式被叫做“放大器”,Smurf 放大器可以在 www.netscan.org 上获得。

SYN flooding 是利用 TCP 协议的弱点来实现的。标准的 TCP 握手需要 3 次数据包交换:服务器一旦接收到客户机的 SYN 包后立即回应一个 SYN/ACK 包,然后等待该客户机回应给服务器的 ACK 确认包,才真正建立连接。然而,如果客户机只发送初始化的 SYN 包,而不发送服务器需要的 ACK 包,会导致服务器一直等待 ACK 包。由于服务器在有限的时间内只能响应有限数量的连接,这就会导致服务器可能无法响应其他客户机的连接请求。

Slashdot Effect 攻击使 Web 服务器或其他类型的服务器进行大量的网络传输而过载,一般这些网络流量是针对某一个页面或某一个链接的。当然这种现象也会在访问量较大的网站上正常发生,因此需要把正常访问和拒绝服务攻击区分开来。如果服务器突然变得拥挤不堪,甚至无法响应更多请求时,应当仔细研究资源匮乏的问题,确认 10 000 次点击是全都合法还是由 5000 个合法点击和一个点击了 5000 次的攻击者形成的。

一般来说,攻击者所面临的主要挑战是网络带宽,较小的网络规模和较慢的网络速度无法使攻击者发出过多的请求,然而,类似“The Ping of Death”的攻击只需要很少量的数据包就可以摧毁一个没有打过适当补丁的 UNIX 系统。当然,多数 DoS 攻击还是需要相当多的带宽,通常大型公司才拥有高带宽,而普通个人很难享用。因此,攻击者开发了分布式的攻击,汇聚许多网络的带宽来对同一个目标发送大量的请求。

Tribe Flood Network (TFN) 和 TFN2K 可以使得分散在互联网各处的机器共同完成对一台主机的攻击,从而使主机觉得遭到了不同位置的许多主机的攻击。这些分散的机器由几台机器控制,执行多种类型的攻击,如 UDP flood、SYN flood 等。

在目前的网络体系结构下,分布式拒绝服务攻击没有好的解决方案。一些简单的方法可缓解影响。如采用包过滤的技术,过滤对外开放的端口,防止假冒地址的攻击,使得外部机器无法假冒内部机器的地址来对内部机器发动攻击。

下面介绍中小企业防火墙应具有的功能。

(1) 动态包过滤技术,动态维护通过防火墙的所有通信的状态(连接),实施基于连接的过滤。

(2) 可部署 NAT(Network Address Translation,网络地址变换),将有限的 IP 地址动态或静态地与内部的 IP 地址对应起来,缓解地址空间短缺的问题。

(3) 可设置信任域与不信任域之间数据出入的策略。

(4) 可定义规则计划,使得系统在某一时刻可以自动启用和关闭策略。

(5) 具有详细的日志功能,提供符合规则的报文信息、系统管理信息、系统故障信息,并支持日志服务器和日志导出。

(6) 具有 IPSec VPN 功能,可以实现跨互联网安全的远程访问。

(7) 具有邮件通知功能,可将系统的告警通过邮件通知网络管理员。

(8) 具有攻击防护功能,对不规则的 IP、TCP 报文或超过经验阈值的 TCP 半连接、UDP 报文以及 ICMP 报文进行丢弃。

(9) 过滤 Web 中的 Java、ActiveX、Cookie、URL 关键字、Proxy 等。

随着技术的发展,中小企业防火墙的功能会变得越来越丰富,但有再多功能的防火墙如果没有合理的配置和管理,那么也只是形同虚设。

下面从几方面来讨论防火墙配置。

1) 规则实施

规则实施看似简单,其实需要经过详尽的信息统计才可以得以实施。需要了解公司对内对外的应用以及所对应的源地址、目的地址、TCP 或 UDP 的端口,并根据不同应用的执行频繁程度对规则表中策略的位置进行排序,然后才能实施配置。防火墙进行规则查找时是顺序执行的,将常用的规则放在前面可提高工作效率。另外,应该及时地从病毒监控部门得到病毒警告,并对防火墙的策略进行更新。

2) 规则启用计划

通常有些策略需要在特殊时刻启用和关闭,比如凌晨 3:00。采用规则启用计划来为该规则制订启用时间。另外,一些企业为了避开上网高峰和攻击高峰,往往将一些应用放到晚上或凌晨来实施,比如远程数据库同步、远程信息采集等,通过制订详细的规则和启用计划可自动维护系统的安全。

3) 日志监控

日志监控是十分有效的安全管理手段,许多管理员认为只要可以作日志的信息都需要采集,比如说对所有的告警或所有与策略匹配或不匹配的流量等,虽然这样日志信息十分完善,但每天进出防火墙的数据报文有上百万甚至更多,在这些密密麻麻的条目中分析所需要的信息十分困难。虽然有一些软件可以通过分析日志来获得图形或统计数据,但这些软件往往需要二次开发或定制,而且价格不菲。所以通常只采集最关键的日志。

一般而言,系统的告警信息是有必要记录的,但对于流量信息应该是有选择的。有时候为了检查某个问题可以新建一条与该问题匹配的策略并对其进行观测。比如:内网发现蠕虫病毒，该病毒可能会针对主机系统某 UDP 端口进行攻击，管理员虽然已经将该病毒清除，但为了判断其他的主机是否受到感染，就可以为该端口增加一条策略并对网内的流量进行记录。

另外，企业防火墙可以针对超出经验阀值的报文作出响应，如丢弃、告警、日志等动作，但是所有的告警或日志需要认真分析，系统的告警根据经验值来确定，比如工作站和服务器产生的会话数是不同的，所以有时会发现系统告知一台邮件服务器在某端口发出攻击，而事实上很有可能是这台服务器在不断地重发一些没有响应的邮件造成的。对于企业防火墙而言，设备管理通常可以通过远程 Web 管理界面以及 Internet 外网口被 Ping 来实现，但这种方式是不太安全的，因为有可能防火墙的内置 Web 服务器会成为攻击的对象。所以建议远程网管应该通过 IPSec VPN 的方式来实现对内端口网管地址的管理。

10.4 十六条守则

部署防火墙策略时需要遵守一些规则，以下是总结出来的十六条守则。

(1) 计算机没有大脑。所以，当防火墙策略的行为和自己的期望不一致时，请检查自己的配置而不要埋怨设备。

(2) 只允许需要允许的客户、源地址、目的地址和协议。仔细检查每一条规则，确保规则与需要一致。

(3) 拒绝规则要放在允许规则前面。

(4) 当需要使用拒绝时，显式拒绝是首要考虑的方式。

(5) 在不影响防火墙策略执行效果的情况下，请将匹配度更高的规则放在前面。

(6) 在不影响防火墙策略执行效果的情况下，请将针对所有用户的规则放在前面。

(7) 尽量简化规则，执行一条规则的效率永远比两条规则要高。

(8) 永远不要在商业网络中使用 Allow 4 ALL 规则(Allow all users use all protocols from all networks to all networks)，这会让防火墙形同虚设。

(9) 如果可以通过配置系统策略来实现，就没有必要再建立自定义规则。

(10) 防火墙策略的每条访问规则都是独立的，执行每条访问规则时不会受到其他访问规则的影响。

(11) 永远也不要允许任何网络访问本机的所有协议，内部网络也是不可信的。

(12) 防火墙策略可能不能提交身份验证信息。所以，当在使用了身份验证时，需要配置 Web 代理客户或防火墙客户。

(13) 无论作为访问规则中的目的还是源，最好使用 IP 地址。

(14) 如果一定要在访问规则中使用域名集或 URL 集，最好将客户配置为 Web 代理客户。

（15）防火墙策略的最后还有一条 DENY 4 ALL。

（16）最后，防火墙策略的测试是必需的。

10.5　以 Cisco PIX 防火墙为例介绍防火墙的配置

在使用之前，像路由器一样，防火墙也需要经过基本的初始配置。但因各种防火墙的初始配置基本类似，所以在此仅以 Cisco PIX 防火墙为例进行介绍。

防火墙的初始配置也是通过控制端口（Console）与 PC（通常是便于移动的笔记本电脑）的串口连接，再通过 Windows 系统自带的超级终端（Hyper Terminal）程序进行选项配置。防火墙的初始配置物理连接与前面介绍的交换机初始配置连接方法一样。

防火墙除了以上所说的通过控制端口（Console）进行初始配置外，也可以通过 telnet 和 Tffp 配置方式进行高级配置，但 Telnet 配置方式都是在命令方式中配置的，难度较大，而 Tffp 方式需要专用的 Tffp 服务器软件，但配置界面比较友好。

防火墙与路由器一样也有 4 种模式，即普通模式（Unprivileged Mode）、特权模式（Privileged Mode）、配置模式（Configuration Mode）和端口模式（Interface Mode），进入这 4 种模式的命令也与路由器一样：普通模式无须特别命令，启动后即进入；进入特权模式的命令为“enable”；进入配置模式的命令为“config terminal”；而进入端口模式的命令为“interface ethernet”。不过由于防火墙的端口没有路由器那么复杂，所以通常把端口模式归为配置模式，统称为“全局配置模式”。

1. 防火墙的具体配置步骤

（1）将防火墙的 Console 端口用一条防火墙自带的串行电缆连接到笔记本电脑的一个串口上。

（2）打开 PIX 防火墙电源，系统进行加电初始化，然后开启与防火墙连接的笔记本电脑。

（3）运行笔记本电脑的 Windows 系统中的超级终端（Hyper Terminal）程序（通常在附件程序组中）。

（4）当 PIX 防火墙进入系统后即显示“pixfirewall>”的提示符，这就说明防火墙已启动成功，进入了普通模式。

（5）输入命令：enable，进入特权模式，此时系统提示为：pixfirewall＃。

（6）输入命令：configure terminal，进入全局配置模式，对系统进行初始化设置。

① 首先配置防火墙的网卡参数（以只有 1 个 LAN 和 1 个 WAN 接口的防火墙配置为例）：

```
Interface ethernet0 auto
```

0 号网卡系统自动分配为 WAN 网卡,"auto"选项为系统自适应网卡类型:

```
Interface ethernet1 auto
```

② 配置防火墙内、外部网卡的 IP 地址:

```
IP address inside ip_address netmask
```

inside 代表内部网卡。

```
IP address outside ip_address netmask
```

outside 代表外部网卡。

③ 指定外部网卡的 IP 地址范围:

```
global 1 ip_address - ip_address
```

④ 指定要进行转换的内部地址:

```
nat 1 ip_address netmask
```

⑤ 配置某些控制选项:

```
conduit global_ip port[ - port] protocol foreign_ip [netmask]
```

其中,global_ip 为要控制的地址;port 为所作用的端口,为 0 则代表所有端口;protocol 指连接协议,比如 TCP、UDP 等;foreign_ip 表示可访问的 global_ip 外部 IP 地址;netmask 为可选项,代表要控制的子网掩码。

(7) 配置保存:wr mem。

(8) 退出当前模式:exit。

此命令可以在任何模式下执行。它与 quit 命令一样。下面 3 条语句表示了从配置模式退到特权模式、再退到普通模式下的操作步骤:

```
pixfirewall(config)# exit
pixfirewall# exit
pixfirewall>
```

(9) 查看当前模式下的所有可用命令:show,显示出当前所有可用的命令及简单功能描述。

(10) 查看端口状态:show interface,这个命令需在特权模式下执行,执行后即显示出防火墙所有接口配置情况。

(11) 查看静态地址映射:show static,这个命令也需在特权模式下执行,执行后显示防火墙的当前静态地址映射情况。

2. Cisco PIX 防火墙的基本配置

(1) 用一条串行电缆从计算机的 COM 口连到 Cisco PIX 525 防火墙的 console 口。

(2) 分别开启计算机和防火墙的电源,进入 Windows 系统自带的"超级终端",通信参数可按系统默认。进入防火墙初始化配置,在其中主要设置有:Date(日期)、time(时间)、hostname(主机名称)、inside ip address(内部网卡 IP 地址)、domain(主域)等,此时的提示符为:pix255>。

(3) 输入 enable 命令,进入 Pix 525 特权模式,默认密码为空。

如果要修改特权模式密码,则可用 enable password 命令,命令格式为:enable password password-string [encrypted],这个密码必须大于 16 位。encrypted 选项表示密码本身是否需要加密。

(4) 定义以太网络端口:先用 enable 命令进入特权模式,然后输入 configure terminal (可简称为 config t)命令,进入全局配置模式。具体配置如下:

```
pix525>enable
Password:
pix525#config t
pix525 (config)#interface ethernet0 auto
pix525 (config)#interface ethernet1 auto
```

在默认情况下 ethernet0 属于外部网卡 outside, ethernet1 属于内部网卡 inside, inside 在初始化配置成功的情况下已经被激活生效了,但是 outside 必须用命令配置激活。

(5) clock:配置时钟,主要是为了生成防火墙的日志记录,如果日志记录时间和日期都不准确,就无法正确分析记录中的信息,这须在全局配置模式下进行。

时钟设置命令格式有两种,主要是日期格式不同,分别为:

clock set hh:mm:ss month day year 和 clock set hh:mm:ss day month year

前一种格式为:小时:分钟:秒 月 日 年;而后一种格式为:小时:分钟:秒 日 月 年,二者在日、月的前后顺序不同。在时间上如果为 0,可以为一位,如 21:0:0。

(6) 指定接口的安全级别:命令为 nameif,可为内/外部网络接口指定一个适当的安全级别。在此要注意,防火墙是用来保护内部网络的,外部网络是通过外部接口对内部网络构成威胁的,所以要从根本上保障内部网络的安全,需要对外部网络接口指定较高的安全级别,而内部网络接口的安全级别可稍低,这主要是因为内部网络通信频繁、可信度高。在 Cisco PIX 系列防火墙中,安全级别是由 security()这个参数决定的,数字越小安全级别越高,所以 security0 是最高的,随后通常是以 10 的倍数递增,安全级别也相应降低。

```
pix525(config)#nameif ethernet0 outside security0
```

outside 是指外部接口。

```
pix525(config)#nameif ethernet1 inside security100
```

inside 是指内部接口。

(7) 配置以太网接口 IP 地址。

所用命令为:ip address,例如,要配置防火墙的内部网络接口 IP 地址为:192.168.1.0

255.255.255.0；外部网络接口 IP 地址为：220.154.20.0 255.255.255.0。

配置方法如下：

```
pix525(config)# ip address inside 192.168.1.0 255.255.255.0
pix525(config)# ip address outside 220.154.20.0 255.255.255.0
```

(8) access-group：把访问控制列表绑定在特定的接口上，须在配置模式下进行。命令格式为：access-group acl_ID in interface interface_name，其中 acl_ID 指访问控制列表名称，interface_name 为网络接口名称。例如 access-group acl_out in interface outside，在外部网络接口上绑定名称为“acl_out”的访问控制列表。

clear access-group：清除所有绑定的访问控制绑定设置。

no access-group acl_ID in interface interface_name：清除指定的访问控制绑定设置。

show access-group acl_ID in interface interface_name：显示指定的访问控制绑定设置。

(9) 配置访问列表：所用配置命令为 access-list，命令格式比较复杂，如下。

标准规则的创建命令：

```
access-list [ normal | special ] listnumber1 { permit | deny } source-addr [ source-mask ]
```

扩展规则的创建命令：

```
access-list [ normal | special ] listnumber2 { permit | deny } protocol source-addr source-mask
[ operator port1 [ port2 ] ] dest-addr dest-mask [ operator port1 [ port2 ] | icmp-type [ icmp-
code ] ] [ log ]
```

它是防火墙的主要配置部分，上述格式中带“[]”部分是可选项，listnumber 参数是规则号，标准规则号(listnumber1)是 1～99 的整数，而扩展规则号(listnumber2)是 100～199 的整数。它主要是通过访问权限“permit”和“deny”来指定的，网络协议一般有 IP|TCP|UDP|ICMP 等。例如，只允许通过防火墙对主机 220.154.20.254 进行 WWW 访问，则可按以下配置：

```
pix525(config)# access - list 100 permit 220.154.20.254 eq www
```

其中 100 表示访问规则号，根据当前已配置的规则条数来确定，不能与原来规则的重复，也必须是正整数。关于这个命令还将在下面的高级配置命令中详细介绍。

(10) 地址转换(NAT)。防火墙的 NAT 配置与路由器的 NAT 配置基本一样，首先须定义 NAT 转换的内部 IP 地址组，接着定义内部网段。

定义 NAT 转换的内部地址组的命令是 nat，它的格式为：nat [(if_name)] nat_id local_ip [netmask [max_conns [em_limit]]]，其中 if_name 为接口名；nat_id 参数代表内部地址组号；local_ip 为本地网络地址；netmask 为子网掩码；max_conns 为此接口上所允许的最大 TCP 连接数，默认为“0”，表示不限制连接；em_limit 为允许从此端口发出的连接数，默认也为“0”，即不限制。例如：

nat (inside) 1 10.1.6.0 255.255.255.0 表示把所有网络地址为 10.1.6.0、子网掩码为 255.255.255.0 的主机地址定义为 1 号 NAT 地址组。

随后再定义内部地址转换后可用的外部地址池，所用命令为 global，基本命令格式为：

```
global [(if_name)] nat_id global_ip [netmask [max_conns [em_limit]]]
```

各参数解释同上。例如：

global (outside) 1 175.1.1.3-175.1.1.64 netmask 255.255.255.0 将上述 nat 命令所定的内部 IP 地址组转换成 175.1.1.3～175.1.1.64 的外部地址池中的外部 IP 地址，其子网掩码为 255.255.255.0。

(11) Port Redirection with Statics：静态端口重定向命令。在 Cisco PIX 6.0 及以上版本，增加了端口重定向功能，允许外部用户通过一个特殊的 IP 地址/端口穿过防火墙传输到内部指定的内部服务器。其中重定向后的地址可以是单一外部地址、共享的外部地址转换端口(PAT)或者是共享的外部端口。这可以发布内部 WWW、FTP、Mail 等服务器，由于不是直接与内部服务器连接，而是通过端口重定向连接，所以可确保内部服务器的安全性。

命令格式有以下两种，分别适用于 TCP/UDP 通信和非 TCP/UDP 通信。

①

```
static [(internal_if_name, external_if_name)] {global_ip|interface} local_ip [netmask mask]
max_conns [emb_limit[norandomseq]]
```

②

```
static [(internal_if_name, external_if_name)] {tcp|udp} {global_ip| interface} global_port
local_ip local_port [netmask mask] [max_conns [emb_limit [norandomseq]]
```

其中：internal_if_name 为内部接口名称；external_if_name 为外部接口名称；{tcp|udp}为选择通信协议类型；{global_ip|interface}为重定向后的外部 IP 地址或共享端口；local_ip 为本地 IP 地址；[netmask mask]为本地子网掩码；max_conns 为允许的最大 TCP 连接数，默认为"0"，即不限制；emb_limit 为允许从此端口发起的连接数，默认也为"0"，即不限制；norandomseq 为不对数据包排序，此参数通常不用选。

现在举一个实例，要求如下：

外部用户向 172.18.124.99 的主机发出 Telnet 请求时，重定向到 10.1.1.6。

外部用户向 172.18.124.99 的主机发出 FTP 请求时，重定向到 10.1.1.3。

外部用户向 172.18.124.208 的主机发出 Telnet 请求时，重定向到 10.1.1.4。

外部用户向防火墙的外部地址 172.18.124.216 发出 Telnet 请求时，重定向到 10.1.1.5。

外部用户向防火墙的外部地址 172.18.124.216 发出 HTTP 请求时，重定向到 10.1.1.5。

外部用户向防火墙的外部地址 172.18.124.208 的 8080 端口发出 HTTP 请求时，重定向到 10.1.1.7 的 80 号端口。

防火墙的内部端口 IP 地址为 10.1.1.2，外部端口地址为 172.18.124.216。

以上各项重定向要求对应的配置语句如下：

```
static (inside,outside) tcp 172.18.124.99 telnet 10.1.1.6 telnet netmask 255.255.255.255 0 0
static (inside,outside) tcp 172.18.124.99 ftp 10.1.1.3 ftp netmask 255.255.255.255 0 0
```

```
static (inside,outside) tcp 172.18.124.208 telnet 10.1.1.4 telnet netmask 255.255.255.255 0 0
static (inside,outside) tcp interface telnet 10.1.1.5 telnet netmask 255.255.255.255 0 0
static (inside,outside) tcp interface www 10.1.1.5 www netmask 255.255.255.255 0 0
static (inside,outside) tcp 172.18.124.208 8080 10.1.1.7 www netmask 255.255.255.255 0 0
```

(12) 显示与保存配置。

显示配置的命令为：show config；

保存配置的命令为：write memory。

3. 包过滤型防火墙的访问控制表配置

除了以上介绍的基本配置外，防火墙的安全策略中最重要的还是对访问控制列表(Access Control List，ACL)进行有关配置。下面介绍一些用于此方面配置的基本命令。

1) access-list：创建访问规则

这一访问规则配置命令要在防火墙的全局配置模式中运行。同一个序号的规则可以看作一类规则，同一个序号的多个规则按照一定的原则进行排列和选择，这个顺序可以通过 show access-list 命令查看。

(1) 创建标准访问列表。

命令格式：

```
access-list [ normal | special ] listnumber1 { permit | deny } source-addr [ source-mask ]
```

(2) 创建扩展访问列表。

命令格式：

```
access-list [ normal | special ] listnumber2 { permit | deny } protocol source-addr source-mask [ operator port1 [ port2 ] ] dest-addr dest-mask [ operator port1 [ port2 ] | icmp-type [ icmp-code ] ] [ log ]
```

(3) 删除访问列表。

命令格式：

```
no access-list { normal | special } { all | listnumber [ subitem ] }
```

上述命令参数说明如下。

- normal：指定规则加入普通时间段。
- special：指定规则加入特殊时间段。
- listnumber1：是 1～99 的一个数值，表示规则是标准访问列表规则。
- listnumber2：是 100～199 的一个数值，表示规则是扩展访问列表规则。
- permit：允许满足条件的报文通过。
- deny：禁止满足条件的报文通过。
- protocol：为协议类型，支持 ICMP、TCP、UDP 等，其他的协议也支持，此时没有端口比较的概念；为 IP 时有特殊含义，代表所有的 IP 协议。
- source-addr：为源 IP 地址。

- source-mask：为源 IP 地址的子网掩码，在标准访问列表中是可选项，不输入则代表通配位为 0.0.0.0。
- dest-addr：为目的 IP 地址。
- dest-mask：为目的地址的子网掩码。
- operator：端口操作符，在协议类型为 TCP 或 UDP 时支持端口比较，支持的比较操作有等于(eq)、大于(gt)、小于(lt)、不等于(neq)或介于(range)。如果操作符为 range，则后面需要跟两个端口。port1 在协议类型为 TCP 或 UDP 时出现，可以为关键字所设定的预设值(如 telnet)或 0～65 535 的一个数值。port2 在协议类型为 TCP 或 UDP 且操作类型为 range 时出现，可以为关键字所设定的预设值(如 telnet)或 0～65 535 的一个数值。
- icmp-type：在协议为 ICMP 时出现，代表 ICMP 报文类型，可以是关键字所设定的预设值(如 echo-reply)或者是 0～255 的一个数值。
- icmp-code：在协议为 ICMP 且没有选择所设定的预设值时出现，代表 ICMP 码，是 0～255 的一个数值。
- log：表示如果报文符合条件，需要作日志。
- listnumber：为删除的规则序号，是 1～199 的一个数值。
- subitem：指定删除序号为 listnumber 的访问列表中规则的序号。

例如，现要在华为的一款防火墙上配置一个允许源地址为 10.20.10.0 网络、目的地址为 10.20.30.0 网络的 WWW 访问，但不允许使用 FTP 的访问规则。

相应配置语句只需两行即可，如下：

```
Quidway (config) # access - list 100 permit tcp 10.20.10.0 255.0.0.0 10.20.30.0 255.0.0.0 eq www
Quidway (config) # access - list 100 deny tcp 10.20.10.0 255.0.0.0 10.20.30.0 255.0.0.0 eq ftp
```

2) clear access-list counters：清除访问列表规则的统计信息

命令格式：

```
clear access - list counters [ listnumber ]
```

这一命令须在特权模式下运行，listnumber 参数指定要清除统计信息的规则号，如不指定，则清除所有的规则统计信息。

例如要在华为的一款包过滤路由器上清除当前所使用的规则号为 100 的访问规则统计信息。配置语句为：

```
Quidway# clear access - list counters 100
```

如要清除当前所使用的所有规则的统计信息，则以上语句需改为：

```
Quidway# clear access - list counters
```

3) ip access-group

命令格式：

```
ip access - group listnumber { in | out }
```

此命令将访问规则应用到相应接口上，其 no 形式可删除相应的设置。

此命令须在端口模式下运行，进入端口模式的命令为：interface ethernet()，括号中为相应的端口号，通常 0 为外部接口，而 1 为内部接口。进入后再用 ip access-group 命令来配置访问规则。listnumber 参数为访问规则号，是 1～199 的一个数值（包括标准访问规则和扩展访问规则两类）；in 表示规则应用于过滤从接口收到的报文；而 out 表示规则用于过滤从接口发出的报文。一个接口的一个方向上最多可以应用 20 类不同的规则，这些规则之间按照规则序号的大小进行排列，序号大的排在前面，也就是优先级高。对报文进行过滤时，采用发现符合的规则即得出过滤结果的方法来加快过滤速度。所以在配置规则时，尽量将对同一个网络配置的规则放在同一个序号的访问列表中；在同一个序号的访问列表中，规则之间的排列和选择顺序可以通过 show access-list 命令来查看。例如将规则 100 应用于过滤从外部网络接口收到的报文，配置语句为：

```
Quidway (config - if) # ip access - group 100 in
```

如果要删除某个访问控制表列绑定设置，则可用 no ip access-group listnumber { in | out } 命令。

4) show access-list

此命令显示包过滤规则在接口上的应用情况。

命令格式：

```
show access - list [ all | listnumber | interface interface - name ]
```

这一命令须在特权模式下运行，其中 all 参数表示显示所有规则的应用情况，包括普通时间段内及特殊时间段内的规则；如果选择 listnumber 参数，则仅需显示指定规则号的过滤规则；interface 表示要显示在指定接口上应用的所有规则序号；interface-name 参数为接口的名称。

使用此命令来显示所指定的规则，同时查看规则过滤报文的情况。每个规则都有一个相应的计数器，如果用此规则过滤了一个报文，则计数器加 1；通过对计数器的观察可以看出所配置的规则中，哪些规则比较有效，而哪些基本无效。例如，现在要显示当前所使用序号为 100 的规则的使用情况，可执行：

```
Quidway # show access - list 100
```

系统显示这条规则的使用情况：

```
Using normal packet - filtering access rules now.
100 deny icmp 10.1.0.0 0.0.255.255 any host - redirect (3 matches,252 bytes - - rule 1)
100 permit icmp 10.1.0.0 0.0.255.255 any echo (no matches - - rule 2)
100 deny udp any any eq rip (no matches - - rule 3)
```

5) show firewall

此命令须在特权模式下执行，它显示当前防火墙状态。这里所说的防火墙状态，包括防火墙是否被启用,启用防火墙时是否采用了时间段包过滤及防火墙的一些统计信息。

6) Telnet

用于定义通过防火配置控制端口进行远程登录的有关参数选项,也须在全局配置模式下运行。

命令格式:

```
telnet ip_address [netmask] [if_name]
```

其中 ip_address 参数指定用于 Telnet 登录的 IP 地址;netmask 为子网掩码;if_name 用于指定用于 Telnet 登录的接口,通常不用指定,则表示此 IP 地址适用于所有端口。例如:

```
telnet 192.168.1.1
```

如果要清除防火墙上某个端口的 Telnet 参数配置,则须用 clear telnet 命令,其格式为:clear telnet [ip_address [netmask] [if_name]],其中各选项说明同上。

它与另一个命令 no telnet 功能基本一样,不过它是用来删除某接口上的 Telnet 配置的,命令格式为:

```
no telnet [ip_address [netmask] [if_name]]
```

如果要显示当前所有的 Telnet 配置,则可用 show telnet 命令。

本章小结

本章介绍了三种防火墙配置方案及防火墙技术的演变过程,及拒绝服务攻击原理及解决方法。

习　题

1. 简述 3 种防火墙配置方案。
2. 简述防火墙技术的演变过程。
3. 简述拒绝服务攻击原理及解决方法。
4. 简述部署防火墙策略的十六条守则。

第 11 章　企业如何选择合适的防火墙

11.1　防火墙的技术与应用——选购和应用

防火墙种类、产品比较丰富，但并非一应俱全。从安全细化分析，基于网关的防火墙比状态检测防火墙要好，后者的安全处理功能较弱。不过从管理复杂度而言，次序恰好相反。状态检测防火墙具有最佳的即插即用性能，而应用代理防火墙这方面就较差。那么怎样确定适合指定网络的防火墙，以能够在安全、功能、成本和管理复杂度之间达到最佳平衡呢？

下面通过分析三种典型的网络环境来说明如何进行防火墙的选择。

小型办公室：小型办公室的用户和设备显然比较少，通常只需要访问极少量的因特网服务，如电子邮件、Web 流媒体服务等。它们通常不大容易成为被攻击的目标，一般说来，办公室规模越小，用户数就越少，其面临的风险也就越低。因此，简单的数据包过滤防火墙就足够了，例如 DSL 或 Cable 路由器内置的防火墙，像 D-Link、3Com、Netgear 和 Linksys 等公司的宽带路由器。另外，WatchGuard 的 Firebox SOHO，Symantec 的 Firewall 100，Global 科技公司的 GNAT、NetScreen 以及 SonicWall SOHO 等防火墙也完全适用于小型办公室。Check Point 和 Cisco 也分别提供小型办公室版本的防火墙 FireWall-1 和 PIX，不过价格要贵一些。

一般需求的大中型办公室：这里的"一般"是指基本或标准的因特网服务，"一般"的具体定义会随着时间而改变，就目前而言，它包括 Web、电子邮件、流媒体、文件传输和终端访问。几乎任何功能并不局限于简单的静态过滤防火墙都能满足这种需求，应用代理防火墙也能胜任，不过现在纯粹的基于网关的应用防火墙寥寥无几，主要品牌防火墙都是混合型的，如 CyberGuard、Firebox、PIX、NetScreen、Sidewinder、Raptor 和 FireWall-1，在有些情况下，允许用户选择代理防火墙、状态检测防火墙、动态过滤防火墙。如果需要让尽可能多的服务使用安全代理，上述任何一款防火墙都合适。此外，电子邮件应当始终使用代理，防火墙应当只允许电子邮件进出指定的电子邮件服务器。从内部网络到因特网的所有 Web 访问也应该实行代理。如果常用服务没有代理，使用状态过滤也不失为好方法。

复杂需求的大型环境：拥有诸多用户和诸多有问题的复杂服务的大型环境更具挑战性。"有问题的"服务是指表面简单但实际上需要防火墙开放多个端口的服务，譬如 VoIP 和 NetMeeting，这两种服务都需要为 25 种以上的不同服务开放端口，所以此处就应该使用应用网关防火墙，或者仅限于严格控制的环境（如从内部网络、某一组 IP 地址启动服务、只在特定时间段进行等）。此外，在复杂的大型环境安装的防火墙应支持集中式管理和配置，譬如 PIX、CyberGuard、Firebox、FireWall-1、NetScreen 和 Sidewinder G2。

1. CheckPoint 简介

作为开放安全企业互联联盟（Open Platform for Security，OPSEC）的组织和倡导者之一，CheckPoint 公司致力于企业级网络安全产品的研发，如图 11-1 所示。

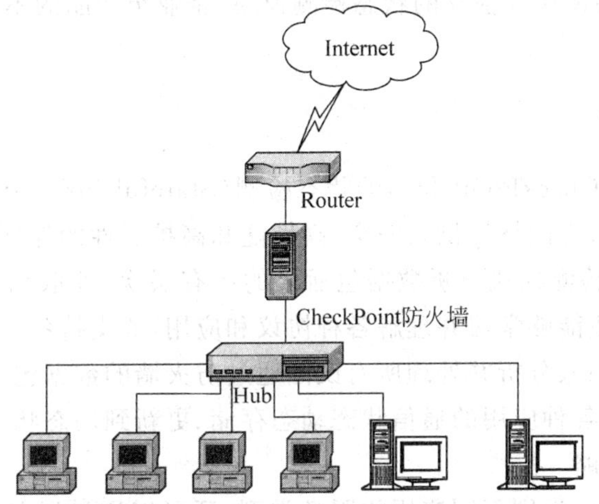

图 11-1　CheckPoint 公司的防火墙产品

CheckPoint 的 FireWall-1 包括以下几个方面。

1）基本模块

状态检测模块（Inspection Module）：提供访问控制、客户机认证、会话认证、地址翻译和审计功能。

防火墙模块（FireWall Module）：包含一个状态检测模块，提供用户认证、内容安全和多防火墙同步功能。

管理模块（Management Module）：能对多个安全策略执行点（运行 FireWall-1 的某个模块，如状态检测模块、防火墙模块或路由器安全管理模块等的系统）提供集中的图形化安全管理功能。

2）可选模块

连接控制（Connect Control）：在多个提供相同服务的应用服务器之间实现负载均衡功能。

路由器安全管理模块（Router Security Management）：通过防火墙管理工作站配置和维护 3Com、Cisco、Bay 等公司的路由器的安全规则。

其他模块：如加密模块等。

3）图形用户界面

图形用户界面(GUI)是管理模块功能的体现，包括以下几部分。

- 策略编辑器：维护管理对象、建立安全规则、把安全规则应用到安全策略执行点。
- 日志查看器：查看经过防火墙的连接，识别并阻断攻击。
- 系统状态查看器：查看所有被保护对象的状态。
- FireWall-1 提供单网关产品和企业级产品。
- 单网关产品：只有防火墙模块（包含状态检测模块）、管理模块和图形用户界面，且防火墙模块和管理模块必须处于同一台机器上。
- 企业级产品：可以由若干基本模块和可选模块以及图形用户界面组成，还能整合更多的防火墙模块和独立的状态检测模块，企业级产品的不同模块可安装在不同的机器上。

2. 状态检测机制

FireWall-1 采用 CheckPoint 公司的状态检测（Stateful Inspection）专利技术，以不同的服务区分应用类型，为网络提供高安全、高性能和高扩展性的保证。

FireWall-1 状态检测模块分析数据包通讯的所有层次，抽取相关的通信和应用的状态信息，状态检测模块能够学习并理解各种协议和应用，能支持各种最新的应用。

状态检测模块截获、分析并处理所有试图通过防火墙的数据包，保证网络的高度安全和数据完整。网络和各种应用的通信状态动态存储、更新到动态状态表中，并结合预定义的规则来实现安全策略。

状态检测模块可以识别不同应用的服务类型，还可以通过以前的通信及其他应用程序分析出状态信息。状态检测模块检验 IP 地址、端口以及其他需要的信息以决定通信包是否满足安全策略。

状态检测模块把相关的状态和状态之间的关联信息存储到动态连接表中并随时更新，通过这些数据，FireWall-1 可以检测到后继的通信。

状态检测技术对应用程序透明，不需要针对每个服务设置单独的代理，使其具有更高的安全性、更高的性能、更好的伸缩性和扩展性，可以很容易地把用户的新应用添加到保护的服务中去。

FireWall-1 提供的 INSPECT 语言，结合 FireWall-1 的安全规则、应用识别知识、状态关联信息以及通信数据构成了一个强大的安全系统。

INSPECT 是一个面向对象的脚本语言，为状态检测模块提供安全规则。通过策略编辑器制定的规则存为一个用 INSPECT 写成的脚本文件，经过编译生成代码并被加载到安装有状态检测模块的系统上。脚本文件是 ASCII 文件，可以进行编辑，以满足不同用户的安全要求。

3. OPSEC

CheckPoint 是开放安全企业互联联盟（OPSEC）的组织和倡导者之一。OPSEC 允许用户通过一个开放的、可扩展的框架集成、管理所有的网络安全产品。

OPSEC 通过把 FireWall-1 嵌入到已有的网络平台(如 UNIX、NT 服务器、路由器、交换机以及防火墙产品),或把其他安全产品无缝集成到 FireWall-1 中,为用户提供一个开放的、可扩展的安全框架。

4. 企业级防火墙安全管理

FireWall-1 允许企业定义并执行统一的防火墙中央管理安全策略。企业的防火墙安全策略由防火墙管理模块的规则库实现。规则库存放了许多有序的规则,每条规则分别指定了源地址、目的地址、服务类型(HTTP、FTP、TELNET 等)、针对该连接的安全措施(放行、拒绝、丢弃或者是需要认证等)、需要采取的行动(日志记录、报警等)以及安全策略执行点(是在防火墙网关还是在路由器或者其他保护对象上实施该规则)。

FireWall-1 管理员通过防火墙管理工作站管理该规则库,建立、维护安全策略,加载安全规则到装载了防火墙或状态检测模块的系统上,这些系统和管理工作站之间的通信必须先经过认证,然后通过加密信道传输。

FireWall-1 直观的图形用户界面为集中管理、执行企业安全策略提供了强有力的工具。

(1) 安全策略编辑器:维护被保护对象,维护规则库,添加、编辑、删除规则,加载规则到安装了状态检测模块的系统上。

(2) 日志管理器:提供可视化的对所有通过防火墙网关的连接的跟踪、监视和统计信息,提供实时报警和入侵检测及阻断功能。

(3) 系统状态查看器:提供实时的系统状态、审计和报警功能。

5. 分布的客户机/服务器结构

FireWall-1 通过分布式的客户机/服务器结构管理安全策略,保证高性能、高伸缩性和集中控制。

FireWall-1 由基本模块(防火墙模块、状态检测模块和管理模块)和一些可选模块组成。这些模块可以通过不同数量、平台组合配置成灵活的客户机/服务器结构。

管理模块包括了图形用户界面和管理员定义的相关管理对象——规则库、网络对象、服务、用户等。防火墙模块、状态检测模块以及其他可选模块用于执行安全策略,安装了这些模块的系统称为受保护对象(Firewalled System),又称为安全策略执行点(Security Enforcement Point)。

FireWall-1 的客户机/服务器结构是完全集成的,有统一的安全策略和规则库,通过一个防火墙管理工作站,管理多个防火墙模块、状态检测模块或可选模块的系统。

6. 认证

远程用户和拨号用户可以经过 FireWall-1 的认证(Authentication)后,访问内部资源。

FireWall-1 可以在不修改本地服务器或客户应用程序的情况下，对试图访问内部服务器的用户进行身份认证。FireWall-1 的认证服务集成在其安全策略中，通过图形用户界面集中管理，通过日志管理器监视、跟踪认证会话。

FireWall-1 提供 3 种认证方法。

(1) 用户认证(User Authentication)：针对特定服务提供的基于用户的透明的身份认证，服务限于 FTP、TELNET、HTTP、HTTPS、RLOGIN。

(2) 客户机认证(Client Authentication)：基于客户机 IP 的认证，对访问的协议不作直接的限制。客户机认证不是透明的，需要用户先登录到防火墙，认证了 IP 和用户身份之后，才允许访问应用服务器。客户机不需要添加任何附加的软件或修改。当用户通过用户认证或会话认证后，同时也就已经通过客户机认证。

(3) 会话认证(Session Authentication)：提供基于服务会话的透明认证，与 IP 无关。采用会话认证的客户机必须安装一个会话认证代理，访问不同的服务时必须分别进行认证。

FireWall-1 提供多种认证机制供用户选择：S/Key、FireWall-1 Password、OS Password、LDAP、SecureID、RADIUS、TACACS 等。

7. 网络地址翻译

FireWall-1 支持 3 种网络地址翻译(NAT)模式。

(1) 静态源地址翻译：当内部的一个数据包需要穿过防火墙时，将数据包的源地址(一般是内部保留地址)转换成一个合法的外部地址。通常静态源地址翻译与静态目的地址翻译是配合使用的。

(2) 静态目的地址翻译：当外部的一个数据包需要穿过防火墙进入内部网络时，将数据包的目的地址(合法地址)转换成一个内部使用的地址(一般是内部保留地址)。

(3) 动态地址翻译(也称为隐藏模式)：把一个内部网络的地址段转换成一个合法外部地址，解决企业的合法 IP 地址不足问题，也隐藏了内部网络结构，提高内部网络的安全性。

8. 内容安全

FireWall-1 的内容安全服务能够抵制各种威胁，如病毒、Java 和 ActiveX 代码攻击。内容安全服务可以通过定义特定的资源对象，制定与其他安全策略类似的规则来完成。内容安全与 FireWall-1 的其他安全特性集成在一起，通过图形用户界面集中管理。OPSEC 提供了应用程序开发接口(Application Programming Interface，API)来集成第三方内容过滤系统。

FireWall-1 的内容安全服务包括以下几个方面。

(1) 利用第三方的防病毒服务器，通过防火墙规则配置，扫描穿过防火墙的文件，清除潜在的计算机病毒。

(2) 根据安全策略,在 Web 访问时的 HTTP 页面中剥离 Java Applet、ActiveX 等小程序及 Java、Script 等代码。

(3) 用户定义过滤条件,过滤 URL。

(4) 控制 FTP 的操作,过滤 FTP 传输的文件内容。

(5) SMTP 的内容安全(隐藏内部地址、剥离特定类型的附件等)。

(6) 可以设置当发现异常时进行记录或报警。

(7) 通过控制台集中管理、配置、维护。

9. 连接控制

FireWall-1 的连接控制提供了负载平衡功能,在提供相同服务的多个应用服务器之间进行负载均衡,应用服务器不要求都放在防火墙后面。用户可选用不同的负载均衡算法。

(1) Server Load——该方法由服务器提供负载均衡算法,需要在应用服务器端安装负载测量引擎。

(2) Round Trip——FireWall-1 利用 ping 命令测量防火墙到各个应用服务器之间的往返时间,选用往返时间最小的应用服务器响应用户请求。

(3) Round Robin——FireWall-1 根据其记录表中的情况,循环地指定下一个应用服务器。

(4) Random——FireWall-1 随机选取应用服务器。

(5) Domain——FireWall-1 按照域名最近的原则,指定最近的应用服务器。

10. 路由器安全管理

通过 FireWall-1 的管理工作站对企业范围内的路由器提供集中的安全管理。

(1) 通过图形用户界面生成路由器的过滤和配置。

(2) 引入、维护路由器的访问控制列表。

(3) 记录路由器事件(需要路由器支持日志功能)。

(4) 在路由器上执行通过图形用户界面制定的安全策略。

FireWall-1 可以集中管理以下路由器。

(1) Bay Networks routers, version 7. x - 12. x。

(2) Cisco routers, IOS version 9 - 11。

(3) Cisco PIX Firewall,version 3. 0, 4. 0。

(4) 3Com NetBuilder, version 9. x。

(5) Microsoft RAS(Steelhead) Routers for Windows NT server 4. x。

11. CheckPoint FireWall-1 的工作环境

CheckPoint FireWall-1 防火墙支持的工作平台及操作系统环境如表 11-1 所示。

表 11-1 CheckPoint FireWall-1 防火墙支持的工作平台及操作系统环境

工作平台	SUN SPARC-Based Systems
	HP PA-RISC 700 & 800
	IBM RS 6000, Power PC
	Intel X86 & Pentium
操作系统	HP-UX 10. X
	Solaris2. 5 And Higher, X86
	Windows NT
	IBM AIX 4. 2. 1/4. 3. 0
窗口系统	Windows NT
	Windows 95
	X11 R5/Open Look(Open Windows3) or X/Motif
磁盘空间	20MB(50Mb for IBM AIX)
内存	32MB Recommended

11.2 个人防火墙

个人防火墙是安装在个人机器上的软件,它不像企业防火墙那样需要导入特定的网络设备。由于管理者可以远距离地进行设置和管理,终端用户在使用时一般感觉不到防火墙的存在,极适合个人和小型企业。此外,它也可以像反病毒软件那样安装在公司内部的 LAN(Local Area Net,局域网)终端上。在网络上进行任何工作时,个人防火墙都会保护电子邮件地址或其他个人信息。

目前,个人防火墙国内的有蓝盾。它既防内又防外,能实施连接、内容过滤,防止外部机器利用各种工具探测到本机的 IP 地址,并进行攻击自动报警,保护用户账号和密码,对电子邮件进行加密,防止个人隐秘信息泄露。抵御外来的蓝屏攻击,防范特洛伊木马病毒或其他后门程序,拒绝所有来源不明的访问。

东方龙马防火墙在安全性和效率性上有着显著特性。系统实现下列功能。

- 高效包过滤功能。
- 实时的连接监控;动态过滤规则技术。
- 双向的网络地址转换。
- 透明的代理访问。
- 智能的 URL 级内容识别统计与过滤。
- 基于网络 IP 与 MAC 地址绑定,识别 IP 欺骗。
- 双机热备份,提高系统稳定性和可靠性。
- 透明工作模式。

- 不需要改变原有网络结构，方便易用。
- 审计和预警。
- 对网络事件的事后查询和分析；对可疑行为进行报警。
- 安全防御措施和强大的自我保护体系。
- 信息加密和认证。
- 结合虚拟专用网(VPN)技术，保证数据传输机密性、真实性、完整性。
- 全面的管理功能，美观友好的用户界面。

下面测试了 3 款国外个人防火墙——Network Associates 的 McAfee Firewall、Norton 的 Personal Firewall 2000 与 Zone Alarm 2.1 版。

McAfee Firewall 集成了防病毒、广告过滤及儿童保护等功能。它的安装过程容易，但用户界面较差，缺乏辅助说明文件。用户可设定等级：防堵一切数据、过滤流量与允许一切数据存取等。在过滤流量等级下，使用者的个人数据不会泄露，而常被攻击的系统端口也保持关闭。

Personal Firewall 2000 具有保护用户个人敏感数据功能，也包括了 Norton 防病毒软件、广告过滤器、儿童保护功能等，Norton 容易使用，安装向导会在安装过程中协助用户选择最低、中等与最高安全等级。在最高安全等级下，用户必须重新设定 Java 程序与 ActiveX 应用程序，或直接关闭它们。不过用户名称还可被侦测到，Media Access Control 地址也被暴露，NetBIOS 口和端口也可获知，不过无法对它们进行存取，安全性有待加强。

Zone Alarm 2.1 是三个产品中最容易安装的，两个滑动式选单可让用户选择系统与网络安全设定条件，系统的默认值为中度防护，测试的结果为个人的数据完全无法侦测，只有少数的端口可被侦测，但保持关闭。该产品具有安装辅助说明，以及安全邮件功能，能够保护系统免受 VBS 病毒的攻击。

堡垒往往是从内部被攻破的，远在古希腊时代，坚固的城墙没能保护特洛伊人的家园，被一个木马所攻破，在今天这个道理依然应验。

1. 用黑毒克星或 NoSkyNet

天网防火墙可谓树大招风，逐渐成为被攻击的主要对象。针对它的攻击工具也层出不穷，黑毒克星和 NoSkyNet 就是其中之二。这两个软件小巧隐蔽，而且在其将天网攻破后，居然还能让天网防火墙在任务栏正常显示图标，具有极大的危害性和欺骗性。

黑毒克星和 NoSkyNet 必须被目标主机运行才有机会破坏天网防火墙，对于仅几 KB 大小的黑毒克星和 NoSkyNet，攻击者会把它们改为系统优化或微软补丁之类的名称，如果目标主机运行了这些“优化补丁”，天网就要被攻破了。

2. 黑洞 2001

黑洞 2001 是个木马程序，具有出色的多进程监控功能。它定时刷新进程，如果发现其中的进程名称与其事先定义的相匹配，就关闭这个进程。如果被关闭的进程恰巧就是防火墙，意味着木马监控端就可以对主机为所欲为了。

事实上这就是针对防火墙出现的，一切堡垒都可从内部被攻破得到了充分的体现。其实黑洞 2000 就有这样的功能，只不过黑洞 2000 只能关闭天网防火墙，对其他防火墙没有任何作用。黑洞 2001 则可以定义长达 99 个的英文字符，完全可以将可能用到的防火墙都定义到其中，从而可将这些防火墙全部关闭。

下面作一个黑洞 2001 的多进程监控功能的测试。首先配置客户端。单击“修改远程服务器端设置”按钮，再单击“智能监控”标签，对话框如图 11-2 所示。

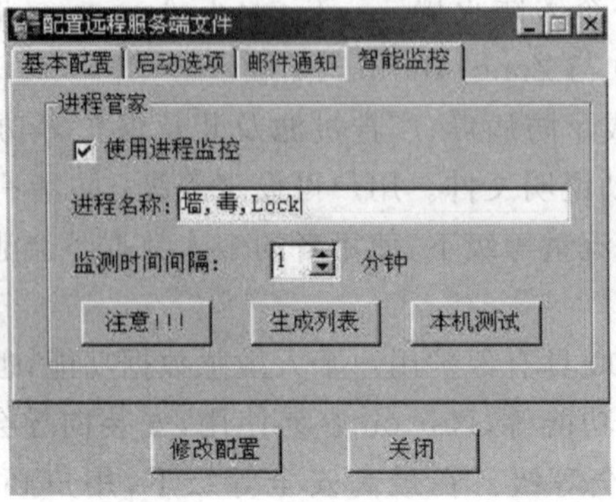

图 11-2 修改远程服务器端设置

在“进程名称”文本框中输入“墙，毒，Lock”，选中“使用进程监控”复选框，然后单击“修改配置”按钮。若主机运行了天网防火墙、金山毒霸、Lockdown、PC-Cillin 等软件，一分钟后这些软件都将被关闭。

3. “反弹端口”型木马

国内第一个“反弹端口”型木马“网络神偷”也可以突破天网。“正常”木马是由客户端主动连接服务端的，即木马方主动连接被种植木马的机器，这样很容易被对方防火墙发现；而反弹端口型木马与一般的木马相反，反弹端口型木马的服务端（被控制端）使用主动端口，客户端（控制端）使用被动端口，当需要建立连接时，由客户端通过 FTP 主页空间告诉服务端“现在开始连接我吧”并进入监听状态，服务端收到通知后，就会开始连接客户端。为了隐蔽，客户端的监听端口一般为 80，这样，即使对方使用端口扫描软件检查端口列表时，发现的也是类似“TCP 服务端的 IP 地址：1026 客户端的 IP 地址：80 ESTABLISHED”的情况，稍微疏忽一点就会以为是浏览网页所致。防火墙也会这么认为，因此这类木马可以突破几乎所有的防火墙。

在用“网络神偷”试验过程中，将天网设置成默认的规则，服务端连接成功并能进行文件访问，服务端主机中的天网毫无反应，即天网被突破了。“反弹端口”型木马由服务端主动连接客户端，所以天网规则里的“禁止所有人连接”对它也不起作用，只要“允许 FTP 的数据通道”开启和“TCP 数据包监视”关闭两项规则存在即可，默认设置正是这样，这比黑洞等木马一上来就关闭天网还要危险。

4. 使安装天网的主机系统死机的方法

推荐工具：PortScan 和 IGMP Nuke。

1）得到对方的 IP 地址

要获得对方 IP 地址最简单的方法是打开网络防火墙，如天网，然后单击“安全规则设置”，在弹出的对话框中选中“UDP 数据包监视”复选框，然后保存设置。向对方在 QQ 中发个消息，再单击天网中的“日志”按钮，从中就会发现对方的 IP 地址。

2）开始攻击

打开两个或两个以上 PortScan，在 Scan 文本框中输入对方的 IP，在 Send Port 文本框中输入 1，在 Stop Port 文本框中输入 65 536，这样就配置完毕了，单击 START 按钮开始攻击。

3）攻击原理

天网防火墙有个习惯，它对任何外来的不明数据包都会拦截，当一个时间段内有大量的“各种不同类型的”数据包涌过来时，天网会对之进行一一拦截，还要分析和解析这些数据包，一秒钟要解析几十次以上，由于数据包太多，造成对方系统的资源逐渐耗尽，对方的应用程序会越来越慢，由于 PortScan 占用系统资源不多，因此自己主机的速度不会变慢多少。

4）攻击深入

假如该用户发现由于天网的过多拦截才造成死机而选择关闭天网，IGMP Nuke 就该发挥作用了：可以每隔一段时间就向对方 IP 地址运行一次 IGMP Nuke，采用默认设置就可以。

5）攻击时自身防范

这个方法有一个缺点，就是对方天网会记录自己的 IP 地址，因此最好能使用代理服务器免得暴露。

11.3　如何定制企业防火墙安全机制

随着互联网发展日渐蓬勃，非法入侵及病毒摧毁计算机所造成的威胁越来越严重，企业迫切需要功能更强大的防火墙。使用防火墙产品防止非法入侵时，除了产品的安全性与执行效能外，另外友好的 GUI 接口、完整的服务功能、厂商技术支持能力也需要考虑。在享受 Internet/Intranet 各种建置及带来的效率与成本回收的成果之时，如果企业没有一个良好的安全防范机制，企业内部网络资源将不堪一击。

防火墙是 Internet 上公认的网络存取控制最佳的安全解决方案，网络公司正式将防火墙列入信息安全机制；防火墙是软硬件的结合体，架设在网络之间以确保安全的连接，因此它可以当作 Internet、Intranet 或 Extranet 的网关器，通过定义一个规则组合或安全政策来控制网络间的通信，并可有效率地记录各种 Internet 应用服务的存取信息、隐藏企业内部资源、减少企业网络暴露的危险。正确安全的防火墙架构必须让所有外部到内部或内部到外部的数据包都通过防火墙，且唯有符合安全政策定义的数据包才能通过防火墙。

1. 存取控制定义安全政策

存取控制可定义使用者或应用服务的对象进/出内部网络，以保护内部资源。例如：一个机构上班时间限制访问 Internet 特定的网站，午餐时间就取消访问限制，或当系统在执行备份时，禁止访问重要的服务等。

存取控制参数必须简单、直接，需要通过明确的图形用户界面(GUI)进行操作，组件最好采用对象导向方式来定义。而每一个规则能包含任何网络对象、服务、动作和追踪机制，并可判断规则是否冲突。防火墙除了提供安全的存取控制外，还必须抵挡恶意的攻击，如 IP Spoofing、Denial of Service、Ping of Death 等。

2. 认证机制

当使用者与目的主机联系时，在通信被允许进行之前，认证机制服务能安全地确认使用者身份的有效性，且不需要修改服务器或客户端应用软件。认证服务可完全地整合到整体安全政策内，并经由防火墙图形用户界面集中管理，所有的认证会话也都能由防火墙日志浏览器来监视和追踪。

防火墙提供的认证机制与方法差别较大，以 Check Point FireWall-1 为例，它提供的认证机制包括：①用户认证，针对 FTP、TELNET、HTTP 和 RLOGIN 提供透通的用户认证。②客户端认证，可针对特定 IP 地址的使用者授予存取权限。③透通的会期认证：提供以会话为基础的任何一种应用服务的认证。认证机制包括固定密码，如 OS 及防火墙的密码，及动态的 One Time Password 密码，如 S/key、SectrID、RADIUS 等。若采用固定的密码认证，防火墙的密码要较安全，此外，固定密码还是容易被监听，最好使用 One Time Password 的密码，以防止被窃取。

3. 内容的安全性

防火墙所提供的内容安全能力，可达到应用服务协议检测。以 Check Point FireWall-1 为例，它包含计算机病毒和恶意 Java 与 ActiveX Applets 的内容安全性检查，经由图形用户界面可集中管理。另外提供开放平台的安全企业连接(OPSEC)架构的 API，可整合第三方厂商内容过滤的应用。主要的应用如下。

1) URL 过滤

可维护宝贵的网络带宽和为网络增加另一层次的控制，允许网络管理者存取 Internet 特定网页，并可确保员工能下载和存取网页的信息。

2) 电子邮件的支持

通过 SMTP 的连接提供高度的控制以保护网络，可在一个标准的应用程序地址之后,隐藏一个外出的邮件地址,或隐藏内部网络的结构与真正的内部使用者,或丢弃超过所给予邮件信息的容量等。

3) FTP 的支持

FTP 指令(如 PUT/GET)的内容安全性,可限制文件名称和文件反病毒检查等。

4. 网络地址转换

网络地址转换对 Internet 而言,隐藏了内部网络的地址,克服了 IP 地址数量不足的限制,可维护内部地址的完整性,内部非注册 IP 地址对应一个合法有效的对外 IP,能完整存取 Internet。

5. 虚拟私有网

虚拟私有网络(VPN)通常跨越公用网络设施来建立。VPN 与专属私有网络相比,减少了昂贵的费用且增加了更多的弹性。在公开的网络环境中,信息可能在网络传输过程中遭受窃听与篡改,因此可利用加密功能在 Internet 上建立安全的通信信道,可确保内部资源的隐私性、真实性与完整性。

由于各种防火墙的加密机制大都不同,在标准 IPSec 的加密未完全产品化之前,彼此之间的整合还是有问题的。VPN 可应用于远程使用者与防火墙之间及防火墙与防火墙之间的加解密。

6. 产品的后续支持及厂商的技术能力

每当有新的 Internet 安全产品出现,就会有人研究新的破解方法,所以一个好的防火墙提供者就必须有一个庞大的技术队伍作为使用者的安全后盾,也应该有众多的使用者所建立的口碑作为防火墙见证。国内防火墙产品大部分是代理国外的软件,搭配硬件出售,很多防火墙的代理商都是销售单一防火墙产品,无法提供完整的安全解决方案,因企业内部有 Intranet、Database 等软件,如厂商无法提供整体的技术与安全政策,将会带给使用者更多的梦魇。所以在选购防火墙产品时要参考一下业界的评语、实际的安装经验或进行实地测试。

7. 内部人员考核与培训

这部分的安全政策属于人员安全的管理,旨在降低人员使用信息或操作信息设备时所可能发生的错误,如滥用、窃取、欺骗、遗失等问题。首先应该从人员的背景调查与考核做起,尤其针对一些较敏感的信息之使用,应选择适当的人员来负责。其次,企业制订安全政策就是希望让企业内部所有人员熟悉与了解。因此,最佳的方法便是赋予人员应有的信息安全责任,并通过日常的信息安全教育培训来达到此目的。除了以各种方式公布安全政策外,企业可以部门为单位,实施信息安全养成教育,由负责信息安全事宜的同仁来担任,解释企业信息安全政策的内容,如平时应该注意哪些细节,了解怎么做、什么事可以做、什么事不可以做。举例来说,有关计算机账号的管理政策中明定,员工计算机中毒时，应该实时通知信息部门人员协助处理，并作详细的汇报与记录，避免计算机病毒扩散，从而造成企业内部更严重的损失。像这样的政策，如果只是公布，而没有对员工作适当的教育训练，一旦真的发生中毒事件，必定是手忙脚乱，无法顺利排解问题，相反地，只会造成更多的问题。

需要特别说明的是，一个良好的防火墙安全机制如果不能有效地实施，那么还是形同虚设。一个专业知识有限的攻击者，有时甚至是通过一次电话拨号连接，就能轻易地侵入和攻击一个企业的计算机网络，使企业遭受损失。如果严格执行了防火墙安全机制，那么攻击者渗透进来的成本就更高，他们就需要更多的资源，而这些都是大多数潜在的攻击者做不到的，所以人还是最关键的因素。

11.4 企业如何选择合适的防火墙

防火墙是目前企业使用的网络安全设备，企业为了保证网络安全都会选择相对应的防火墙产品。防火墙能有效地防止外来的入侵，它在网络系统中，有效的控制网络的信息流向和信息包；提供使用和流量的日志和审计；隐藏内部 IP 地址及网络结构的细节；提供 VPN 功能等等。作为一个企业安全考虑的因素太多，例如：如何部署网络安全体系，选购合适的防火墙是特别重要。

防火墙的基本思想不是对每台主机系统进行保护，而是让所有对系统的访问通过某一个点，通过保护这一点，并尽可能地在受保护的内部网和不可信的外部网络之间建立一道屏障，实施比较安全的政策来控制信息流，防止不可预料的潜在的入侵破坏。

防火墙可以根据企业的安全政策控制(允许、拒绝、监测)不同安全域之间出入的信息流。而如果在企业内网不同部门间设置防火墙主要是限制部门之间一些不必要的访问，如：不允许 A 部门随意访问 B 部门的网络，可以通过设置某些子网或某些主机的访问控制，即大多工作在网络层和传输层就可完成。也可以通过 VLAN(虚拟局域网)划分来进行保护。

按防火墙的软硬件物理结构分，有六种基本类型的防火墙，分别是嵌入式防火墙、基于企业软件的防火墙、基于企业硬件的防火墙、SOHO 软件防火墙、SOHO 硬件防火墙和特殊防火墙。

嵌入式防火墙是内嵌于路由器或交换机的防火墙。嵌入式防火墙是某些路由器的标准配置。用户也可以购买防火墙模块，安装到已有的路由器或交换机中。嵌入式防火墙也被称为阻塞点防火墙。由于互联网使用的协议多种多样，所以不是所有的网络服务都能得到嵌入式防火墙的有效处理。嵌入式防火墙工作于 IP 层，所以无法保护网络免受病毒、蠕虫和特洛伊木马程序等来自应用层的威胁。就本质而言，嵌入式防火墙常常是无监控状态的，它在传递信息包时并不考虑以前的连接状态。

基于软件的防火墙是能够安装在操作系统和硬件平台上的防火墙软件包。如果用户的服务器装有企业级操作系统，购买基于软件的防火墙则是合理的选择。如果用户是一家小企业，并且想把防火墙与应用服务器（如网站服务器）结合起来，添加一个基于软件的防火墙就是合理之举。

基于硬件的防火墙捆绑在“交钥匙”系统（Turnkey system）内，是一个已经装有软件的硬件设备。基于硬件的防火墙也分为家庭办公型和企业型两种款式。

特殊防火墙是侧重于某一应用的防火墙产品。目前，市场上有一类防火墙是专门为过滤内容而设计的，MailMarshal 和 WebMarshal 就是侧重于消息发送与内容过滤的特殊防火墙。OKENA 的 StormWatch 虽然没有标明是防火墙，但也具有防火墙类规则和应用防范禁闭功能。

除了主机安全以外，如果还需要提高服务的安全性，就该考虑采用网络实时监控和交互式动态防火墙。网络实时监控系统，会自动捕捉网络上所有的通信数据包，并对其进行分析和解析，并判断出用户的行为和企图。如果用户的行为或企图与服务商所允许的服务不同，交互式防火墙立即采取措施，封堵或拒绝用户的访问，将其拒绝在防火墙之外，并报警。网络实时监控系统和交互式防火墙具有很强的审计功能，但成本相对偏高。

按企业内部网不同的安全政策，采用不同类型的防火墙。

1. 包过滤防火墙

包过滤防火墙一般在路由器上实现，用以过滤用户定义的内容，如 IP 地址。包过滤防火墙的工作原理是：系统在网络层检查数据包，与应用层无关。这样系统就具有很好的传输性能，可扩展能力强。

包过滤也包括与服务相关的过滤，这是指基于特定的服务进行包过滤，由于绝大多数服务的监听都驻留在特定 TCP/UDP 端口，因此，为阻断所有进入特定服务的链接，防火墙只需将所有包含特定 TCP/UDP 目的端口的包丢弃即可。

包过滤防火墙可防止外来攻击，或是限制内部用户访问某些外部的资源。防止的典型外部攻击主要有：源 IP 地址欺骗攻击（Source IP Address Spoofing Attacks）、残片攻击（Tiny Fragment Attacks）。

包过滤防火墙简单、透明、且行之有效，能解决大部分的安全问题，但包过滤防火墙也有些缺点。对于采用动态分配端口的服务，如很多 RPC（远程过程调用）服务相关联的服务器在系统启动时随机分配端口，此时包过滤防火墙就很难进行有效地过滤。此外，包过滤防火墙只按照规则丢弃数据包却不对其作日志，不具备用户身份认证功能，也不具备通过检测高层协议（如应用层）实现安全的能力。

2. 代理防火墙

代理防火墙的服务器接收客户请求后会检查验证其合法性，如其合法，防火墙的服务器像一台客户机一样取回所需的信息再转发给客户。它将内部系统与外界隔离开来，从外面只能看到代理服务器而看不到任何内部资源。代理防火墙的服务器只允许有代理的服务通过，而其他所有服务都完全被封锁住。

代理防火墙非常适合那些根本就不希望外部用户访问企业内部的网络，而也不希望内部的用户无限制的使用或滥用 INTERNET。采用代理防火墙，可以把企业的内部网络隐藏起来，内部的用户需要验证和授权之后才可以去访问 INTERNET。

代理服务器包含两大类：一类是电路级代理网关，另一类是应用级代理网关。

电路级网关又称线路级网关，它工作在会话层。它在两主机首次建立 TCP 连接时创立一个电子屏障。它作为服务器接收外来请求，转发请求；与被保护的主机连接时则担当客户机角色、起代理服务的作用。它监视两主机建立连接时的握手信息，如 Syn、Ack 和序列数据等是否合乎逻辑，信号有效后网关仅复制、传递数据，而不进行过滤。电路网关中特殊的客户程序只在初次连接时进行安全协商控制，其后就透明了。只有懂得如何与该电路网关通信的客户机才能到达防火墙另一边的服务器。

电路级网关的防火墙的安全性比较高，但它仍不能检查应用层的数据包以消除应用层攻击的威胁。

应用级网关使用软件来转发和过滤特定的应用服务，如 TELNET、FTP 等服务的连接。这是一种代理服务。它只允许有代理的服务通过，也就是说只有那些被认为“可信赖的”服务才被允许通过防火墙。另外代理服务还可以过滤协议，如过滤 FTP 连接、拒绝使用 FTP 放置命令等。应用级网关的安全性高，其不足是要为每种应用提供专门的代理服务程序。

两种代理技术都具有登记、日记、统计和报告功能，有很好的审计功能。还可以具有严格的用户认证功能。先进的认证措施，如验证授权 RADIUS、智能卡、认证令牌、生物统计学和基于软件的工具已被用来克服传统口令的弱点。

3. 状态监控防火墙

状态检测防火墙保持了简单包过滤防火墙的优点，性能比较好，同时对应用是透明的，在此基础上，对于安全性有了大幅提升。这种防火墙摒弃了简单包过滤防火墙仅仅考察进出网络的数据包，不关心数据包状态的缺点，在防火墙的核心部分建立状态连接表，维护了连接，将进出网络的数据当成一个个的事件来处理。状态检测包过滤防火墙规范了网络层和传输层行为，而应用代理型防火墙则是规范了特定的应用协议上的行为。

4. 虚拟专用网

虚拟专用网涉及密码学技术。在无法保证电路安全、信道安全、网络安全、应用安全的情况下，或者也不相信其他安全措施的情况下，一种行之有效的办法就是加密，而加密就是必须考虑加密算法和密钥的问题。对防火墙而言，是否支持其他密码体制、支持通过 API 来调用第三方的加密算法和密码，都非常重要。

5. 复合型防火墙体系

复合型防火墙是指综合了状态检测与透明代理的新一代的防火墙，进一步基于 ASIC 架构，把防病毒、内容过滤整合到防火墙里，其中还包括 VPN、IDS 功能，多单元融为一体,是一种新突破。常规的防火墙并不能防止隐蔽在网络流量里的攻击,在网络界面对应用层扫描,把防病毒、内容过滤与防火墙结合起来,这体现了网络与信息安全的新思路。它在网络边界实施 OSI 第七层的内容扫描,实现了实时在网络边缘布署病毒防护、内容过滤等应用层服务措施。

下面介绍确保网络安全的措施。

网络安全要保障用户重要信息的安全,因此需要限制直接访问。如果用户的网络接入 Internet,那么最好把与 Internet 连接的主机与网络的其余部分进行隔离。当然,这种解决方案增加了主机管理的难度。不过当隔离开的主机被攻陷后,网络的其余部分不会受到牵连。此外,要禁止不需要进入网关的用户进入网关。在网关上用户仅需要一个用户账号,严格保护它的口令。只有在使用 su 时才允许进入根账号。这个方法会保留一份使用根账号的记录。

Internet 服务器常提供一些服务包括 FTP、HTTP、远程登录和 WAIS(广域信息服务),这些普遍使用的服务潜在地会泄露用户意料之外的敏感信息。

与其他 Internet 服务一样,FTP 一直易于被滥用。它的弱点涉及几个方面。

(1) 配置不当可使站点的访问者(或潜在攻击者)能够获得超出预期的数据。

(2) 访问者可能破坏信息,如一个未经审查的攻击者可以删除整个 FTP 站点。

(3) 由访问者对有权写入的 FTP 站点存入文件,并通知其他访问者某文件可以下载使用。

一般来说,要建立 FTP 用户,要保证将外壳设置为真正外壳以外的内容。这可防止 FTP 用户通过远程登录进行注册。此外,将所有文件和目录放在根目录下,不要放在 ftp 目录下面,这能防止 FTP 用户修改用户仔细构思出的口令。然后,将口令规定为 755(读和执行,但不能写,除了主人之外),在允许匿名用户访问的所有目录上作这项操作。尽管这个规定允许了读目录权力,但防止写目录的权力。

11.5 防火墙安全评估准则

防火墙产品作为对网络访问进行有效控制的信息安全设备,在对用户的网络访问进行控制的时候,要使用有效的用户认证技术来区分不同的用户身份,以适应不同访问级别的用户对网络访问的不同权限。

11.5.1 防火墙都具备用户认证功能

目前市场上销售的防火墙都具备用户认证功能,但传统的防火墙的用户认证技术尚存在如下不足。

在应用代理(网关)一级的认证技术必须与应用服务相关,也就是必须针对不同的应用(如 HTTP、FTP 等)进行定制。如果用户有一种新的应用服务需要进行认证,则必须开发相对应的认证模块嵌入进去。此外,当用户使用不同的网络服务时,需要分别进行认证,即存在多次认证的问题,会让用户使用不便,因此,当存在大量的应用时,防火墙具有较大的局限性。

包过滤功能与应用代理功能的网络性能相差非常大。当用户需要用户认证模块,而用户认证模块必须在应用代理基础上实现时,会极大地影响网络性能。因此,当用户在强调网络性能的情况下需要用户认证功能时,防火墙受到较大的限制。

在对用户作计费统计时,如果在应用网关一级作统计,往往只能对某些特定的网络服务类型来作统计,而不能统计该用户使用所有服务的流量以及时间,这样,统计的准确性和有效性将大打折扣。

针对上述用户认证技术存在的不足,防火墙新增了网络层用户认证功能,以解决用户应用上存在的问题。

防火墙的网络层用户认证系统,解决了在应用代理一级作认证存在的只能为有限的服务提供认证功能、包处理的效率低和计费(流量或时间)的局限性。它采用在链路层和网络层的用户认证技术,则可以为任何网络协议、服务提供认证功能,变为与应用服务无关的用户认证,同时极大地提高了处理效率。尤其在作计费时,可以精确地统计某用户发出、接收到每一个 IP 包以及用户使用网络的总时间。

目前的网络层用户认证系统的主要功能如下。

1. 认证功能

用户通过认证服务器定制客户端软件,可以使用电子钥匙自动认证方式或用户手动认证方式,向服务器防火墙证明自己的身份。只有当登录用户成功证明自己的身份,该用户才可以成为防火墙系统认可的认证用户,从而可以使用认证用户才能使用的网络服务。

2. 支持本地认证或 RADIUS 认证

可以使用本地认证服务器(防火墙上自带的,支持 1000 个用户),或者第三方的标准 RADIUS 认证服务器。使用 RADIUS 时,支持 RADIUS 的审计功能。

3. 用户管理功能

用户可以通过客户端软件修改自己的密码。

4. 系统管理员管理功能

系统管理员可以通过 Web 浏览器管理认证服务器,包括:认证服务器参数的设置,增加、删除、修改本地组和用户;锁定、解除锁定特定的组或用户;设定需要认证的包过滤或透明代理规则;设置用户可使用总的时间量和总的流量。

5. 时间和流量的控制和统计

每个认证用户每次连接使用的时间和流量均被记录在系统日志中,以便对用户的访问时间和流量进行统计。可以限定用户能使用的网络流量：当用户当前已经使用的流量超过该值时，用户将无法登录；可以限定用户能使用网络的时间：当用户当前已经使用的时间总量超过该值时，用户将无法登录。

6. 防火墙系统在线检测

防火墙系统对认证通过的用户且正在使用网络服务的用户还要进行在线检测，当发现在线用户不是刚才的认证用户时，系统会自动断开网络服务的连接。

目前，防火墙具有多个认证方案，支持 PAP 和高安全强度的一次性口令(S/Key)认证协议，并支持标准的 RADIUS、数字证书等，支持软件方式与 iKey 等硬件方式认证，支持用户和组管理。

防火墙的网络层用户认证系统很好地解决了传统防火墙在用户认证应用上的局限性和性能问题，同时极大地丰富了防火墙固有的用户管理和控制功能，使防火墙更好地实现了对网络服务的认证与授权的有效监控。

(1) 必须考量本身需求与环境评估，目前防火墙基本功能差异不大，但价格差异却不小，原因在于产品的品牌、效能、稳定度、扩充性与授权人数(软件防火墙)等。

(2) 由于防火墙提供多种附加功能或工具来符合各种企业需求，虚拟企业网络(VPN)、记录分析工具(Log Analyzer)、带宽管理(Bandwidth Management)等，这些工具基本上都价格不菲，企业可以针对目前的需求加以选择。

(3) 防火墙可否 Centralize Management? 防火墙是否容易管理也是相当重要的考量点，不管公司是否设置网络专业人员，总之，应避免选择功能繁杂难以设定的防火墙。

(4) 评估公司预算，考虑防火墙的价格及效能的成本价值，选购防火墙虽然不一定要选择知名的品牌，但也不能贪图便宜选择不适用的低阶防火墙。

(5) 选购合适的功能。

(6) 选择良好的售后服务。除了选择防火墙本身的品质外，厂商的售后服务也是选择防火墙时必须考虑的。

11.5.2　新技术让防火墙成为网络防御的主要力量

在 IT 行业中，很多时候那些被进一步提升到网络堆栈的防御被认为是最好的防御。至少，这是一些销售商和分析专家们对下一代网络防火墙的预测。

“防火墙是网络安全基础设施的一部分，负责监控进出网络的每一个框架。它是对这些网络应用提供可视性和可控性的完美的地方。”Dave Stevens——位于加利福尼亚卡里夫的 Palo Alto Networks 公司 CEO 说。

Gartner 的分析师 Greg Young 说：“供应商越来越多地转向整合 IPS(入侵预防系统)和防火墙，但目前真正综合的，功能完整的产品还是供应不求。”他以其所在公司的研究成果为例，表明威胁已经变得更加复杂，而且正逐渐转向网络堆栈的更高层。这迫使防火墙超越仅提供状态协议分析的阶段，进而具备日益丰富的管理和配置工具。

Forrester Research 的分析员 Robert Whiteley 先生也认为，在未来，防火墙将更加紧密地集成所有的网络安全功能。他说："我们已经看到了融合防火墙、VPN、IPS、反恶意程序和内容过滤的 UTM 产品——我认为，思科(Cisco)公司的 ASA 和 Juniper 公司的 SSG 就是不错的例子。不过，这些都不是真正的一体化"。

当网络应用攻击防火墙时，及时地扫描相关的网络应用的能力将至关重要，Whiteley 继续说："一旦认为传统的防火墙可以将网络保护周全，那么这个机构的安全体系就会出现漏洞。我们看到诸如 Web 2.0、Web 服务、SOA 以及软件与服务等这些趋势正在极大地改变公司的应用架构。这也意味着，更具有关键使命的数据流正使用着标准的网络端口。XML、Java、Flash 及其他许多新的网络协议将使用新的、创新性的应用类型，但这也带来了数目不详的弱点。公司将不得不将注意力转移到应用层的保护，以阻止演变得日益复杂和具有针对性的程序开发带来的对网络安全的威胁。这对新一代的防火墙技术是至关重要的，因为它可以提供更好的可见性，以便更好地处理当今的威胁。"

但是，只有在不牺牲防火墙的反应时间和吞吐量的条件下，把所有这些技术集成到防火墙中才有可能获得市场上的成功，分析专家说。因此，Check Point Software Technologies 公司一直专注于防火墙性能的表现。"我们正在调整我们的开放性能表现架构，使得性能不单单反映防火墙的运行速度，而且要能够衡量当防火墙开启了网络入侵防护功能以及其他安全保护措施并实时保护网络时的运行速度。"该公司的产品营销经理 Bill Jensen 说。

"今天的企业用户安装一些为了逃避网络防火墙侦查而设计出的个人或商用的应用程序。于是就要有一种新的方案来满足现代企业公司的需要，此方案要能够利用网络防火墙的应用程序控制，IP 信誉(IP Reputation)技术和网关反病毒过滤等特性。"Palo Alto Networks 公司官方人员说。

现代应用程序，正开始采用一种通信模式，通过由一个端口到另一个端口的跳跃或隧道加密连接或仅伪装成 80 端口等方式相当有效地绕过现有的安全基础设施。结果，企业已大幅度的失去对这些连接的控制，而且在某些商业活动中产生了信息泄露等问题。为了帮助企业解决这一局面，Palo Alto Networks 公司已在其最近发布了防火墙装置 PA-4000 Series。因为加入了申请分类技术，所以可识别穿越端口的应用信息流。"防火墙、杀毒如果有必要识别应用，还可以打开 SSL 链接。此外，PA-4000 装置进行深度包检测，应用过滤器并执行基于应用的对策。例如，一个组织可能选择允许基于 Web 的邮件，但又扫描传送文件是否含有病毒。"Stevens 说。

思科(Cisco)与 Ironport 的合并已经完成，思科官员表示，他们会考虑将 Ironport 的 IP 信誉技术植入防火墙。武装上了 Ironport 的 SenderBase 网站的信誉数据，思科公司的防火墙将可以知道它所连接的服务器的信誉。"这样的防火墙将在 2008 年上半年首次发布。它将允许为这些连接提供可见性。这样可以看到网络中有多少客户在连接那些被称为 botnet 控制节点的服务器。用户将能够阻止、扼杀或拒绝那些可疑的连接。"位于加利福尼亚州的 San Jose 的 Cisco's IronPort 事业部的副营销主管 Tom Gillis 如是说。反病毒，就这么简单。

"阻止连接是信誉技术最明显一个用处。"Gillis 说。但他也说，他预见到此技术将被用于传送攻击防火墙的信息。举例来说，如果内容是来自一个被认为是“流氓”的服务器，信息流则可以被阻隔；如果服务器认为内容没有任何问题，那么信息流会被发送绕过垃圾邮件扫描引擎。来自服务器的不能确定好坏的信息量，可以被传送经过几个不同的基于签名的扫描引擎。

“通过适当的基于连接服务器信誉的扫描检测，未来的防火墙将会有能力传输信息流。”Gillis说，“防火墙是有效的信息警察。”

随着企业网络应用的日益普及，中小企业对于网络的依赖性也越来越强，许多重要的数据和文件也开始在网上传输和应用，因此中小企业对于数据的安全性将会越来越重视。而近来各种病毒的爆发以及黑客攻击的频繁出现，更是给网络防护本就薄弱的中小企业敲响了警钟。可见，中小企业的IT应用已经逐渐完善，用户的网络安全防护意识也已经形成。

中小企业防火墙市场的启动，也让各大防火墙厂商嗅到了其中的巨大商机。为了尽快抢占这一潜在市场，分到一杯羹，防火墙厂商针对中小企业的购买能力不断地推出万元甚至千元级的硬件防火墙产品。

从中小企业的特点来看，中小企业防火墙必须具备以下一些特点：

(1) 价格仍然是中小企业在选择防火墙时所考虑的首要因素，因此适合于中小企业经济承受能力的合理的市场价格方能为其所接受。

(2) 中小企业虽然规模较小，但其对于产品功能多样性的需求并不亚于大型企业，因此具有丰富功能的产品往往能赢得中小企业用户的青睐。

(3) 中小企业由于资金及人力所限，不可能设置专业的IT安全管理技术人员，因此产品必须易于安装，同时尽量做到免管理、免维护。

(4) 中小企业大多属于快速成长型企业，发展速度很快，需求的变化也很快。因此产品的扩展性对于中小企业未来的网络安全应用就显得十分重要。

防火墙既可以是非常简单的过滤器，也可能是精心配置的网关，但它们的原理是一样的，都是监测并过滤所有内部网和外部网之间的信息交换。

在市场上，防火墙的售价极为悬殊，从几万元到数十万元，甚至到百万元。因为各企业用户使用的安全程度不尽相同，因此厂商所推出的产品也有所区分，甚至有些公司还推出类似模块化的功能产品，以符合各种不同企业的安全要求。

当一个企业或组织决定采用防火墙来实施保卫自己内部网络的安全策略之后，下一步要做的事情就是选择一个安全、实惠、合适的防火墙。那么面对种类如此繁多的防火墙产品，用户需要考虑的因素有哪些？应该如何进行取舍呢？

第一要素：防火墙的基本功能。

第二要素：企业的特殊要求。

企业安全政策中往往有些特殊需求不是每一个防火墙都会提供的，这方面常会成为选择防火墙的考虑因素之一，常见的需求如下：网络地址转换功能(NAT)、双重DNS、虚拟专用网络(VPN)、扫毒功能和特殊控制需求等。

第三要素：与用户网络结合。

主要考虑因素如下：管理的难易度、自身的安全性、完善的售后服务、完整的安全检查和用户情况等。

本章小结

本章讲解了防火墙的技术与应用——选购和应用及企业如何选择合适的防火墙。防火墙非常普遍，但并非一应俱全。说到安全细化分析，基于网关的防火墙最好，紧随其后的是状态检测防火墙，但状态检测防火墙提供的安全处理功能最弱。不过就易管理性而言，顺序恰好相反：状态检测防火墙具有最佳的“即插即用性”，应用代理防火墙最弱。那么作为企业应怎样确定哪种类型的防火墙适合自己的网络？哪一种能够在安全、功能、成本和易管理性之间达到最佳平衡？

防火墙产品作为对网络访问进行有效控制的信息安全设备，在对用户的网络访问进行控制的时候，要使用有效的用户认证技术来区分不同的用户身份，以适应不同访问级别的用户对网络访问的不同权限。

习题

1. 为什么要进行防火墙的选购和应用？
2. 企业如何选择合适的防火墙？
3. 如何定制企业防火墙安全机制？
4. 浅谈 CheckPoint 防火墙。
5. 目前的网络层用户认证系统的主要功能有哪些？
6. 哪些标准适用于防火墙产品？
7. GB/T20010—2005《信息安全技术包防火墙评估准则》对安全环境方面的规定有哪些？

附录A　中华人民共和国公共安全行业标准(GA372—2001)

防火墙产品的安全功能检测
(Test for security functions of firewall)

2001-12-24 发布,2002-05-01 实施。

前言(简)

1. 范围

本标准规定了计算机信息系统防火墙产品的分级及安全功能检测。

本标准适用于防火墙产品。

2. 引用文件(简)

凡是注日期的引用文件,其随后所有的修改单(不包括勘误的内容)或修订版均不适用于本标准。凡是不注日期的引用文件,其最新版本适用于本标准。

GB/T 17900 网络代理服务器的安全技术要求

GB/T 18019 信息技术　包过滤防火墙安全技术要求

GB/T 18020 信息技术　应用级防火墙安全技术要求

3. 术语和定义(略)

3.1　防火墙

3.2　数据包过滤

3.3　安全审计

3.4　网络代理服务器

3.5　包过滤防火墙

3.6　应用级防火墙

3.7　混合型防火墙

4. 防火墙的分级及安全功能检测

4.1　第一级

本级的防火墙产品应具有用户数据保护中的完整的客体访问控制能力,访问授权与拒绝能力，多种安全属性之一的访问控制能力、一定的安全审计功能和防火墙的安全保证要求中的配置管理、交付和操作、指南文件以及测试。

4.1.1　完整的客体访问控制

防火墙的安全功能应能对控制范围中的任何主体和客体执行未鉴别和已鉴别（只适用于应用级防火墙和网络代理服务器）的端到端策略。

4.1.2　访问与拒绝

防火墙的安全功能执行未鉴别和已鉴别（只适用于应用级防火墙和网络代理服务器）的端到端策略，根据主体和客体的安全属性值应提供明确的访问保证和访问拒绝能力。

4.1.3　多种安全属性访问控制

防火墙未鉴别和已鉴别（只适用于应用级防火墙和网络代理服务器）的端到端策略控制范畴应包括：源地址、目的地址两个要素。

4.1.4　安全审计

防火墙应具有安全审计功能。

4.1.5　配置管理保证

开发商应提供进行防火墙测试相关的物理环境（包括所有的软硬件）以及测试项目的参考文档；应提供配置管理系统以及相应的文档，文档中应包括明确描述防火墙的各个配置项目的配置目录。

4.1.6　交付和操作保证

开发商应提供最终的产品交付文档，交付文档应包含描述安装、生成和启动防火墙所要求的步骤。

4.1.7　指南文件保证

开发商应提供与产品配套的管理员指南和用户指南。

4.1.8　测试保证

开发商应提供用于测试的防火墙。

4.2　第二级

本级的防火墙产品应包括第一级的所有功能。还应包括用户数据保护中的管理员属性的修改和查询；标识与鉴别的所有功能；密码支持（对远程管理）；可信安全功能保护的所有功能；安全审计的基本功能；以及对安全保证要求中配置管理的增强。

4.2.1　多种安全属性访问控制

应符合4.1.3的规定以外，防火墙未鉴别和已鉴别（只适用于应用级防火墙和网络代理服务器）的端到端策略控制范畴还应包括：基于用户ID（只适用于应用级防火墙和网络代理服务器）、源地址、目的地址、源端口号、目的端口号、传输层协议等所有要素。

4.2.2　管理员属性修改

防火墙执行未鉴别和已鉴别（只适用于应用级防火墙和网络代理服务器）的端到端策略，应保证授权管理员可以修改标识与角色的关联（如：授权的管理员）、标识的访问控制属性以及与安全管理相关的管理数据。

4.2.3 管理员属性查询

防火墙执行未鉴别和已鉴别(只适用于应用级防火墙和网络代理服务器)的端到端策略,应保证授权管理员具有查询标识的访问控制属性、主机名、用户名(用于应用级防火墙和网络代理服务器)的能力。

4.2.4 标识与鉴别

4.2.4.1 授权管理员、可信主机和用户(只适用于应用级防火墙和网络代理服务器)鉴别数据初始化

防火墙应提供有且只能有授权管理员初始化鉴别数据的功能。

4.2.4.2 授权管理员、可信主机和用户(只适用于应用级防火墙和网络代理服务器)鉴别数据的基本保护

防火墙应提供鉴别数据不允许被未授权查阅、修改和破坏的功能。

4.2.4.3 授权管理员、可信主机、主机(只适用于包过滤防火墙)和用户(只适用于应用级防火墙和网络代理服务器)属性或鉴别数据初始化

防火墙应提供用默认值对授权管理员、可信主机、主机(只适用于包过滤防火墙)和用户(只适用于应用级防火墙和网络代理服务器)属性或鉴别数据的初始化能力。

4.2.4.4 授权管理员、可信主机、主机和用户(只适用于应用级防火墙和网络代理服务器)唯一属性定义

防火墙的安全功能应为每一个规定的授权管理员、可信主机、主机和用户(只适用于应用级防火墙和网络代理服务器)提供一套唯一的、为了执行安全策略所必需的安全属性。

4.2.4.5 授权管理员的基本鉴别

防火墙的安全功能应能鉴别任何通过防火墙控制口履行授权管理员功能的管理员的身份。

4.2.4.6 单一使用的鉴别机制

防火墙的安全功能应在执行任何与授权管理员、可信主机、主机(只适用于包过滤防火墙)或用户(只适用于应用级防火墙和网络代理服务器)相关功能之前,鉴别授权管理员、可信主机、主机(只适用于包过滤防火墙)或用户(只适用于应用级防火墙和网络代理服务器)的身份;防火墙应预防与远程管理、远程可信主机和用户(只适用于应用级防火墙和网络代理服务器)要求服务操作(如:文件传送协议“FTP”、超文本传输协议“HTTP”、登录、邮政协议“POP”、远程登录、简单网络管理协议“SNMP”)有关的鉴别数据的重用。

4.2.4.7 授权管理员、可信主机、主机和用户(只适用于应用级防火墙和网络代理服务器)唯一身份识别

防火墙应确保在所有授权管理员、可信主机、主机(适用于网络代理服务器)和用户(只适用于应用级防火墙和网络代理服务器)请求执行任何操作之前,对每个授权管理员、可信主机、主机和用户(只适用于应用级防火墙和网络代理服务器)进行唯一身份识别。

4.2.5 密码支持

提供远程管理的会话加密功能，提供用于加密的接口。

4.2.6 区分安全管理角色

防火墙的安全功能应区分与安全相关的管理功能和其他功能；与安全相关的管理功能集应包括安装、配置和管理，其中应至少包括增加和删除主体和客体；查阅安全属性；分配、修改和撤销安全属性，查阅和管理审计数据；管理应分权限。

4.2.7 管理功能

防火墙的安全功能应使授权管理员具有设置和更新防火墙安全相关的数据的能力；应以供给授权管理员安装、初始配置、启动和关闭、备份和恢复防火墙的能力；如果防火墙的安全功能支持外部或内部接口，那么在远程管理中应具有对两个接口或其中之一关闭远程管理的选择权；能够限制进行远程管理的地址；能够通过加密保护远程会话。

4.2.8 审计数据生成

分别对 GB/T18019—1999 的表 2 或 GB/T18020—1999 的表 2 或 GB/T17900—1999 的表 2 中所列可审计事件中 80%的基本事件产生审计记录。

4.2.9 审计跟踪管理

防火墙的安全功能应使授权管理员能够创建、存档、删除和清空审计记录。

4.2.10 审计记录可理解性

防火墙的安全功能应使存储于永久性审计记录中的所有审计数据可为人所理解。

4.2.11 限制审计跟踪访问

防火墙的安全功能应保证只有授权管理员能访问审计记录。

4.2.12 配置管理保证

应符合 4.1.5 的规定以外，配置系统还应提供只有授权管理员才能更改配置项目的措施。

4.3 第三级

本级的防火墙产品应包括第二级的所有功能。还应包括代理服务中数据流控制(仅适用于网络代理服务器)、鉴别失败的基本处理、对遗留信息的充分保护、安全功能区域分割等功能，同时加强了审计的强度和安全保证要求，以及增加了脆弱性分析。

4.3.1 对遗留信息的充分保护

防火墙的安全功能应保证在为所有客体进行资源分配时，不提供以前的任何信息内容。

4.3.2 代理服务中数据流控制(仅适用于网络代理服务器)

防火墙若提供代理服务，在代理过程中至少应支持基于关键词对信息流的拒绝和授权。

4.3.3 鉴别失败的基本处理

防火墙的安全功能应保证在一定次数(可设定)鉴别失败后，终止可信主机或用户(只适用于应用级防火墙和网络代理服务器)建立会话的过程。最大失败次数仅由授权管理员设定，在可信主机会话建立过程终止后，防火墙的安全功能应关闭可信主机的账号，直至授权管理员重新开启。

4.3.4 安全功能区域分割

防火墙的安全功能应为其自身执行过程设定一个安全区域，以保护其免遭不可信主体的干扰和篡改。防火墙应能把控制范围内的各主体的安全区域分割开。(包过滤防火墙可选)

4.3.5 区分安全管理角色

应符合4.2.6的规定以外，至少还应分有管理员、审计员、安全员三级权限。

4.3.6 状态检测功能

单纯包过滤防火墙的安全功能应具有对于数据包内容的状态检测能力。

4.3.7 限制审计查阅

防火墙的安全功能应提供只有授权管理员可使用的查阅审计记录的工具。

4.3.8 可选择查阅审计

防火墙的安全功能应提供以主体ID、客体ID、日期、时间等关键词进行排序的审计查阅工具。

4.3.9 防止审计数据丢失

防火墙的安全功能应把生成的审计记录，储存于一个永久性的审计记录中。防火墙的安全功能应限制由于故障和攻击造成的审计事件丢失的数量。一旦审计存储耗尽，防火墙的安全功能应保证在授权管理员所采取的审计行为以外，防止其他可审计行为的出现。

4.3.10 测试保证

应符合4.1.8的规定以外，同时还应提供测试防火墙安全功能的测试文件。测试文件应包括测试计划、测试过程描述和测试结果。

4.3.11 开发保证

开发商应提供防火墙的功能规范和安全策略。功能规范以非形式方法描述安全策略，同时应包括以非形式方法表述的所有外部安全功能接口的语法和语义。

4.3.12 脆弱性分析

开发商应提供对防火墙适合安全功能强度分析的文档(包括对隐蔽信道的分析)，应提供防火墙可能存在的脆弱性和记录对每一条脆弱性的处置的文档，并提供证据证明所找到的脆弱性在使用防火墙的环境中不能被利用。

4.4 第四级

本级的防火墙产品包括以上三级的所有要求，还扩充了鉴别机制、审计要求以及安全保证要求中的测试和开发的内容，增加了防火墙可靠性分析、安全保证要求。

4.4.1 授权管理员、可信主机和用户鉴别机制

鉴别机制应采用多重方式，禁止仅使用口令/用户名方式的鉴别机制。

4.4.2 审计数据生成

应符合4.2.8的规定以外，还应具有对审计功能的审计能力；审计数据应与防火墙主机分开；审计数据应使用密码技术加密，保证其安全性和完整性。

4.4.3 防火墙的可靠性

防火墙的可靠性应对 GB/T18019—1999 中的 5.2 或 GB/T18020—1999 中的 5.2 或 GB/T17900—1999 中的 4.2 所提到的安全威胁以及 DoS 或 DDoS 等类似攻击提供预防措施；防火墙的安全功能应采用冗余机制，在主防火墙发生故障时提供应急措施。

4.4.4 测试保证

应符合 4.3.10 的规定以外，开发商还应提供测试深度的分析，用以证明防火墙通过测试文件中确定的测试，以表明防火墙的运行符合安全功能规范。

4.4.5 开发保证

应符合 4.3.11 的规定以外，还应提供防火墙安全功能高层设计的非形式方法表述文档，通过子系统来描述安全功能的结构，使之准确、一致并且完整地反映安全目标中的功能要求。

4.4.6 操作平台安全保证

应提供证明，保证操作系统的安全性。

4.4.7 硬件保护

应具备防止非授权的开箱和替换硬件部件的措施。

附录 B　信息安全技术包防火墙评估准则（GB/T20010—2005）

本标准从信息技术方面规定了按照 GB17859－1999 的 5 个安全保护等级对采用“传输控制协议/网间协议(TCP/IP)”的包过滤防火墙产品安全保护等级划分所需要的评估内容。

本标准适用于包过滤防火墙安全保护等级的评估，对于包过滤防火墙的研制、开发、测试和产品采购也可参照使用。

本标准对安全环境方面的规定如下：

1. 物理方面：对防火墙资源的处理限定在一些可控制的访问设备内，防止未授权的物理访问。所有与实施防火墙安全策略相关的硬件和软件应受到保护以免未授权的物理修改。

2. 人员方面：授权管理员不具敌意并遵守所有的管理员规则。

3. 连通性方面：防火墙是内、外网络之间的通信应经过防火墙。授权管理员可以从内部或外部网上对防火墙进行远程管理。

本标准对管理员指南的规定如下：

开发者应提供系统管理员使用的管理员指南。

管理员指南应说明如下内容：

防火墙管理员可以使用的管理功能和接口；

怎样安全地管理防火墙；

在安全处理环境中应进行控制的功能和权限；

所有对与防火墙的安全操作有关的用户行为的假设；

所有受管理员控制的安全参数，如果可能，应指明安全值；

每一种与管理功能有关的安全相关事件，包括对安全功能所控制的实体的安全特性进行的改变；

所有与系统管理员有关的 IT 环境的安全要求。

管理员指南应与为评估而提供的其他所有文件保持一致。

本标准对授权管理员提供如下管理功能：

能设置和更新与安全相关的数据；

能执行防火墙的安装及初始化、系统启动和关闭、备份和恢复的能力，备份能力应有自动工具的支持；

如果防火墙安全功能支持外部或内部接口的远程管理，那么它应具有对两个接口或其中之一关闭远程管理的选择权；能限制那些可进行远程管理的地址；能通过加密来保护远程管理对话。

本标准对标记的规定防火墙安全功能应维护与授权管理员以及管理员可直接访问的防火墙中安全功能数据和存储客体相关的敏感标记。

本标准于 2005 年 11 月 11 日发布，于 2006 年 5 月 1 日实施。

附录C　2005年底发布的信息技术新国标

国家标准编号	标 准 名 称	采用标准	属性	备注
GB18030—2005	信息技术 中文编码字符集		强制	代替GB18030—2000
GB19966—2005	信息技术 通用多八位编码字符集(基本多文种平面)汉字16点阵字型		强制	
GB19967.1—2005	信息技术 通用多八位编码字符集(基本多文种平面)汉字24点阵字型 第1部分：宋体		强制	
GB19968.1—2005	信息技术 通用多八位编码字符集(基本多文种平面)汉字48点阵字型 第1部分：宋体		强制	
GB/T19969—2005	信息技术 信息交换用130mm盒式光盘 容量：每盒2.6G字节	ISO/IEC 14517:1996,IDT		
GB/T20008—2005	信息安全技术 操作系统安全评估准则			
GB/T20009—2005	信息安全技术 数据库管理系统安全评估准则			
GB/T20010—2005	信息安全技术 包过滤防火墙评估准则			
GB/T20011—2005	信息安全技术 路由器安全评估准则			

说明：表中列出的标准是2005年底发布的信息技术国家标准，此前发布的信息技术国家标准见计算机行业标准化网网站的“信息技术国家标准目录”。

参考文献

[1] 武恩祺,唐逊. ISA Server 2000 防火墙建置. 北京：中国青年出版社出版,2002.

[2] 谢晓燕. 网络安全与管理实验教程. 西安：西安电子科技大学出版社,2008.

[3] [美]Kelth E Strassberg,Richard J Gondek,Gary Rollie. 防火墙技术大全. 李昂,等译. 北京：机械工业出版社,2003.

[4] 萧文龙. 微软的 ISA Server 防火墙. 北京：中国铁道出版社,2002.

[5] 王斌. ISA Server 2000 企业组网实用大全. 北京：中国水利水电出版社,2002.

[6] 梁亚声,等. 计算机网络安全教程. 2 版. 北京：机械工业出版社,2008.

[7] 阎慧,王伟,宁宇鹏,等. 防火墙原理与技术. 北京：机械工业出版社,2004.

[8] [美]卢卡斯,等. 防火墙策略与 VPN 配置. 谢琳,等译. 北京：中国水利水电出版社,2008.

[9] 王文寿,王珂. 网管员必备宝典——网络安全. 北京：清华大学出版社,2007.

[10] e 通讯科技研究中心,曾文献. 网络典型故障分析及排除. 北京：人民邮电出版社,2003.

[11] [美]Thomas A Wadlow. 网络安全实施方法. 潇湘工作室译. 北京：人民邮电出版社,2000.

[12] 阎慧,等. 防火墙原理与技术/国家信息化安全教育认证(ISEC)系列教材. 北京：机械工业出版社, 2004.

[13] 李界家. 智能建筑办公网络与通信技术. 北京：清华大学出版社,2003.

[14] 王淑江. 网络安全. 北京：机械工业出版社,2007.

[15] 深入讲解防火墙的概念原理与实现. IT168 网络通信,2006.

[16] 柳纯录. 信息系统监理师教程. 北京：清华大学出版社,2005.

[17] 防火墙应具备的特性. IT 部落. 2006.

[18] 向阳陈,宏华谈,修练巨. 计算机网络与通信. 北京：清华大学出版社,2005.

[19] 软件防火墙故障发现与排除技巧. IT 群,2006.

[20] 美国安泰成发-网络安全解决方案. 美国安泰成发集团. 1999.

[21] 分析：企业如何选择合适的防火墙. IT 世界,2005.

[22] 对高端防火墙未来发展趋势的探讨. eNet 硅谷动力网络学院,2007.

21 世纪高等学校数字媒体专业规划教材

ISBN	书　名	定价(元)
9787302222651	数字图像处理技术	35.00
9787302218562	动态网页设计与制作	35.00
9787302222644	J2ME 手机游戏开发技术与实践	36.00
9787302217343	Flash 多媒体课件制作教程	29.50
9787302208037	Photoshop CS4 中文版上机必做练习	99.00
9787302210399	数字音视频资源的设计与制作	25.00
9787302201076	Flash 动画设计与制作	29.50
9787302174530	网页设计与制作	29.50
9787302185406	网页设计与制作实践教程	35.00
9787302180319	非线性编辑原理与技术	25.00
9787302168119	数字媒体技术导论	32.00
9787302155188	多媒体技术与应用	25.00

以上教材样书可以免费赠送给授课教师，如果需要，请发电子邮件与我们联系。

教学资源支持

敬爱的教师：

感谢您一直以来对清华版计算机教材的支持和爱护。为了配合本课程的教学需要，本教材配有配套的电子教案(素材)，有需求的教师可以与我们联系，我们将向使用本教材进行教学的教师免费赠送电子教案(素材)，希望有助于教学活动的开展。

相关信息请拨打电话 010-62776969 或发送电子邮件至 weijj@tup.tsinghua.edu.cn 咨询，也可以到清华大学出版社主页(http://www.tup.com.cn 或 http://www.tup.tsinghua.edu.cn)上查询和下载。

如果您在使用本教材的过程中遇到了什么问题，或者有相关教材出版计划，也请您发邮件或来信告诉我们，以便我们更好地为您服务。

地址：北京市海淀区双清路学研大厦 A 座 708　　计算机与信息分社魏江江　收

邮编：100084　　电子邮件：weijj@tup.tsinghua.edu.cn

电话：010-62770175-4604　　邮购电话：010-62786544